建筑工程量速算方法与技巧实例详解

李传让 编著

中国建筑工业出版社

图书在版编目（CIP）数据

建筑工程量速算方法与技巧实例详解/李传让编著. —北京：中国建筑工业出版社，2018.7
ISBN 978-7-112-22074-8

Ⅰ.①建… Ⅱ.①李… Ⅲ.①建筑工程-工程造价-工程计算 Ⅳ.①TU723.3

中国版本图书馆 CIP 数据核字（2018）第 073102 号

书中全面系统地介绍了房屋建筑工程量的速算方法与工程量清单编制方法及其技巧，特别突出了土方、砌体、钢筋及混凝土工程量的疑难点计算，以及工程量清单编制要点。

书中附有建筑、结构施工图，另外插入了 99 幅例图，列举了 42 道计算实例。作者针对不同分项工程量的计算特点，还推理论证出了 109 道计算公式，设计了各种专用计算表格，为工程造价计量独创，非常实用。

书中所介绍的工程量速算方法与技巧，读者通过学习，如果能熟练掌握并加以灵活运用，从而可大大提高工作效率。

书中内附作者精心编制的"工程量计算手册"，是具有实用价值的造价工具书，值得珍藏。

本书内容全面、新颖、针对性强、实用性强。可供各单位各部门从事工程造价工作的专业人员使用，也可作为大专院校相关专业的教学参考用书。

责任编辑：杨　杰　范业庶
责任校对：刘梦然

建筑工程量速算方法与技巧
实例详解

李传让　编著

*

中国建筑工业出版社出版、发行（北京海淀三里河路 9 号）
各地新华书店、建筑书店经销
霸州市顺浩图文科技发展有限公司制版
北京建筑工业印刷厂印刷

*

开本：787×1092 毫米　1/16　印张：17¾　字数：441 千字
2018 年 8 月第一版　　2018 年 8 月第一次印刷
定价：55.00 元
ISBN 978-7-112-22074-8
（31973）

前　　言

　　本书是依据《建设工程工程量清单计价规范》GB 50500—2013、《房屋建筑与装饰工程工程量计算规范》GB 50854—2013、《建筑工程建筑面积计算规范》GB/T 50353—2013及其他有关规范、规则，并结合作者从事造价工作多年的实践经验编撰的。书中主要介绍房屋建筑工程量的速算方法与工程量清单编制方法及应用，特别突出了土方、砌体、钢筋及混凝土工程量的疑难点计算。

　　本书内容既注重理论性，又注重实用性，图文并茂，浅显易懂。书中所介绍的快速计算方法的核心，是利用工程量数表（表 A）、工程量计算专用表（表 B），以及各种公式加以技巧计算。该计算方法与传统方法有很大不同，可以说是突破了传统方法，是工程量计算的一项创新。读者如果能够熟练掌握，灵活运用该计算方法，在实际工作中，必将体会到由此带来的快速、便捷和乐趣，从而可以大大提高工作效率。

　　本书内容新颖、方法先进、实用性强，并附有作者精心编制的"工程量计算手册"，因此，本书还具有造价工具书的功能。

　　本书可供各单位各部门从事工程造价工作的专业人员使用，也可作为大专院校相关专业的教学参考用书。

　　由于作者水平有限，书中难免存在不足之处，希望广大同仁批评指正。

作　者

目　　录

第1章

工程量速算方法概述

1.1 计算工程量应掌握的基本技能

1.1.1 提高看图技能

工程量计算前的看图，要先从头到尾浏览整套图纸，待对其设计意图大概了解后，再选择重点详细看图。在看图过程中要着重弄清以下几个问题：

1. 看建筑图

（1）了解建筑物的层数和高度（包括层高和总高）、室内外高差、结构形式、纵向总长及跨度等。

（2）了解工程的用料及作法，包括楼地面、屋面、门窗、墙柱面装饰的用料及做法。

（3）了解建筑物的墙厚、楼地面面层、门窗、天棚、内墙饰面等在不同的楼层上有无变化（包括材料做法、尺寸、数量等变化），以便采用不同的计算方法。

2. 看结构图

（1）了解基础形式、深度、土壤类别、开挖方式（按施工方案确定）以及基础、墙体的材料及做法。

（2）了解结构设计说明中涉及工程量计算的相关内容，包括砌筑砂浆种类、强度等级，现浇和预制构件的混凝土强度等级、钢筋的锚固和搭接规定等，以便全面领会图纸的设计意图，避免重算或漏算。

（3）了解构件的平面布置及节点图的索引位置，以免在计算时乱翻图纸查找，浪费时间。

（4）砖混结构要弄清圈梁有几种截面高度，具体分布在墙体的那些部位，圈梁在阳台及门窗洞口处截面有何变化，内外墙圈梁宽度是否一致，以便在计算圈梁体积时，区别不同宽度进行分段计算。

（5）带有挑檐、阳台、雨篷的建筑物，要弄清悬挑构件与相交的连梁或圈梁的连接关系，以便在计算时做到心中有数。

目前施工图预算和工程量清单的编制主要是围绕建设工程招投标进行的，工程发标后按照惯例，建设单位一般在三天以内要组织有关方面对图纸进行答疑，因此，预算或清单编制人员在此阶段应抓紧时间看图，对图纸中存在的问题作好记录整理。在看图过程中不要急于计算，避免盲目计算后又有所变化造成来回调整。但是对"门窗表"、"构件索引表"、"钢筋明细表"中的构件以及钢筋的规格型号、数量、尺寸，要进行复核，待图纸答疑后，根据"图纸答疑纪要"对图纸进行全面修正，然后再进行计算。

计算工程量时，图中有些部位的尺寸和标高不清楚的地方，应该用建筑图和结构图对照着看，比如装饰工程在计算天棚抹灰时，要计算梁侧的抹灰面积，由于建筑图中不标注梁的截面尺寸，因此，要对照结构图中梁的节点大样计算。再如计算框架间砌体时，要扣除墙体上部的梁高度，其方法是按结构图中的梁编号，查出大样图的梁截面尺寸，标注在梁所在轴线的墙体部位上，然后进行计算。

从事造价工作时间不长，而又渴望提高看图技能的初学人员，在必要时应根据工程的施工进度，分阶段深入现场了解情况，用图纸与各分项工程实体相对照，以便加深对图纸的理解，扩展空间思维，从而快速提高看图技能。

1.1.2 熟悉常用标准图做法

在计算工程量过程中，时常需要查阅各种标准图集，实在繁琐，如果能把常用标准图中的一些常用节点及做法，留在记忆里，在计算工程量时，不需要查阅图集就知道其工程内容和做法，这将节省不少时间，从而可以大大提高工作效率。

工程中常用标准图集基本上为各省编制的民用建筑及结构标准图集，而国标图集以采用《建筑物抗震构造详图》04G329-3 为最多。在实际工作中，如果经常用到某些标准图中的常用节点及工程做法，就应该留心记下来，诸如标准图中的门窗代号代表的项目名称，预制过梁及预应力空心板代号表示的构件尺寸及荷载等级，楼地面工程中的水泥砂浆楼地面、水磨石楼地面、块料楼地面及踢脚线包括的工程内容及做法，墙柱面一般抹灰的砂浆配合比及厚度，屋面保温及卷材防水的一般做法，墙体拉结筋的节点做法，圈梁、构造柱的节点构造等，只要记住了这些常用节点做法及相应编号，以后在其他工程中再次遇到选用该图集中相同的节点及编号时，无需查阅图集就可以直接计算。

标准图中的节点及工程做法很多，不可能也没有必要全部都记住，但是为了节省计算时间，必须牢记一部分最常用的节点和工程做法，以便加快工程量计算速度。

1.2 合理安排工程量计算顺序

1.2.1 分部分项工程量计算顺序

工程量计算之前，首先应安排分部工程的计算顺序，然后安排分部工程中各分项工程的计算顺序。分部分项工程的计算顺序，应根据其相互之间的前后关联因素确定。

一个单位工程可划分为若干个分部分项工程，但每个分部工程谁先计算谁后计算，如果不作合理的统筹安排计算起来就非常麻烦，甚至还会造成一定混乱。比如说，在计算墙体之前如果不先计算门窗工程及钢筋混凝土工程，那么墙体中应扣除的洞口面积及构件所占的体积是多少就无法知道，这时只有将墙体计算暂停，又回过头来计算洞口的扣除面积和嵌墙构件体积，这种顾此失彼前后交叉的计算方法，不但会降低功效而且极容易出现差错，导致工程量计算不准确。

工程量的计算顺序，应考虑将前一个分部工程中计算的工程量数据，能够被后边其他分部工程在计算时有所利用。有的分部工程是独立的（如基础工程），不需要利用其他分部工程的数据来计算，而有的分部工程前后是有关联的，也就是说，后算的分部工程要依懒前面已计算的分部工程量的某些数据来计算，比如，"门窗分部"计算完后，接下来计算"钢筋混凝土分部"，那么在计算圈梁洞口处的圈过梁长度和洞口加筋时，就可以利用"门窗分部"中的洞口长度来计算。而"钢筋混凝土分部"计算完后，在计算墙体工程量时，就可以利用前两个分部工程提供的洞口面积和嵌墙构件体积来计算。

每个分部工程中，包括了若干分项工程，分项工程之间也要合理安排计算顺序。比如基础工程分部中包括了土方工程、桩基工程、混凝土基础、砖基础等四项，虽然土方工程按施工顺序和定额章节排在第一位，但是在工程量计算时，必须要依序将桩基、混凝土基础和砖基础计算完后，才能计算土方工程，其原因是，土方工程中的回填土计算，要扣除室外地坪以下埋设的各项基础体积。如果先计算土方工程，当挖基础土方计算完后，由于不知道埋设的基础体积是多少，那么计算回填土和余土外运（或取土）两项时就会造成"卡壳"。

综合上述：合理安排工程量计算顺序，就是在计算工程量时，将有关联的分部分项工程按前后依赖关系有序的排列在一起，然后进行计算。在实际工作中，工程量计算一般按以下顺序排列：

基础工程→门窗工程→钢筋混凝土工程→砌筑工程→楼地面工程→屋面工程→装饰工程→其他工程。这样排列其目的是为了计算流畅，避免错算、漏算和重复计算，从而加快工程量计算进度。

1.2.2 不同分项工程的计算方法

分部分项工程量计算顺序确定后，应按顺序安排逐项计算，不同的分项工程，应采用不同的方法计算，一般采用以下几种方法：

1. 按顺时针顺序计算

以图纸左上角为起点，按顺时针方向依次进行计算，当按计算顺序绕图一周后又重新回到起点。这种方法一般用于各种带形基础、墙体、现浇及预制构件计算，其特点是能有效防止漏算和重复计算。

2. 按构件编号顺序计算

结构图中包括不同种类、不同型号的构件，而且分布在不同的部位，为了便于计算和复核，工程量计算时需要分类，按构件编号顺序统计数量，然后进行计算。

3. 按轴线编号计算

对于结构比较复杂的工程量，为了方便计算和复核，有些分项工程可按施工图轴线编号的方法计算。例如在同一平面中，带形基础的长度和宽度不一致时，可按Ⓐ轴①～③轴，Ⓑ轴③、⑤、⑦轴这样的顺序计算。

4. 分段计算

在通长构件中，当其中截面有变化时，可采取分段计算。如多跨连续梁，当某跨的截面高度或宽度与其他跨不同时可按柱间尺寸分段计算，再如楼层圈梁在门窗洞口处截面加厚时，其混凝土及钢筋工程量都应按分段计算。

5. 分层计算

该方法在工程量计算中较为常见，例如墙体、构件布置、墙柱面装饰、楼地面做法等各层不同时，都应按分层计算，然后再将各层相同工程做法的项目分别汇总列项。

6. 分区域计算

大型工程项目平面设计比较复杂时，可在伸缩缝或沉降缝处将平面图划分成几个区域分别计算工程量，然后再将各区域相同特征的项目合并计算。

1.3 灵活运用"统筹法"和"手册"计算

1.3.1 运用"统筹法"原理计算

"统筹法"计算的核心是"三线一面"，即外墙中心线长 $L_{中}$，外墙外边线长 $L_{外}$，内墙净长 $L_{内}$ 和底层建筑面积 $S_{底}$。其基本原理是：通过将"三线一面"中具有共性的四个基数，分别连续用于多个相关分部分项工程量的计算，从而使计算工作做到简便、快捷、准确。

灵活运用"三线一面"是"统筹法"计算原理的关键。针对不同建筑物的形体和构造特点，在工程量计算过程中，对"三线一面"或其中的某个基数，要根据具体情况作出相应调整，不能将一个基数用到底。例如某砖混楼房，底层为370墙，第二层及以上楼层设计为240墙，那么底层的 $L_{中}$ 和 $L_{内}$ 肯定不等于第二层及以上楼层的 $L_{中}$ 和 $L_{内}$。正确做法是：先计算第二层的 $L_{中}$ 和 $L_{内}$，底层的 $L_{中}$ 和 $L_{内}$ 在第二层的 $L_{中}$ 和 $L_{内}$ 的基数上进行调整计算。

在计算 $L_{内}$ 时必须注意：内墙墙体净长度并非等于内墙圈梁的净长度，其原因是，砖混房屋室内过道圈梁下是没有墙的，但是，为了便于在计算墙体工程量时扣除嵌墙圈梁体积，因此，$L_{内}$ 计算时必须统一按结构平面的圈梁净长度计算，而室内过道圈梁下没有墙的部分则按空圈洞口计算。

"三线一面"中的四个基数非常重要，一旦出现差错就会引起一连串相关分部分项工程量的计算错误，最后导致不得不重新调整"基数"，重新计算工程量。在这四个基数中，如果 $L_{中}$ 和 $L_{内}$ 计算错误的话，就会影响到圈梁钢筋、混凝土、墙体和内墙装饰工程量的计算；如果 $L_{外}$ 计算错误的话，就会影响到外墙裙和外墙装饰工程量的计算；如果 $S_{底}$ 计算错误的话就会影响到楼地面、屋面和天棚工程量的计算。因此，在计算工程量之前，务必准确计算"三线一面"，而在工程量计算过程中则要灵活运用"三线一面"，只有这样才能确保工程量的快速、准确计算。

1.3.2 利用"工程量计算手册"计算

"工程量计算手册"（以下简称：手册）是快速计算工程量的工具和助手，必须要熟练掌握，充分利用。

本"手册"（见附录）为作者精心设计编制，其中包括"工程量数表（A 类表）"、"工程量计算专用表（B 类表）"、"工程量计算公式"三个部分。

1. 工程量数表（A 类表）

工程量数表是根据常用的国标和陕标结构图集，将其中的构件或节点标准做法经计算整理，列出单体构件（或构件延长米）所含的混凝土体积和钢筋用量，填入表格中，工程量计算时无需翻阅图集，直接按施工图中列出的构件型号，查取表中相应型号的混凝土体积和钢筋用量，然后乘以构件数量计算。

工程量数表中包括了 14 种 A 表，内容如下：

（1）混凝土井桩分段体积表（表A1）

（2）砖基大放脚折加高度表（表A2）

（3）钢筋理论质量及搭接长度表（表A3）

（4）井桩承台网片钢筋每块量表（表A4）

（5）箍筋长度表（表A5）

（6）墙体拉结筋标准量表（表A6）

（7）构造柱延米高钢筋量表（表A7）

（8）圈梁延米长钢筋量表（表A8）

（9）过梁混凝土、钢筋量表（表A9）

（10）预应力空心板混凝土、钢筋量表（表A10）

（11）雨篷混凝土、钢筋量表（表A11）

（12）住宅楼梯混凝土、钢筋量表（表A12）

（13）挑檐混凝土、钢筋量表（表A13）

（14）住宅阳台混凝土、钢筋量表（表A14）

其中表A1～表A8是依据现行施工质量验收规范、04G329-3国标图集，以及构件的常用节点编制的，主要用于混凝土井桩体积、砖基础工程量，以及圈梁、构造柱、墙体拉结筋等非定型构件的钢筋工程量计算。表A9～表A14为定型构件的混凝土、钢筋量表，该表是根据陕西省《09系列结构标准设计图集》（以下简称：09系列图集）编制的。凡是采用"09系列图集"设计的相应构件均可使用该表计算。

2. 工程量计算专用表格（B类表）

B类表共分6种表式8种表格，每种表格都是针对不同构件的计算特点精心设计的，分别用于相应基础及不同构件的工程量计算。

1）表格内容

（1）井桩混凝土工程量计算表（表B1）

（2）杯形基础混凝土工程量计算表（表B2）

（3）门窗工程量计算表（表B3-01）

（4）门窗洞口计算表（表B3-02）

（5）现浇（　）钢筋工程量计算表（一）（表B4-01）

（6）现浇（　）钢筋工程量计算表（二）（表B4-02）

（7）定型构件混凝土、钢筋计算表（表B5）

（8）混凝土、钢筋（铁件）工程量汇总表（表B6）

2）表格的使用特点

（1）井桩混凝土工程量计算表（表B1）

井桩体积计算，其难度主要在于桩体下部扩大头部分的圆台体及球缺体计算，如遇井桩型号较多，逐根计算时相当繁琐。如果用表B1加群体井桩公式计算，不但轻而易举，而且快速、准确（见第3章3.2节，混凝土井桩计算）。

（2）杯形基础混凝土工程量计算表（表B2）

杯形基础计算是比较繁琐的，一个单体基础按传统方法要分解为三个部分计算，还要从中减去杯口内的虚空体积，如遇杯基单体型号较多，计算起来就更加费事。如果用表

B2 加群体杯基公式计算，就可以将繁琐的逐项列式变为简单的列表计算（见第 3 章 3.4 节，杯形基础计算）。

（3）门窗工程量及洞口面积计算表（表 B3）

该表分两种形式，即表 B3—01 和表 B3—02，特点是：在计算门窗工程量的同时，再根据墙体和装饰工程的计算需要，提前算出相应楼层的洞口面积，以便在计算以上相关工程量时，用表中所列的洞口面积作直接扣除，从而避免了一边计算工程量，一边又要计算洞口面积所带来的不便（见第 3 章，表 3-11、表 3-12）。

（4）现浇（　）钢筋工程量计算表（表 B4）

该表分两种形式，即表 B4—01 和表 B4—02，虽然二表都为现浇构件钢筋工程量计算表，但作用不同：表 B4—01，专用于现浇构件钢筋按查表方式计算，与 A 类表中的表 A8、表 A9 配合使用，而表 B4—02 则专用于现浇构件钢筋按筋号及图示长度计算时使用（见第 3 章 3.5 节，构造柱、圈梁、框架柱、有梁板钢筋计算）。

（5）定型构件混凝土、钢筋工程量计算表（表 B5）

此表与 A 类表中的表 A9～表 A14 配合，用于楼梯、挑檐、阳台、雨篷、过梁、预应力空心板等定型构件的混凝土、钢筋工程量计算。在使用此表时，如果该构件混凝土工程量是以立方米体积计算的（如过梁、预应力空心板），就在表中“混凝土体积 m^3”一行作“√”选择；如果该构件混凝土工程量是以平方米投影面积计算的（如楼梯）就在表中“投影面积 m^2”一行作“√”选择。然后，将 A 类表中相应构件的混凝土、钢筋含量填入表 B5 中乘以构件数量计算（见第 3 章 3.6 节相关内容）。

（6）混凝土、钢筋（铁件）工程量汇总表（表 B6）

钢筋混凝土分部计算完后，将其各分项工程量按混凝土强度等级及钢筋的规格型号填入表 B6 中进行分项汇总，以方便下一步定额子目或工程量清单列项以及材料明细表的编制（见第 3 章，表 3-30）。

3. 工程量计算公式

在实际工作中，时常遇到有些难算的项目，有时会花很多时间去琢磨如何计算，甚至会觉得无从下手，但是，如果有了相应的计算公式，工程量就可以轻而易举地计算出来。

“手册”中的计算公式很多，现选择部分公式加以说明：

1）基础公式

基础公式中包括桩基、独基、杯基、有梁式带形基础和砖基础公式。桩基、独基、杯基，分一般单体公式和群体公式，一般单体公式计算，就是基础以单体为对象，将每个型号分别计算最后将单个体积汇总。而群体公式的计算方法是将所有单体基础在计算时视为一个整体来考虑，用（表 B1 或表 B2）表格统计出所有单体基础相关部位的水平面积之和（台体的上底面积和下底面积）后，再套群体公式算出该基础的总体积。用群体公式计算，要优于用一般单体公式计算，其特点是简单、快捷、准确（见第 3 章 3.2 节，群体井桩公式 3-33～3-36；第 3 章 3.4 节，群体独基公式 3-38、群体杯基公式 3-41）。

砖基础工程量一般是采用查表方式计算，所谓的“表”是指“砖基础大放脚折加高度表”，但就其表中的错台层数而言，使用时难免有一定的局限性。假若砖基的实际错台层数大于表中的层数，就无法计算，再者，假若身边没有“表”，而又必须立即计算某砖基工程量时，就可用大放脚截面面积公式计算。

大放脚截面面积公式，由三个独立公式组成：

（1）间隔式大放脚，奇数错台公式：3-87

（2）间隔式大放脚，偶数错台公式：3-88

（3）等高式错台大放脚公式：3-89

这三个公式，使用非常简单，又便于记忆，在熟练掌握的情况下，并不比查表计算时慢，因此可大力采用（见第 3 章 3.7 节，砖基础工程量计算）。

2）墙体计算公式

墙体计算有三个公式，公式 3-90 和公式 3-91 是专用于墙体分别内外墙厚度计算的公式，公式 3-92 为内外墙厚度相同时，将二者合并计算的墙体公式。这三个公式在运用时可根据具体情况，将墙体分层计算，也可以将墙体按整体计算。墙体分层计算就是将层高不同，洞口面积不同，墙体长度不同，嵌墙构件体积不同，砌筑砂浆等级不同的墙体，分别按不同楼层计算工程量。墙体整体计算就是将墙体按总高度一次列式计算。

实际上一栋建筑物中，要想各层墙体同时满足以上相同条件，几乎是不可能的。但是，只要各层"墙长"和"墙厚"一致，就可以利用其公式将墙体按整体计算。墙体按整体计算之后，不同砂浆等级的墙体分项工程量划分，可按不同砂浆等级的楼层高度与墙体总高之比乘以墙体总体积计算。如果需要将内、外墙体分别列项，则外墙墙体按外墙净长与内外墙合长之比，内墙墙体按内墙净长与内外墙合长之比，分别乘以墙体总体积计算。

墙体分层计算与整体计算虽然方法不同，但其结果是相等的，只是前者计算较为繁琐，耗用时间长，用后者计算既简单而又快捷。因此，在工程满足"墙长"和"墙厚"一致的条件下，应优先采用整体方法计算。

3）三个整体面积公式

三个整体面积公式，包括楼地面整体面积公式 3-93（见第 3 章 3.8 节），外墙面整体面积公式 3-96，和内墙面整体面积公式 3-100（见第 3 章 3.10 节）。

整体面积中一般包括了多项不同饰面做法的局部面积。例如楼地面整体面积中就包括了楼梯、卫生间、盥洗间、厨房等局部面积，外墙和内墙抹灰整体面积中就分别包括了外墙裙和内墙裙以及其他局部装饰面积。

楼地面整体面积公式是利用各相应楼层的建筑面积，减去该层内外主墙的水平投影面积计算的。该公式主要用于楼地面和天棚相关工程量的计算。内外墙面整体面积公式，是利用墙面垂直投影面积减去相应门窗洞口面积计算的。这三个公式在通常情况下，其计算结果并不是最终的工程量，而只能当作三个不同的基数来看待，但是该基数又是工程量计算过程中必不可少的，其特点是：可以避免由于复杂列式造成的计算错误；便于计算复核；方便其他分部工程计算时利用。因此，在计算楼地面和装饰工程量时应首先计算其整体面积，然后再计算其他各分项工程量。

第**2**章

工程量基数计算

2.1 工程量基数"三线"计算

2.1.1 外墙中心线长 $L_{中}$，与外墙外边线长 $L_{外}$ 计算

1. 外墙中心线 $L_{中}$ 长度计算（设外墙阴阳角均为直角）

外墙中心线长度就是沿外墙四周，将墙中各段尺寸相加的合计长度。外墙轴线与中心线的位置，在不同的工程设计中有居中和偏中之分。因此，除轴线居中的墙体之外，轴线偏中的墙体其中心线长度与轴线长度是不相等的。由于 240 外墙的中心线与其轴线正好重合，故 240 外墙的中心线长等于其轴线长度。轴线偏中，厚度等于 370 及以上的外墙，它的中心线与其轴线之间存在一个偏心距"c"（见图 2-1a、b），因此，在计算工程量基数时，必须要将有偏心距的外墙轴线长度换算成中心线长度。

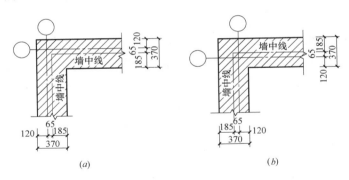

图 2-1

(a) 轴线偏外中；(b) 轴线偏内中

外墙轴线有偏外中和偏内中之分，偏心距"c"为：1/2 墙厚减去轴线至墙外皮（或内皮）间距的绝对值。

所以，370 外墙偏心距：$c=\left|\dfrac{370}{2}-120\right|=65\text{mm}$

外墙中心线长是在其轴线长度的基础上调整计算的，当 370 外墙偏外中时（见图 2-1a），外墙的轴线长度（$L_{外轴}$）要大于其中心线长度（$L_{中}$），因此，$L_{中}$ 长度等于外墙轴线长度减"$8c$"。即：

$$L_{中}=L_{外轴}-0.52\text{m} \tag{2-1}$$

同理，当370外墙偏内中时（见图2-1*b*），其轴线长度要小于中心线长度，因此，$L_{中}$长度等于外墙轴线长度加"8*c*"。即：

$$L_{中}=L_{外轴}+0.52\text{m} \tag{2-2}$$

2. 外墙外边线 $L_{外}$ 长度计算

外墙外边线长度 $L_{外}$，等于 $L_{中}$ 长度加4倍的外墙厚。即：

$$L_{外}=L_{中}+4\times外墙厚 \tag{2-3}$$

2.1.2 内墙净长度 $L_{内}$ 计算

1. 内外墙 T 形接头个数计算

在建筑平面中，所有房间都是由若干道内墙与外墙以及内墙与内墙纵横相交围成的闭合间组成的（为了叙述方便，下面将房间暂且称闭合间），因此，其 T 形接头个数，必然与内、外墙相交围成的闭合间的个数有关（见图2-2 、图2-3）。

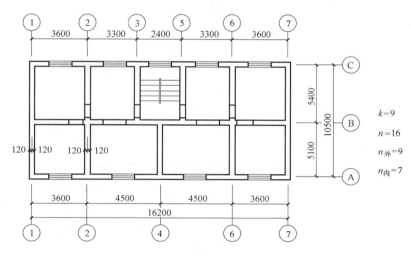

图 2-2

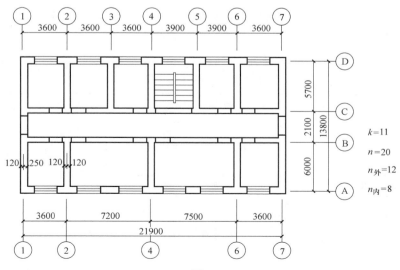

图 2-3

（1）内、外墙厚度相等时，T形接头个数（n）计算

假设，内、外墙相交所组成的闭合间个数为 k，其T形接头总个数：

$$n=2(k-1) \tag{2-4}$$

（2）内、外墙厚度不等时，$n_内$ 与 $n_外$ 计算

若内、外墙厚度不等时，内墙与外墙的T形接头个数 $n_外$，及内墙与内墙的T形接头个数 $n_内$ 要分别计算，但接头总个数不变。

$$n=n_内+n_外 \tag{2-5}$$

第一种情况：当内墙中有一道通长纵墙时（多见于条形住宅楼），见图2-2。则：

$$n_外=k, \quad n_内=k-2 \tag{2-6}$$

图中显示有9个闭合间，内外墙厚均为240，$k=9$

其中：外墙T形接头总个数：$n=2(9-1)=16$ 个

第二种情况：当内墙中有二道通长纵墙时（多见于带内廊的办公楼、教学楼及医院用房等），见图2-3。则：

$$n_外=k+1, \quad n_内=k-3 \tag{2-7}$$

图中显示有11个闭合间（内廊算一闭合间），外墙（轴线偏外中）厚为370，内墙厚为240，$k=11$

其中：外墙T形接头总个数：$n=2(11-1)=20$ 个

接头个数：$n_外=11+1=12$ 个

内墙接头个数：$n_内=11-3=8$ 个

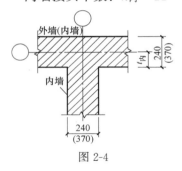

图2-4

2. 计算内墙轴线长度 $\sum L_内轴$

计算内墙轴线长度，就是将建筑物平面图中所有内墙的轴线长度相加。计算顺序是：在平面图中应先从左往右，从上往下，先算纵墙轴线，后算横墙轴线。

3. 计算内墙净长度 $L_内$

内墙净长度等于内墙的轴线长度之和，减去所有T形接头处的轴线至墙内皮的间距 $t_内$（见图2-4，按表2-1查取）乘以接头总个数 n。即：

$$L_内=\sum L_内轴-n \cdot t_内 \tag{2-8}$$

墙体T形接头（$t_内$）表　　　　　　　　　　　　表2-1

系数	外　　墙			内　　墙	
	240墙	370墙		240墙	370墙
		轴线偏外中	轴线偏内中		
$t_内$	0.12	0.25	0.12	0.12	0.185

注：十字墙接头可以看作两个T形接头。

当内、外墙厚度不等，或外墙轴线不居中时，内墙净长度 $L_内$ 按下式计算：

$$L_内=\sum L_内轴-(n_外\times相应外墙\ t_内+n_内\times相应内墙\ t_内) \tag{2-9}$$

2.1.3　实例计算

【例2-1】　分别计算图2-2、图2-3外墙中心线长度 $L_中$，及内墙净长度 $L_内$。

【解1】 图 2-2，内外墙厚均为 240，外墙中心线长度 $L_\text{中}$ 等于其轴线长度。

已知：接头个数 $n=16$

查表 2-1，$t_\text{内}$ 为 0.12

外墙中心线长 $\qquad L_\text{中}=(10.50+16.20)\times 2=53.4\text{m}$

内墙净长线长 $L_\text{内}=16.20+5.40\times 4+5.10\times 3-16\times 0.12=51.18\text{m}$

【解2】 图 2-3，外墙厚为 370 轴线偏外中，内墙厚为 240，因此，外墙中心线长度 $L_\text{中}$ 按公式 2-1 计算，内墙净长度 $L_\text{内}$ 按公式 2-9 计算。

已知：接头个数 $n_\text{外}=12$ $\quad n_\text{内}=8$

查表 2-1，370 外墙轴线偏外中 $t_\text{内}$ 为 0.25，240 内墙 $t_\text{内}$ 为 0.12。

$\qquad\qquad\qquad n\cdot t_\text{内}=12\times 0.25+8\times 0.12=3.96\text{m}$

外墙中心线长 $\qquad L_\text{中}=(13.80+21.90)\times 2-0.52=70.88\text{m}$

内墙净长线长 $\quad L_\text{内}=21.90\times 2+5.70\times 5+6.00\times 3-3.96=86.34\text{m}$

2.2 建筑面积计算

2.2.1 建筑面积计算的规定

1. 建筑物主体空间面积计算规定

建筑物的建筑面积应按自然层外墙结构外围水平面积之和计算。结构层高在 2.20m 及以上的，应计算全面积；结构层高在 2.20m 以下的，应计算 1/2 面积。

说明：在主体结构内形成的建筑空间，满足计算面积结构层高要求的，均应按规定计算建筑面积。当外墙结构本身在一个层高范围内不等厚时，以楼地面结构标高处的外围水平面积计算。

建筑物的建筑面积应按不同层高分别计算。单层建筑物层高，指室内地面标高至屋面板板面结构标高之间的垂直距离；多层建筑物层高，指上下两层楼面结构标高之间的垂直距离。建筑物最底层的层高，有基础底板的指基础底板上表面结构标高至上层楼面的结构标高之间的垂直距离；没有基础底板的指地面标高至上层楼面结构标高之间的垂直距离。最上一层的层高是指楼面结构标高至屋面板板面结构标高之间的垂直距离。多层建筑物的建筑面积包括主体结构外的阳台、雨篷、室外走廊、室外楼梯等按相应规定计算的建筑面积。

建筑面积，即建筑物（包括墙体）所形成的楼地面面积。

建筑物自然层，即楼地面结构分层的楼层。

结构层高，即楼面或地面结构层上表面至上部结构层上表面之间的垂直距离。

结构净高，指楼面或地面结构层上表面至上部结构层下表面之间的垂直距离。

建筑空间，指以建筑界面限定的、供人们生活和活动的场所。

2. 建筑物内局部楼层的面积计算规定

建筑物内设有局部楼层时，对于局部楼层的二层及以上楼层，有围护结构的应按其围护结构外围水平面积计算，无围护结构的应按其结构底板水平面积计算。结构层高在 2.20m 及以上的，应计算全面积；结构层高在 2.20m 以下的，应计算 1/2 面积（图 2-5）。

说明：围护结构是指围合建筑空间四周的墙体、门、窗等（以下同）。

如图 2-5 所示，建筑物内设有局部楼层时，建筑面积应分别不同高度按下式计算：

当高度 h_1、h_2 大于或等于 2.2m 时，$S = A \cdot B + a \cdot b$

当高度 h_1、h_2 不足 2.2m 时，　　　　　$S = A \cdot B + \dfrac{1}{2} a \cdot b$

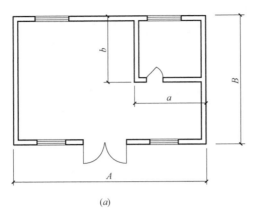
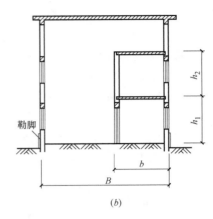

图 2-5　单层建筑物有部分楼隔层示意图

（a）平面图；（b）剖面图

3. 坡屋顶下的建筑空间面积计算规定

形成建筑空间的坡屋顶，结构净高在 2.10m 及以上的部位应计算全面积；结构净高在 1.20m 及以上至 2.10m 以下的部位应计算 1/2 面积；结构净高在 1.20m 以下的部位不应计算建筑面积。

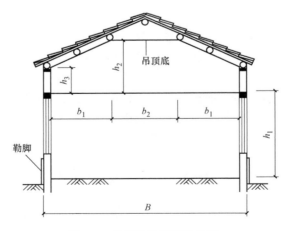

图 2-6　建筑物坡屋顶示意图

说明： 坡屋顶的净高指楼面或地面至上部楼板底面或吊顶底面之间的垂直距离。

如图 2-6 所示，当坡屋顶的高度 h_2 大于 2.1m，h_3 在 1.2m 至 2.1m 之间时，其建筑面积按下式计算：

$$S = (b_1 + b_2)L$$

式中　S——坡屋顶内的建筑面积（m²）；

　　　L——长度（m）。

4. 场馆看台下的建筑空间面积计算规定

场馆看台下的建筑空间，结构净高在 2.10m 及以上的部位应计算全面积；结构净高在 1.20m 及以上至 2.10m 以下的部位应计算 1/2 面积；结构净高在 1.20m 以下的部位不应计算建筑面积。室内单独设置的有围护设施的悬挑看台，应按看台结构底板水平投影面积计算建筑面积。有顶盖无围护结构的场馆看台应按其顶盖水平投影面积的 1/2 计算面积。

说明： 场馆看台下的建筑空间因其上部结构多为斜板，所以采用净高的尺寸划定建筑面积的计算范围和对应规则。室内单独设置的有围护设施的悬挑看台，因其看台上部设有顶盖且可供人使用，所以按看台板的结构底板水平投影计算建筑面积。"有顶盖无围护结构的场馆看台"中所称的"场馆"为专业术语，指各种"场"类建筑，如：体育场、足球场、网球场、带看台的风雨操场等。

围护设施，指为保障安全而设置的栏杆、栏板等围挡。

5. 地下室、半地下室面积计算规定

地下室、半地下室应按其结构外围水平面积计算。结构层高在 2.20m 及以上的，应计算全面积；结构层高在 2.20m 以下的，应计算 1/2 面积。

说明： 地下室，指室内地平面低于室外地平面的高度超过室内净高的 1/2 的房间。半地下室，指室内地平面低于室外地平面的高度超过室内净高的 1/3，且不超过 1/2 的房间。

如图 2-7 所示，地下室的建筑面积应分别不同层高按下式计算：

当高度 h 大于或等于 2.2m 时，$S = A \cdot B$

当高度 h 不足 2.2m 时，$\qquad S = \dfrac{1}{2} A \cdot B$

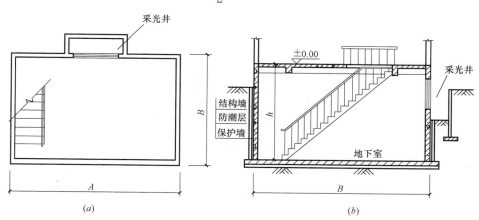

图 2-7 地下室采光井示意图
（a）平面图；（b）剖面图

6. 建筑物出入口面积计算规定

出入口外墙外侧坡道有顶盖的部位，应按其外墙结构外围水平面积的 1/2 计算面积，见图 2-8。

说明： 出入口坡道分有顶盖出入口坡道和无顶盖出入口坡道，出入口坡道顶盖的挑出长度，为顶盖结构外边线至外墙结构外边线的长度；顶盖以设计图纸为准，对后增加及建设单位自行增加的顶盖等，不计算建筑面积。顶盖不分材料种类（如钢筋混凝土顶盖、彩钢板顶盖、阳光板顶盖等）。

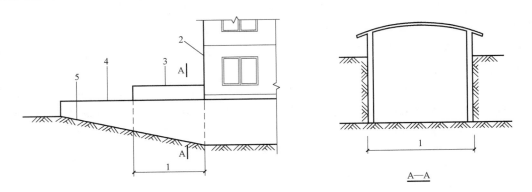

图 2-8　地下室出入口

1—计算 1/2 投影面积部位；2—主体建筑；3—出入口顶盖；
4—封闭出入口侧墙；5—出入口坡道

7. 建筑物架空层及吊脚架空层面积计算规定

建筑物架空层及坡地建筑物吊脚架空层，应按其顶板水平投影计算建筑面积。结构层高在 2.20m 及以上的，应计算全面积；结构层高在 2.20m 以下的，应计算 1/2 面积（图2-9）。

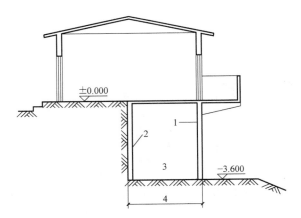

图 2-9　建筑物吊脚架空层

1—柱；2—墙；3—吊脚架空层；4—计算建筑面积部位

说明：本规定既适用于建筑物吊脚架空层、深基础架空层建筑面积的计算，也适用于目前部分住宅、学校教学楼等工程在底层架空或在二楼或以上某个甚至多个楼层架空，作为公共活动、停车、绿化等空间的建筑面积的计算。架空层中有围护结构的建筑空间按相关规定计算。

架空层，指仅有结构支撑而无外围护结构的开敞空间层。

8. 建筑物的门厅、大厅面积计算规定

建筑物的门厅、大厅应按一层计算建筑面积，门厅、大厅内设置的走廊应按走廊结构底板水平投影面积计算建筑面积。结构层高在 2.20m 及以上的，应计算全面积；结构层高在 2.20m 以下的，应计算 1/2 面积。

说明：走廊，指建筑物中的水平交通空间。

如图 2-10 所示，门厅、大厅内的走廊建筑面积应分别不同层高按下式计算：

当高度 h_2 大于或等于 2.2m 时，$S = A \cdot B - a \cdot b$

当高度 h_2 不足 2.2m 时，$\qquad S = \dfrac{1}{2}(A \cdot B - a \cdot b)$

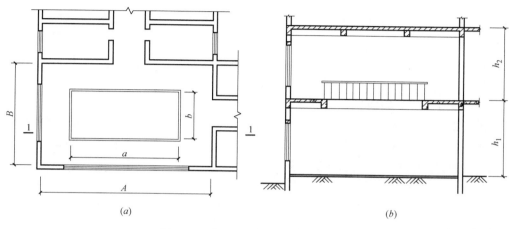

图 2-10 大厅（门厅）设走廊示意图

（a）平面图；（b）剖面图

9. 建筑物间的架空走廊面积计算规定

建筑物间的架空走廊，有顶盖和围护结构的，应按其围护结构外围水平面积计算全面积；无围护结构、有围护设施的，应按其结构底板水平投影面积计算 1/2 面积。

说明：架空走廊，是指专门设置在建筑物的二层或二层以上，作为不同建筑物之间水平交通的空间。无围护结构的架空走廊，见图 2-11；有围护结构的架空走廊，见图 2-12。

架空走廊应区分有围护结构与无围护结构，分别确定其建筑面积的计算范围。

图 2-11 无围护结构的架空走廊

1—栏杆；2—架空走廊

10. 立体书库、立体仓库、立体车库面积计算规定

立体书库、立体仓库、立体车库，有围护结构的，应按其围护结构外围水平面积计算

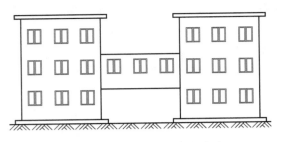

图 2-12　有维护结构的架空走廊

建筑面积；无围护结构、有围护设施的，应按其结构底板水平投影面积计算建筑面积。无结构层的应按一层计算，有结构层的应按其结构层面积分别计算。结构层高在 2.20m 及以上的，应计算全面积；结构层高在 2.20m 以下的，应计算 1/2 面积。

说明：起局部分隔、存储等作用的书架层、货架层或可升降的立体钢结构停车层均不属于结构层，故该部分分层不计算建筑面积。

结构层，指整体结构体系中承重的楼板层。

11. 舞台灯光控制室面积计算规定

有围护结构的舞台灯光控制室，应按其围护结构外围水平面积计算。结构层高在 2.20m 及以上的，应计算全面积；结构层高在 2.20m 以下的，应计算 1/2 面积。

12. 落地橱窗所围空间面积计算规定

附属在建筑物外墙的落地橱窗，应按其围护结构外围水平面积计算。结构层高在 2.20m 及以上的，应计算全面积；结构层高在 2.20m 以下的，应计算 1/2 面积。

说明：落地橱窗，指突出外墙面且根基落地的橱窗。

13. 凸（飘）窗所围空间面积计算规定

窗台与室内楼地面高差在 0.45m 以下且结构净高在 2.10m 及以上的凸（飘）窗，应按其围护结构外围水平面积计算 1/2 面积。

说明：凸窗（飘窗），指凸出建筑物外墙面的窗户。

14. 室外走廊（挑廊）面积计算规定

有围护设施的室外走廊（挑廊），应按其结构底板水平投影面积计算 1/2 面积；有围护设施（或柱）的檐廊，应按其围护设施（或柱）外围水平面积计算 1/2 面积。

说明：挑廊，指挑出建筑物外墙的水平交通空间，见图 2-13。

檐廊，是附属于建筑物底层外墙有屋檐作为顶盖，其下部一般有柱或栏杆、栏板等的水平交通空间，见图 2-14。

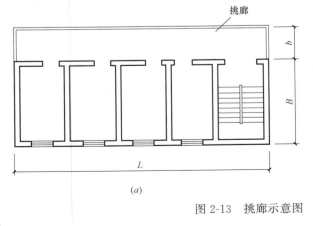

(a)

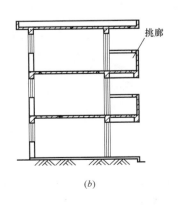

(b)

图 2-13　挑廊示意图

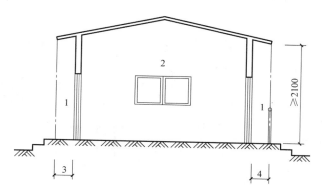

图 2-14 檐廊示意图

1—檐廊；2—室内；3—不计算建筑面积部位；

4—计算 1/2 建筑面积部位

15. 门斗面积计算规定

门斗应按其围护结构外围水平面积计算建筑面积。结构层高在 2.20m 及以上的，应算全面积；结构层高在 2.20m 以下的，应计算 1/2 面积。

说明：门斗，指建筑物入口处两道门之间的空间（图 2-15）。

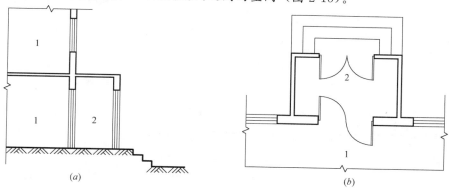

图 2-15 门斗

（a）门斗剖面；（b）门斗平面

1—室内；2—门斗

16. 门廊、雨篷面积计算规定

门廊应按其顶板水平投影面积的 1/2 计算建筑面积；有柱雨篷应按其结构板水平投影面积的 1/2 计算建筑面积；无柱雨篷的结构外边线至外墙结构外边线的宽度在 2.10m 及以上的，应按雨篷结构板的水平投影面积的 1/2 计算建筑面积。

说明：① 雨篷分为有柱雨篷和无柱雨篷。有柱雨篷，没有出挑宽度的限制，也不受跨越层数的限制，均计算建筑面积（图 2-16）。无柱雨篷，其结构板不能跨层，并受出挑宽度的限制，设计出挑宽度大于或等于 2.10m 时才计算建筑面积（图 2-17）。出挑宽度，系指雨篷结构外边线至外墙结构外边线的宽度，弧形或异形时，取最大宽度。

② 雨篷，是指建筑出入口上方为遮挡雨水而设置的部件；门廊，是指建筑物入口前有顶棚的半围合空间。

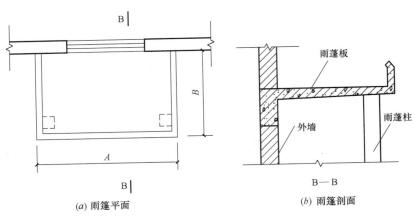

(a) 雨篷平面

(b) 雨篷剖面

图 2-16　有柱雨篷示意图

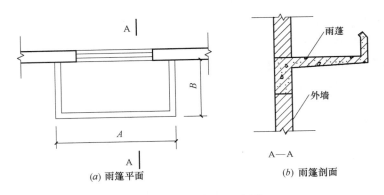

(a) 雨篷平面

(b) 雨篷剖面

图 2-17　无柱雨篷示意图

17. 建筑物顶部的楼梯间、水箱间、电梯机房面积计算规定

设在建筑物顶部的有围护结构的楼梯间（图 2-18）、水箱间、电梯机房等，结构层高在 2.20m 及以上的应计算全面积；结构层高在 2.20m 以下的，应计算 1/2 面积。

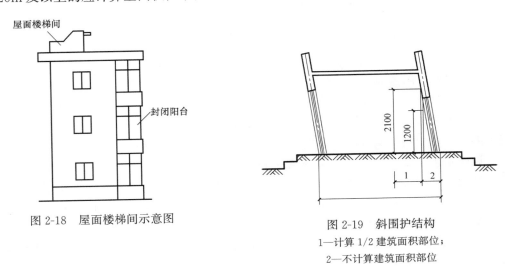

图 2-18　屋面楼梯间示意图

图 2-19　斜围护结构

1—计算 1/2 建筑面积部位；

2—不计算建筑面积部位

18. 围护结构不垂直于水平面的楼层面积计算规定

围护结构不垂直于水平面的楼层，应按其底板面的外墙外围水平面积计算。结构净高在 2.10m 及以上的部位，应计算全面积；结构净高在 1.20m 及以上至 2.10m 以下的部位，应计算 1/2 面积；结构净高在 1.20m 以下的部位，不应计算建筑面积。

说明： 围护结构向内、向外倾斜均适用本规定。在划分高度上，是指结构净高，与其他正常平楼层按层高划分不同，但与斜屋面的划分原则一致。斜围护结构与斜屋顶采用相同的计算规则，即只要外壳倾斜，就按结构净高划段，分别计算建筑面积。斜围护结构见图 2-19。

【例 2-2】 有一四坡屋顶下空间，如图 2-20 所示，试计算其建筑面积。

【解】 斜角 60 度，$\tan 60° = 1.732$

$$b_1 = \frac{1.2}{\tan 60°} = \frac{1.2}{1.732} = 0.69\text{m}$$

$$b_2 = \frac{2.1}{\tan 60°} - b_1 = \frac{2.1}{1.732} - 0.69 = 0.52\text{m}$$

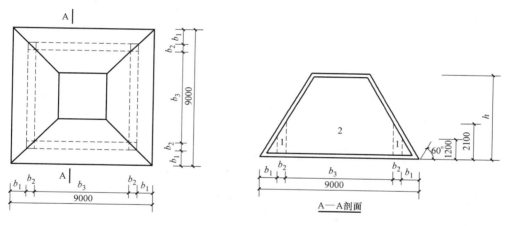

图 2-20 四坡屋顶下空间示意图

1—可计算 1/2 建筑面积的部位；2—可计算全部建筑面积的部位

$$b_3 = 9 - 2(b_1 + b_2)$$

$$= 9 - 2(0.69 + 0.52) = 6.58\text{m}$$

应计算的 1/2 建筑面积（空间 1 的面积）S_1：

$$S_1 = 4b_2(b_2 + b_3) \times 0.5$$

$$= 4 \times 0.52(0.52 + 6.58) \times 0.5$$

$$= 7.38\text{m}^2$$

应计算的全部建筑面积（空间 2 的面积）S_2：

$$S_2 = b_3 \times b_3 = 6.58 \times 6.58 = 43.3\text{m}^2$$

总建筑面积：$S = S_1 + S_2 = 7.38 + 43.3 = 50.66\text{m}^2$

【例 2-3】 有一两坡屋顶下空间。如图 2-21 所示，试计算其建筑面积。

【解】 斜角 45°，$\tan 45° = 1$

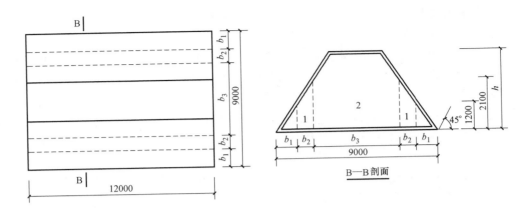

图 2-21 两坡屋顶下空间示意图

1—可计算 1/2 建筑面积的部位；2—可计算全部建筑面积的部位

$$b_1 = \frac{1.2}{\tan 45°} = \frac{1.2}{1} = 1.2 \text{m}$$

$$b_2 = \frac{2.1}{\tan 45°} - b_1 = 2.1 - 1.2 = 0.9 \text{m}$$

$$b_3 = 9 - 2(b_1 + b_2)$$
$$= 9 - 2(1.2 + 0.9) = 4.8 \text{m}$$

应计算的 1/2 建筑面积（空间 1 的面积）S_1：

$$S_1 = 2b_2 \times 12 \times 0.5 = 2 \times 0.9 \times 12 \times 0.5 = 10.8 \text{m}^2$$

应计算的全建筑面积（空间 2 的面积）S_2：

$$S_2 = b_3 \times 12 = 4.8 \times 12 = 57.6 \text{m}^2$$

总建筑面积：$S = S_1 + S_2 = 10.8 + 57.6 = 68.4 \text{m}^2$

19. 建筑物的室内楼梯、电梯井、提物井、管道井、通风排气竖井、烟道面积计算规定

建筑物的室内楼梯、电梯井（图 2-23）、提物井、管道井、通风排气竖井、烟道，应并入建筑物的自然层计算建筑面积。有顶盖的采光井应按一层计算面积，结构净高在 2.10m 及以上的，应计算全面积，结构净高在 2.10m 以下的，应计算 1/2 面积。

说明：楼梯间层数按建筑物的层数计算。有顶盖的采光井包括建筑物中的采光井和地下室采光井见图 2-22。

20. 室外楼梯面积计算规定

室外楼梯应并入所依附建筑物自然层，并应按其水平投影面积的 1/2 计算建筑面积（图 2-24）。

说明：室外楼梯层数为室外楼梯所依附的楼层数，即梯段部分投影到建筑物范围的层数。利用室外楼梯下部的建筑空间不得重复计算建筑面积；利用地势砌筑的为室外踏步，不计算建筑面积。

21. 阳台面积计算规定

在主体结构内的阳台，应按其结构外围水平面积计算全面积；在主体结构外的阳台，

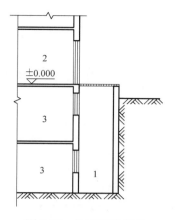

图 2-22 地下室采光井
1—采光井；2—室内；3—地下室

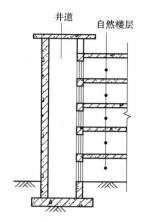

图 2-23 电梯井、提物井示意图

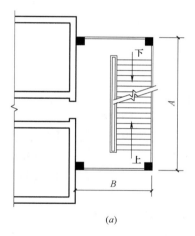

(a)

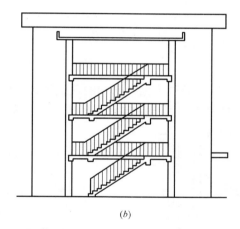

(b)

图 2-24 室外楼梯示意图
(a) 楼梯平面；(b) 楼梯立面

应按其结构底板水平投影面积计算 1/2 面积计算。

说明：① 建筑物的阳台，不论其形式如何，均以建筑物主体结构为界分别计算建筑面积。凹阳台计算全面积，挑阳台计算 1/2 面积（图 2-25）。

② 主体结构，是指接受、承担和传递建设工程所有上部荷载，维持上部结构整体性、稳定性和安全性的有机联系的构造。

③ 阳台，是指附设于建筑物外墙，设有栏杆或栏板，可供人活动的室外空间。

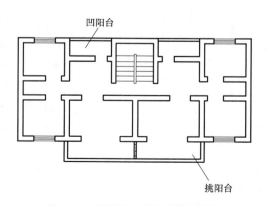

图 2-25 凹阳台、挑阳台示意图

22. 车棚、货棚、站台、加油站、收费站等面积计算规定

有顶盖无围护结构的车棚、货棚、站台、加油站、收费站等，应按其顶盖水平投影面积的 1/2 计算建筑面积（图 2-26、图 2-27）。

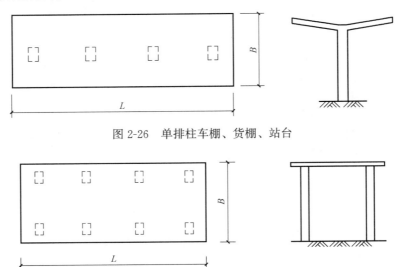

图 2-26　单排柱车棚、货棚、站台

图 2-27　双排柱车棚、货棚、站台

23. 以幕墙作为围护结构的建筑物面积计算规定

以幕墙作为围护结构的建筑物，应按幕墙外边线计算建筑面积。

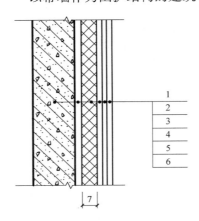

图 2-28　建筑外墙外保温

1—墙体；2—粘结胶浆；3—保温材料；
4—标准网；5—加强网；6—抹面胶浆；
7—计算建筑面积部位

说明：幕墙以其在建筑物中所起的作用和功能来区分。直接作为外墙起围护作用的幕墙，按其外边线计算建筑面积；设置在建筑物墙体外起装饰作用的幕墙，不计算建筑面积。

24. 外墙外保温层面积计算规定

建筑物的外墙外保温层，应按其保温材料的水平截面积计算，并计入自然层建筑面积（图 2-28）。

说明：建筑物外墙外侧有保温隔热层的，保温隔热层以保温材料的净厚度乘以外墙结构外边线长度按建筑物的自然层计算建筑面积，其外墙外边线长度不扣除门窗和建筑物外已计算建筑面积构件（如阳台、室外走廊、门斗、落地橱窗等部件）所占长度。当建筑物外已计算建筑面积的构件（如阳台、室外走廊、门斗、落地橱窗等部件）有保温隔热层时，其保温隔热层也不再计算建筑面积。外墙是斜面者按楼面楼板处的外墙外边线长度乘以保温材料的净厚度计算。外墙外保温以沿高度方向满铺为准，若外墙自然层外保温铺设高度未达到全部高度时（不包括阳台、室外走廊、门斗、落地橱窗、雨篷、飘窗等），不计算建筑面积。保温隔热层的建筑面积是以保温隔热材料的厚度来计算的，不包含抹灰层、防潮层、保护层（墙）的厚度。

25. 变形缝面积计算规定

与室内相通的变形缝，应按其自然层合并在建筑物建筑面积内计算。对于高低联跨的建筑物，当高低跨内部连通时，其变形缝应计算在低跨面积内。

说明： 变形缝，是指防止建筑物在某些因素作用下引起开裂甚至破坏而预留的构造缝。与室内相通的变形缝，是指暴露在建筑物内，在建筑物内可以看得见的变形缝。

26. 建筑物内的设备层、管道层、避难层面积计算规定

对于建筑物内的设备层、管道层、避难层等有结构层的楼层，结构层高在 2.20m 及以上的，应计算全面积；结构层高在 2.20m 以下的，应计算 1/2 面积。

说明： 设备、管道楼层与普通楼层相同，均按建筑物结构自然层计算建筑面积。在吊顶空间内设置管道的，则吊顶空间部分不能被视为设备层、管道层。

27. 下列项目不应计算建筑面积：

（1）与建筑物内不相连通的建筑部件；

说明： 是指依附于建筑物外墙外不与户室开门连通，起装饰作用的敞开式挑台（廊）、平台，以及不与阳台相通的空调室外机搁板（箱）等设备平台部件；

（2）骑楼、过街楼底层的开放公共空间和建筑物通道；

说明： ①骑楼，是指沿街二层以上用承重柱支撑骑跨在公共人行空间之上，其底层沿街面后退的建筑物，见图 2-29。

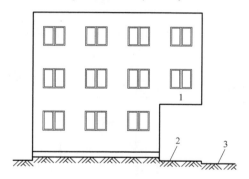

图 2-29 骑楼示意图

1—骑楼；2—人行道；3—街道

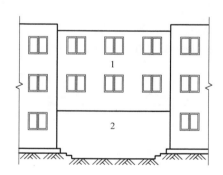

图 2-30 过街楼示意图

1—过街楼；2—建筑物通道

② 过街楼，是指跨越道路上空并与两边建筑相连接的建筑物，见图 2-30。

③ 建筑物通道，是指为穿过建筑物而设置的空间，见图 2-31。

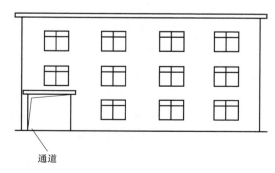

通道

图 2-31 建筑物通道示意图

（3）舞台及后台悬挂幕布和布景的天桥、挑台等；

说明：是指影剧院的舞台及为舞台服务的可供上人维修、悬挂幕布、布置灯光及布景等搭设的天桥和挑台等构件设施。

（4）露台、露天游泳池、花架、屋顶的水箱及装饰性结构构件；

说明：露台，是指设置在屋面、首层地面或雨篷上的供人室外活动的有围护设施的平台。

（5）建筑物内的操作平台、上料平台、安装箱和罐体的平台；

说明：建筑物内不构成结构层的操作平台、上料平台（工业厂房、搅拌站和料仓等建筑中的设备操作控制平台、上料平台等），其主要作用为室内构筑物或设备服务的独立上人设施，因此不计算建筑面积。

（6）勒脚、附墙柱（图2-32）、垛、台阶、墙面抹灰、装饰面、镶贴块料面层、装饰性幕墙，主体结构外的空调室外机搁板（箱）、构件、配件，挑出宽度在2.10m以内的无柱雨篷和顶盖高度达到或超过两个楼层的无柱雨篷；

说明：① 勒脚，是指在房屋外墙接近地面部位设置的饰面保护构造。

② 台阶，是指联系室内外地坪或同楼层不同标高而设置的阶梯形踏步。

（7）窗台与室内地面高差在0.45m以下且结构净高在2.10m以下的凸（飘）窗，窗台与室内地面高差在0.45m及以上的凸（飘）窗；

（8）室外爬梯（图2-33）、室外专用消防钢楼梯；

说明：室外钢楼梯需要区分具体用途，如专用于消防的楼梯，则不计算建筑面积，如果是建筑物唯一通道，兼用于消防，则需要按室外钢楼梯的相关定计算建筑面积。

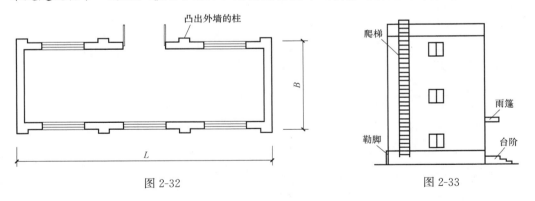

图2-32   图2-33

（9）无围护结构的观光电梯；

（10）建筑物以外的地下人防通道，独立的烟囱、烟道、地沟、油（水）罐、气柜、水塔、贮油（水）池、贮仓、栈桥等构筑物。

2.2.2 建筑面积计算方法

建筑面积，包括建筑物主体、地下室、半地下室（高度符合规定部分）、屋面楼梯间、电梯间、门斗、门廊、主体结构外的阳台、挑廊、采光井，以及按规定应计算面积的水箱间、雨篷等建筑面积。建筑面积计算之前，应熟悉建筑平面图、立面图、剖面图，并对图纸"建筑用料说明"中的楼地面装饰做法作大致了解，以便在计算时确定是否需要分楼层计算。

建筑面积计算时，一般先从建筑物的底层开始着手，依次向上，直至顶层。先算主体面积，后算其他面积。底层建筑面积 $S_底$，是"三线一面"四个基数的其中之一，该基数是计算场地平整、室内回填土及地面工程量的依据，因此，应单独列项计算。多层建筑物，对其立面有凹凸的楼层，或者楼层面积虽然一致，但楼地面装饰做法不一致的楼层，应分层列项计算，并注明楼层，以便在计算楼地面等相关工程量时加以利用，避免重复计算。

建筑物设计有地下室、屋面楼梯间、电梯间、水箱间的，其建筑面积应分别列项计算。设计有阳台的，其底层阳台与楼层阳台应分别计算，因为底层阳台要利用其水平投影面积计算回填土、垫层和防潮层等工程量。楼层阳台若有部分作卫生间、厨房的，其建筑面积应与居室阳台分别计算，因为二者的垫层及面层做法一般不相同。

建筑物主体和其他部位的建筑面积计算完后，将其逐项相加，即完成全部建筑面积计算。

2.2.3 实例计算

【例 2-4】 试计算某公司办公楼工程，标准层建筑面积（图 2-34）。

【解】 该工程，主体层高 3.6m，应计算全面积。

建筑面积：$23.55 \times (15.5 - 3.0) + 3.0 \times 6.8 - 0.5 \times 3.6 \times 3.9 = 307.76\text{m}^2$

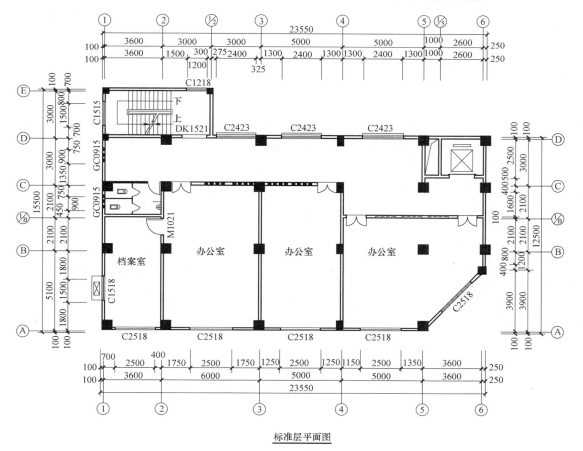

标准层平面图

图 2-34

【例 2-5】 试计算某住宅楼工程，工程量基数"三线一面"（图 2-35A、35B）。

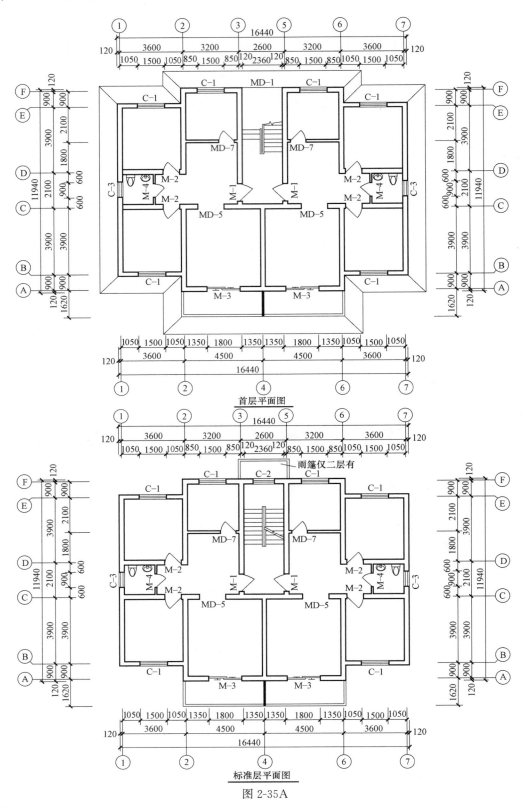

首层平面图

标准层平面图

图 2-35A

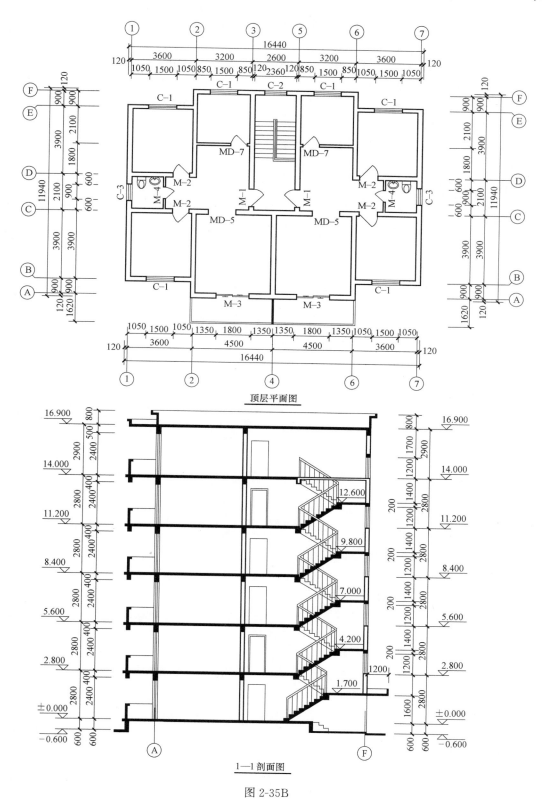

顶层平面图

1—1 剖面图

图 2-35B

【解】 从图中得知：该工程内外墙厚均为240，层高2.8～2.9m，共6层。

（1）外墙中心线长度计算

$$L_{中} = (16.64 + 11.94) \times 2 = 57.16m$$

（2）外墙外边线长度计算

$$L_{外} = 57.16 + 4 \times 0.24 = 58.12m$$

（3）内墙净长度计算

$k = 11 \qquad n = 2\ (11-1) = 20 \qquad$ 查表2-1，$t_{内} = 0.12$

$$L_{内} = 3.9 \times 4 + 16.2 + 4.8 + 6.9 \times 2 - 0.12 \times 20 = 48.0m$$

（4）建筑面积

主体面积：$(16.44 \times 11.94 - 3.6 \times 0.9 \times 4) \times 6 = 1100.0m^2$

阳台面积：$1.5 \times 4.5 \times 2 \times 6 \times 0.5 = 40.5m^2$

合计：$1140.5m^2$

第 **3** 章

分项工程量速算方法详解

在本章中，将由浅入深，循序渐进地介绍工程量速算方法与技巧，特别是如何运用公式、工程量数表以及工程量计算专用表格来计算各分部分项工程量。

3.1 土方工程量计算

3.1.1 土石方工程量计算前应确定的资料

（1）土壤及岩石类别的确定

土石方工程土壤及岩石类别，按"土壤分类表（表 3-1）"和"岩石分类表（表 3-2）"划分确定；

土壤分类表 表 3-1

土壤分类	土壤名称	开挖方法
一、二类土	粉土、沙土（粉砂、细沙、中砂粗砂、砾砂）、粉质黏土、弱中盐渍土、软土（淤泥质土、泥灰、泥炭质土）、软塑红黏土、充填土	用锹、少许用镐、条锄开挖。机械能全部直接铲挖满载者
三类土	黏土、碎石土（圆砾、角砾）混合土、可塑红黏土、硬塑红黏土、强盐渍土、素填土、压实填土	主要用镐、条锄、少许用锹开挖，机械需部分刨松方能铲挖满载者或可直接铲挖但不能满载者
四类土	碎石土（卵石、碎石、漂石、块石）、坚硬红黏土、超盐渍土、杂填土	全部用镐、条锄开挖，少许用撬棍挖掘。机械需普遍刨松方能铲挖满载者

注：本表土的名称及其含义按国家标准《岩土工程勘察规范》GB 50021—2001（2009 年版）定义

岩石分类表 表 3-2

岩石分类		代表性岩石	开挖方法
极软岩		1. 全风化的各种岩石 2. 各种半成岩	部分用手凿工具，部分用爆破法开挖
软质岩	软岩	1. 强风化的坚硬岩 2. 中等风化—强风化的较软岩 3. 未风化—微风化的页岩、泥岩、泥质沙岩等	用风镐和爆破法开挖
	较软岩	1. 中等风化—强分化的坚硬岩或较硬岩 2. 未风化—微风化的凝灰岩、千枚岩、泥灰岩、沙质泥岩等	用爆破法开挖

岩石分类		代表性岩石	开挖方法
软质岩	较硬岩	1. 微风化的坚硬岩 2. 未风化—微风化的大理岩、板岩、石灰岩、白云岩、钙质砂岩等	用风镐和爆破法开挖
	坚软岩	未风化—微风化的花岗岩、闪长岩、辉绿岩、玄武岩、安山岩、片麻岩、石英岩、石英砂岩、硅质砾岩、硅质石灰岩等	用爆破法开挖

注：本表依据国家标准《工程岩体分级标准》GB 50218—91 和《岩石工程勘察规范》GB 50021—2001（2009 年版）整理

（2）地下水位标高及排（降）水方法；

（3）土方、沟槽、基坑挖填土起止标高、施工方法及运距；

（4）岩石开凿、爆破方法、石渣清运方法及运距；

（5）其他有关资料。

3.1.2 计算土方工程量的有关规定

1. 土方体积折算规定

土方体积，以挖掘前的天然密实体积为准计算。非天然密实土方应按表 3-3 所列数值折算。

土方体积折算系数表　　　　　　　　　　　　　　　表 3-3

天然密实度体积	虚方体积	夯实后体积	松填体积
0.77	1.00	0.67	0.83
1.00	1.30	0.87	1.08
1.15	1.50	1.00	1.25
0.92	1.20	0.80	1.00

注：1. 虚方是指未经碾压、堆积时间≤1 年的土壤。

　　2. 本表按《全国统一建筑工程预算工程量计算规则》GJDGZ—101—95 整理。

　　3. 设计密实度超过规定的，填方体积按工程设计要求执行；无设计要求按各省、自治区、直辖市或行业建设行政主管部门规定的系数执行。

说明： 挖土方以天然密实体积计算，夯实后体积系数用于土方回填，夯实回填土方体积折算成天然密实土方量应乘以 1.15 系数，即：回填每立方夯实体积需要 1.15 立方的天然密实体积的土方量；虚方体积系数主要主要用于外购土或余土外运。

2. 石方体积折算规定

石方体积，以挖掘前的天然密实体积为准计算，非天然密实石方应按表 3-4 所列数值折算。

石方体积折算系数表　　　　　　　　　　　　　　　表 3-4

石方类别	天然密实度体积	虚方体积	松填体积	码方
石方	1.0	1.54	1.31	
块石	1.0	1.75	1.43	1.67
砂夹石	1.0	1.07	0.94	

注：本表按建设部颁发《爆破工程消耗量定额 GYD—102—2008 整理》。

3. 放坡

挖基础土方需要放坡时，放坡系数按表 3-5 中的规定计算。

放坡（图 3-2）是挖基础土方中为防止边坡坍塌而采取的一项施工措施。当挖沟槽、基坑达到一定深度，由于土质原因，边坡无法抵抗其自重产生的斜向剪力时就会发生坍塌。因此，挖基础土方深度超过规定的放坡起点深度时，应按规定提前采取放坡。

放坡系数和放坡起点是由土壤类别决定的。当土壤类别低时说明土质松软，挖方时放坡起点高，放坡系数大；当土壤类别高时，土质相对坚硬，挖方需要放坡时，放坡起点相对较低，放坡系数也较小。假如挖一道沟槽深度为 1.49m，若是三类土就不需要放坡（三类土的放坡起点为 1.5m，放坡系数为 1：0.33），若是一、二类土，挖土深度为 1.2m 时就要按放坡计算，而且放坡系数为 1：0.5。

放坡的含义是：基础挖土深度每增加 1m，槽、坑上边放坡就增加一个相同比值（放坡系数）的宽度。因此，放坡宽度 (b_k) 等于放坡系数 (k) 乘以挖土深度 (h)。

基础开挖放坡系数表 表 3-5

土类别	放坡起点	人工挖土	机械挖土		
			在坑内作业	在坑上作业	顺沟槽在坑上作业
一、二类土	1.20	1：0.5	1：0.33	1：0.75	1：0.5
三类土	1.50	1：0.33	1：0.25	1：0.67	1：0.33
四类土	2.00	1：0.25	1：0.10	1：0.33	1：0.25

注：1. 沟槽、基坑中土壤类别不同时，分别按放坡起点、放坡系数，依不同土类别厚度加权平均计算。
　　2. 计算放坡时，在交接处的重复工程量不予扣除，原槽、坑作基础垫层时，放坡自垫层上表面开始计算。

4. 支挡土板

挖沟槽、基坑需支挡土板时，其宽度按图示沟槽、基坑底宽，单面加 10cm，双面加 20cm 计算。挡土板面积按槽、坑垂直支撑面积计算，支挡土板后，不得再计算放坡。

支挡土板及支挡土板的挖方，属于施工措施工程量，费用应包括在报价中。

5. 工作面

（1）挖基础土方需要增加工作面时，按表 3-6 中的规定计算。

基础施工所需工作面宽度表 表 3-6

基 础 材 料	每边各增加工作量宽度(mm)	基 础 材 料	每边各增加工作量宽度(mm)
砖基础	200	混凝土基础支模板	300
浆砌毛石、条石基础	150	基础垂直面作防水层	1000(防水层面)
混凝土基础垫层支模板	300		

注：本表按《全国统一建筑工程预算工程量计算规则》GJDGZ—101—95 整理。

工作面（图 3-1）是指为满足基础周边立面施工的空间要求，而在挖基础土方时按规定增加的基础边或基础垫层边至槽、坑底部边线的间距。

清单项目挖基础土方工程量，是以垫层底部面积乘以挖土深度计算的。对于有垫层的混凝土基础，在计算挖土方时垫层边应增加支模工作面（图 3-1），如果基础垂直面作防水处理，应增加作防水处理的工作面。当混凝土基础垫层支模板，同时基础垂直面作防水处理时（图 3-2），基础垂直面距垫层边支模工作面 ($c_1 + c_2$) 边线的间距≤1000mm 时按

1000mm 计算，当＞1000mm 时取实际数值计算，即：基础工作面既要满足垫层支模的要求同时须满足基础垂直面作防水处理的要求。

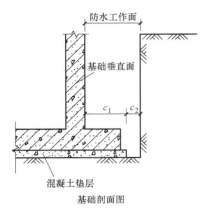

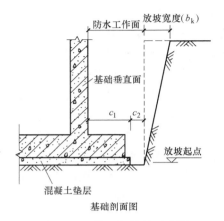

图 3-1　工作面示意图　　　　　　　图 3-2　工作面加放坡示意图

c_1——基础垂直面距垫层边的间距；

c_2——混凝土垫层支模工作面。

（2）挖管道沟槽，每侧增加工作面宽度，按表 3-7 规定计算。

管沟施工每侧所需工作面宽度计算表　　　　　　　　　　　　表 3-7

管道	≤500	≤1000	≤2500	＞2500
混凝土及钢筋混凝土管道(mm)	400	500	600	700
其他材质管道(mm)	300	400	500	600

注：1. 本表按《全国统一建筑工程预算工程量计算规则》GJDGZ—101—95 整理。
　　2. 管道结构宽：有管座的按基础外缘，无管座的按管道外径。

6. 挖沟槽、基坑、一般土方的划分

底宽≤7m 且底长＞3 倍底宽为沟槽；底长≤3 倍底宽且底面积≤150m² 为基坑；超出上述范围则为一般土方。

3.1.3　挖基础土方周边范围的确定

由于受土壤类别、基础类型、开挖深度等因素的影响，基础土方施工时，为了满足设计要求，确保质量和安全，须采取一定的施工技术措施。因此，不同土壤类别开挖深度超过放坡起点时须计算放坡（表 3-5）；砖基础、浆砌毛石、条石基础砌筑、混凝土基础垫层支模板、混凝土基础周边支模板和垂直面做防潮处理时，土方开挖须计算工作面（表 3-6），具体情况应根据施工组织设计或施工方案确定。

清单项目挖基槽、基坑土方，计算规则规定：工程量按设计图示尺寸以基础垫层底面积乘以挖土深度计算。挖基槽、基坑、一般土方因工作面和放坡增加的工程量，是否并入各工程量中，应按各省、自治区、直辖市或行业建设主管部门的规定实施，如并入各土方工程量中，办理工程结算时，按经发包人认可的施工组织设计规定计算，编制工程量清单时，可按表 3-1～表 3-7 的规定计算。

3.1.4　挖土深度与土方回填深度的确定

1. 挖土深度的确定

挖土方厚度应按自然地坪测量标高至设计地坪标高间的平均厚度确定。基础土方、石方开挖深度，应按基础垫层底部标高至交付施工场地标高确定。无交付施工场地标高时，应按自然地坪标高确定。

自然地坪标高是指经现场测定的，相对于±0.000 标高的自然地貌的平均标高。标高测定，一般是根据场地的大小，将其划分成 20m×20m 或 10m×10m 的若干方格网，并测出每个方格网角点上的标高，再加以平均。

在确定挖土深度时，应根据自然地坪标高与设计室外地坪标高的相对位置，分别按以下三种情况计算：

第一种情况，当自然地坪标高与设计室外地坪标高相等时，挖土深度按设计室外地坪以下至基础垫层底部间的深度计算；

第二种情况，当自然地坪标高低于设计室外地坪标高时，挖土深度按自然地坪以下至基础垫层底部间的深度计算；

第三种情况，当自然地坪标高高于设计室外地坪标高时，挖土分两部分计算：设计室外地坪以下部分，挖土深度按其与基础垫层底部间的深度计算；设计室外地坪以上部分，挖土厚度按其与自然地坪标高间的高差计算。

2. 土方回填深度的确定

沟槽、基坑内的基础完工后，按设计要求应将土方回填至设计室外地坪标高。因此，土方回填深度，应按基础垫层底部至设计室外地坪标高间的深度计算。但开挖时自然地坪标高低于设计室外地坪标高的基础土方回填要分两部分计算：自然地坪以下部分，土方回填深度按其与基础垫层底部间的深度计算（回填深度等于挖土深度）；自然地坪以上部分，土方回填厚度按其与设计室外地坪标高间的高差计算。

总而言之，挖基础土方深度应以交付场地标高或自然地坪标高为准计算，土方回填深度应以设计室外地坪标高为准计算。

3.1.5　土方工程分项工程量计算

1. 平整场地计算

平整场地，是指建筑场地厚度在±30cm 以内的挖、填、运土及找平。计算规则规定：工程量按设计图示尺寸以建筑物首层面积计算，即：建筑物底层建筑面积"$S_底$"加落地式阳台及地下室出入口的面积。工程量清单计价时，平整场地还应考虑主体施工搭设外架所增加的面积，该费用应计入投标报价中。外架外侧一般距建筑物为 2m，公式如下：

$$S_{外架} = 2 \times L_外 + 16 \tag{3-1}$$

2. 挖土方计算

挖土方是指设计室外地坪标高以上，建筑场地厚度在 30cm 以外的竖向布置挖土或山坡切土，工程量按图示面积乘以设计室外地坪标高以上的平均挖土厚度以体积计算。

计算挖设计室外地坪以上的土方，工程量应分别按以下两种情况计算：

当槽、坑不放坡或放坡宽度（b_k）小于等于 2m 时，按外墙边线每边各加 2m 所围面积乘以设计室外地坪至自然地坪标高间的高差计算；当放坡宽度（b_k）大于 2m 时，按槽、坑上口实际放坡边线所围面积乘以以上高差计算，并入相应的挖土方体积内。

设计室外地坪以上的挖土方，清单项目工程量按"挖土方"编码列项。

3. 挖基础土方计算

挖基础土方，包括带形基础（挖基槽）、独立基础（挖基坑）、满堂基础（包括地下室基础）（大开挖）及设备基础等的挖方。工程量应分别土壤类别、挖土深度、弃土运距，按设计图示尺寸以基础垫层底面积乘以挖土深度计算。

计算挖基础土方，应根据施工组织设计或施工方案的要求计算，若需要放坡和增加工作面时，工程量应包括放坡和工作面的挖土方体积，分别以下四种形式计算：

第一种形式：按图示基础垫层底面积乘以挖土深度计算。此项挖土方是清单项目计算挖基础土方的基本形式。

第二种形式：根据土壤类别和放坡的有关规定，在按垫层底面积乘以挖土深度计算的基础上，工程量增加放坡挖土方计算。

第三种形式：根据基础周边施工的空间要求，在按垫层底面积乘以挖土深度计算的基础上，工程量增加工作面挖土方计算。

第四种形式：根据基础周边施工的空间要求、土壤类别和放坡的有关规定，在按垫层底面积乘以挖土深度计算的基础上，工程量增加放坡和工作面的挖土方计算。

为了区分清单项目挖土方量、措施挖土方量二者的关系，下面将挖基础土方分为两部分计算：第一部分，即按第一种形式计算的挖土方量（清单项目挖土方量）；第二部分为放坡和工作面增加的挖土方量，即按第二、第三、第四种形式计算的挖土方量（措施挖土方量）。二者是否合并计算，应按当地建设行政主管部门的规定执行。当确定将二者合并计算时，挖土方量（$V_挖$），其体积等于清单项目挖土方量（$V_Ⅰ$）加放坡和工作面挖土方量（$V_Ⅱ$）。当确定二者不合并计算时，放坡及工作面挖土方量的费用应包含在报价中。

$$V_挖 = V_Ⅰ + V_Ⅱ \tag{3-2}$$

1）挖管沟土方

挖管沟土方，《计量规范》分别设置了"m"和"m^3"两种计量单位：以米计量，工程量按设计图示以管道中心线长度计算；以立方米计量，按设计图示管底垫层面积乘以挖土深度计算，无管底垫层按管外径的水平投影面积乘以挖土深度计算。不扣除各类井的长度，井的土方并入计算。

2）挖沟槽土方

挖沟槽土方，工程量按设计图示尺寸以基础垫层底面积乘以挖土深度计算。

沟槽长度，外墙按图示中心线长度计算；内墙按图示基础底面之间净长度计算；内外突出部分（垛、附墙烟囱等）体积并入沟槽土方工程量内计算。

（1）挖沟槽土方（图3-3）当宽度相等时，垫层底面挖土方，工程量按下式计算：

$$V_1 = b \cdot h \cdot l \tag{3-3}$$

（2）挖沟槽土方（图3-3）当沟槽宽度不等时，工程量应按轴线编号分别不同宽度乘以挖土深度及相应的沟槽长度计算：

$$V_1 = b_1 \cdot h \cdot l_1 + \cdots + b_i \cdot h \cdot l_i \tag{3-4}$$

（3）原槽浇筑混凝土垫层或夯填灰土垫层（图3-4）时，放坡起点为垫层上部，放坡深度（h_1）等于沟槽深（h）减去垫层厚度，垫层底面加放坡挖土方，工程量应分别不同宽度按下式计算：

$$V_1 = b_1 \cdot h \cdot l_1 + \cdots + b_i \cdot h \cdot l_i$$
$$V_2 = b_k \cdot h_1 (l_1 + \cdots + l_i) \tag{3-5}$$

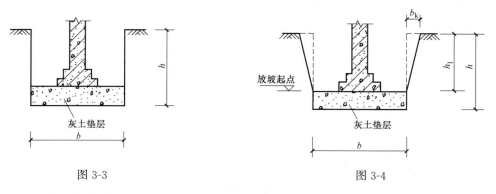

图 3-3   图 3-4

（4）沟槽底部混凝土垫层支模（图 3-5）需增加工作面，垫层底面加工作面挖土方，工程量应分别不同宽度按下式计算：

$$V_1 = b_1 \cdot h \cdot l_1 + \cdots + b_i \cdot h \cdot l_i$$
$$V_2 = 2c \cdot h (l_1 + \cdots + l_i) \tag{3-6}$$

（5）沟槽底部混凝土垫层支模（图 3-6）需增加工作面、挖土深度超过放坡起点需要放坡，垫层底面加工作面、加放坡挖土方，工程量应分别不同宽度按下式计算：

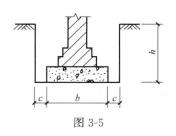

图 3-5

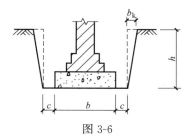

图 3-6

$$V_1 = b_1 \cdot h \cdot l_1 + \cdots + b_i \cdot h \cdot l_i$$
$$V_2 = h (2c + b_k)(l_1 + \cdots + l_i) \tag{3-7}$$

式中　b——带形基础底宽（m）；

　　b_1——编号 1 带形基础底宽（m）；

　　b_i——编号 i 带形基础底宽（m）；

　　l——沟槽长度（m）；

　　l_1——编号 1 带形基础底宽相应沟槽长；

　　l_i——编号 i 带形基础底宽相应沟槽长；

　　h——挖土深度（m）；

　　h_1——垫层上放坡深度（m）；

　　c——工作面宽度（查表 3-6）（m）；

　　b_k——放坡宽度（m），$b_k = kh$；

　　k——放坡系数；

　　V_1——垫层底面垂直挖土方体积（m³）；

V_2——工作面、放坡挖土方体积（m³）；

$V_挖$——合并挖土方工程量（m³）。

【**例 3-1**】 某办公楼基础，如图 3-7 所示，经测定场地自然地坪平均标高为 0.20m，设计室外地坪标高为－0.30m，基槽底标高为－1.80m，土壤类别为三类土，采取人工开挖，试计算该基础挖土方工程量。

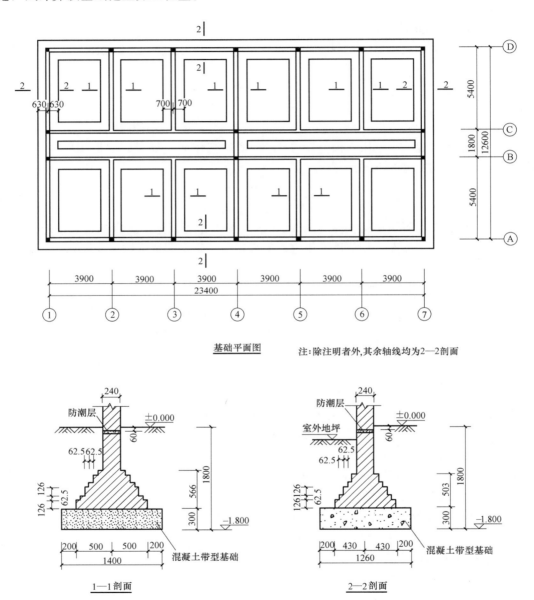

基础平面图　　注:除注明者外,其余轴线均为2—2剖面

1—1剖面　　2—2剖面

图 3-7

【**解**】 分析：该基础垫层为非原槽浇注，垫层支模需预留工作面。根据土壤类别及挖土深度，该基槽需要放坡，放坡系数（表 3-5）为 1：0.33。

该场地自然地坪的平均标高高于设计室外地坪标高，因此，设计室外地坪以上，按"挖土方"列项计算；设计室外地坪以下按"挖基槽土方"列项计算。

基槽挖土深度：$h = 1.80 - 0.30 = 1.50\text{m}$

设计室外地坪以上挖土厚度 $= 0.20 - (-0.30) = 0.50\text{m}$

垫层支模工作面（表3-6）300mm

放坡宽度：$b_k = 1.50 \times 0.33 = 0.50\text{m}$

工程量基数计算：

T形接头：$n = 2(14-1) = 26$ 个

$$L_{中} = (23.4 + 12.6) \times 2 = 72.00\text{m}$$

$$L_{内} = (23.4 \times 2 + 12.6 + 5.4 \times 8 - 26 \times 0.12) = 99.48\text{m}$$

$$L_{外} = 72.0 + 0.24 \times 4 = 72.96\text{m}$$

$$S_{底} = (23.4 + 0.24)(12.6 + 0.24) = 303.54\text{m}^2$$

（1）设计室外地坪以上挖土方

首层面积挖土方　　　　$303.54 \times 0.50 = 151.77\text{m}^3$

外墙外扩2m挖土方　　$(2 \times 72.96 + 16) \times 0.5 = 161.92\text{m}^3$

合计：313.69m^3

（2）挖基槽土方

① 垫层底面挖土工程量（公式3-4）：

1—1剖面　$[(5.4 - 1.26) \times 10 + 1.8 - 1.26] \times 1.4 \times 1.5 = 88.07\text{m}^3$

2—2剖面　$[72.0 + (23.4 - 1.26) \times 2] \times 1.26 \times 1.5 = 219.77\text{m}^3$

$$V_1 = 88.07 + 219.77 = 307.84\text{m}^3$$

② 工作面加放坡挖土工程量（公式3-7）：

1—1剖面　$(2 \times 0.3 + 0.5)(5.4 - 1.26 - 0.3 \times 2) \times 10 \times \times 1.5 = 58.41\text{m}^3$

2—2剖面　$(2 \times 0.3 + 0.5)[72.0 + (23.4 - 1.26 - 0.3 \times 2) \times 2] \times 1.5 = 154.34\text{m}^3$

$$V_2 = 58.41 + 154.34 = 212.57\text{m}^3$$

③ 合并挖土方工程量：

$$V_{挖} = 307.84 + 212.57 = 520.59\text{m}^3$$

3）矩形基坑挖土方

（1）当混凝土基础垫层支模板，基础（无地下室）垂直面不作防水处理时，挖土方按下式计算：

① 垫层底面垂直挖土体积：

$$V_1 = a \cdot b \cdot h \tag{3-8}$$

② 垫层工作面挖土体积：

$$V_2 = 0.6h(a + b + 0.6) \tag{3-9}$$

（2）当混凝土基础垫层支模板，基础（有地下室）垂直面做防水处理时（图3-8），挖土方分别按以下两种情况计算：

① 当 $c_1 < 700\text{mm}$ 时，$c_2 = (1000\text{mm} - c_1)$，挖土方计算公式为：

$$V_1 = a \cdot b \cdot h$$

$$V_2 = 2c_2 \cdot h(a + b + 2c_2) \tag{3-10}$$

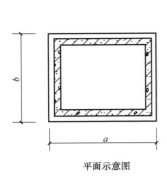

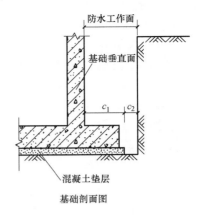

图 3-8

② 当 $c_1 \geq 700mm$ 时，垫层工作面 $c_2 = 300mm$，基础垂直面距基坑边线的间距（$c_1 +$ c_2）满足做防水的工作面要求。挖土方计算公式同公式 3-8、3-9。

（3）当混凝土垫层支模板，基础（有地下室）垂直面做防水处理，挖土方深度超过放坡起点需要放坡时（图 3-9），挖土方分别以下两种情况计算：

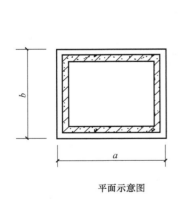

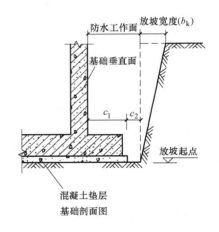

图 3-9

① 当 $c_1 < 700mm$ 时，$c_2 = (1000mm - c_1)$，挖土方计算公式为：

$$V_1 = a \cdot b \cdot h$$

$$V_2 = 2c_2 \cdot h(a+b+2c_2) + b_k \cdot h(a+b+3.6c_2+1.33b_k) \tag{3-11}$$

当放坡宽度 $b_k \geq 2000mm$ 时，V_2 公式按下式计算：

$$V_2 = 2c_2 \cdot h(a+b+2c_2) + b_k \cdot h(a+b+3.6c_2+1.22b_k)$$

② 当 $c_1 \geq 700mm$ 时，垫层工作面 $c_2 = 300mm$，挖土方计算公式为：

$$V_1 = a \cdot b \cdot h$$

$$V_2 = 0.6h(a+b+0.6) + b_k \cdot h(a+b+1.08+1.33b_k) \tag{3-12}$$

当放坡宽度 $b_k \geq 2000mm$ 时，V_2 公式按下式计算：

$$V_2 = 0.6h(a+b+0.6)+b_k \cdot h(a+b+1.08+1.22b_k)$$

式中　　a——基础混凝土垫层边长（m）；

　　　　b——基础混凝土垫层边宽（m）；

　　　　h——基础坑、槽挖土深度（m）；

　　　　b_k——挖土放坡宽度（m）；

　　　　c_1——基础垂直面距垫层边的间距（m）；

　　　　c_2——基础垫层支模工作面（m）；

　　　　V_1——垫层底面垂直挖土体积（m³）；

　　　　V_2——基础坑、槽挖土工作面、放坡体积（m³）。

【例 3-2】　一综合办公楼基础平面为矩形，参见图 3-9，经测定场地自然地坪的平均标高为−0.65m，混凝土基础底标高为−4.5m，土壤类别为四类土，采用机械挖土，试计算该基础挖土方量。

【解】　该基础垫层为非原槽坑浇筑，垫层支模板工作面（表 3-6）为 300mm。基础垂直面作防水，距离垫层边的间距为 800mm（$c_1 > 700$mm）。机械挖土在坑上作业，放坡（查表 3-5）系数为 1：0.33。

混凝土垫层长：$a = 48.50$m

混凝土垫层宽：$b = 15.50$m

挖土深度：$h = 4.5 - 0.65 + 0.1 = 3.95$m

放坡宽度：$b_k = 0.33 \times 3.95 = 1.30$m

挖基础土方计算：

① 垫层底面积挖土方量（清单项目，公式 3-8）：

$$V_1 = a \cdot b \cdot h$$
$$= 48.5 \times 15.5 \times 3.95 = 2969.41 \text{m}^3$$

② 工作面、放坡挖土方量（$c_1 > 700$mm，按公式 3-12 计算）：

$$V_2 = 0.6h(a+b+0.6)+b_k \cdot h(a+b+1.08+1.33b_k)$$
$$= 0.6 \times 3.95(48.5+15.5+0.6)+1.30 \times 3.95(48.5+15.5$$
$$+1.08+1.33 \times 1.30) = 496.16 \text{m}^3$$

③ 合并挖土方量：

$$V_{挖} = V_1 + V_2 = 2969.41 + 496.16 = 3465.57 \text{m}^3$$

用台体公式验算（公式以下同）：$V_{台体} = \dfrac{1}{3}h(S_下 + S_上 + \sqrt{S_下 \times S_上})$

基坑下底面积：$S_下 = (48.5+0.3 \times 2)(15.5+0.3 \times 2) = 790.51 \text{m}^2$

基坑上口面积：$S_上 = (48.5+0.3 \times 2+1.30 \times 2)(15.5+0.3 \times 2+1.30 \times 2)$
$$= 966.79 \text{m}^2$$

$$V_{挖} = \frac{1}{3} \times 3.95(966.79+790.51+\sqrt{966.79 \times 790.51})$$
$$= 3464.83 \text{m}^3$$

式中　　$V_{挖}$——V_1、V_2合并挖土体积（m³）；

　　　　$S_上$——基坑上部（含放坡宽）面积（m²）；

　　　　$S_下$——基坑底部（含工作面）面积（m²）。

经验证：两种计算方法工程量仅相差 0.74m³，误差率为万分之二，证明计算方法完全正确。

4）圆形基础挖土方

（1）当混凝土基础垫层支模板，基础（无地下室）垂直面不作防水处理时，挖土方按下式计算：

① 垫层底面垂直挖土体积：

$$V_1 = 0.785D^2 \cdot h \tag{3-13}$$

② 垫层工作面挖土体积：

$$V_2 = 0.94h(D+0.3) \tag{3-14}$$

（2）当混凝土垫层支模板，基础垂直面做防水处理时（图 3-10），挖土方分别按以下两种情况计算：

① 当 $c_1 < 700$mm 时，$c_2 = (1000\text{mm} - c_1)$，挖土方计算公式为：

$$V_1 = 0.785D^2 \cdot h$$
$$V_2 = \pi c_2 \cdot h(D + c_2) \tag{3-15}$$

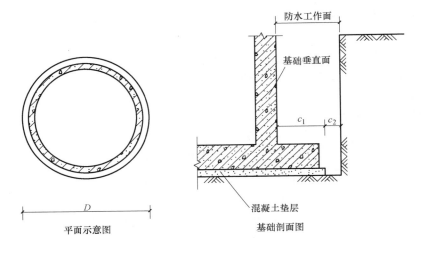

平面示意图　　　　基础剖面图

图 3-10

② 当 $c_1 \geqslant 700$mm 时，垫层工作面 $c_2 = 300$mm，挖土方计算公式同公式 3-13、3-14。

（3）当混凝土垫层支模板，基础（有地下室）垂直面做防水处理，挖土方深度超过放坡起点需要放坡时（图 3-11），挖土方分别按以下两种情况计算：

① 当 $c_1 < 700$mm 时，$c_2 = (1000\text{mm} - c_1)$，挖土方计算公式为：

$$V_1 = 0.785D^2 \cdot h$$
$$V_2 = \pi c_2 \cdot h(D + c_2) + 1.57b_\text{k} \cdot h(D + 2c_2 + 0.66b_\text{k}) \tag{3-16}$$

当放坡宽度 $b_\text{k} \geqslant 2000$mm 时，$V_2$ 公式按下式计算：

$$V_2 = \pi c_2 \cdot h(D + c_2) + 1.57b_\text{k} \cdot h(D + 2c_2 + 0.55b_\text{k})$$

② 当 $c_1 \geqslant 700$mm 时，垫层工作面 $c_2 = 300$mm，挖土方公式为：

$$V_1 = 0.785D^2 \cdot h$$

$$V_2=0.94h(D+0.3)+1.57b_k \cdot h(D+0.6+0.66b_k) \tag{3-17}$$

当放坡宽度 $b_k \geqslant 2000$mm 时，V_2 公式按下式计算：

$$V_2=0.94h(D+0.3)+1.57b_k \cdot h(D+0.6+0.55b_k)$$

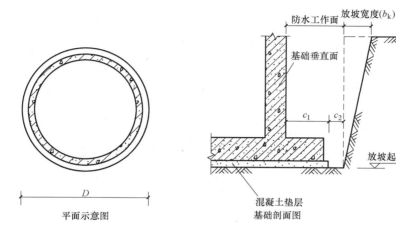

图 3-11

式中　D——圆形基础混凝土垫层直径（m）；

　　　h——基础坑、槽挖土深度（m）；

　　　b_k——挖土放坡宽度（m）；

　　　c_1——基础垂直面距垫层边的间距（m）；

　　　c_2——基础垫层支模工作面（m）；

　　　V_1——垫层底面垂直挖土体积（m³）；

　　　V_2——基础坑、槽挖土工作面、放坡体积（m³）；

【例 3-3】　一圆形蓄水池基础如图 3-12 所示，经测定场地自然地坪的平均标高为一0.5m，土壤类别为三类土，试计算该基础挖土方量。

【解】　该基础垫层为非原槽坑浇注，垫层支模板工作面（表 3-6）为 300mm。从基础节点图中可以看出，基础垂直面作防水，外壁距垫层边的间距 c_1 为 1000mm。

基础底标高为一3.90m，人工挖土需要放坡，查表 3-5，放坡系数为 1：0.33。

挖土深度：$h=3.9-0.5+0.1=3.5$m

放坡宽度：$b_k=0.33 \times 3.5=1.15$m

垫层直径：$D=(6.0+0.65+0.5) \times 2=14.30$m

挖基础土方计算：

① 垫层底面积挖土方量（清单项目，公式 3-13）：

$$V_1=0.785 \times 14.3^2 \times 3.5=561.84\text{m}^3$$

② 放坡挖土方量（$c_1>700$mm，按公式 3-17 计算）：

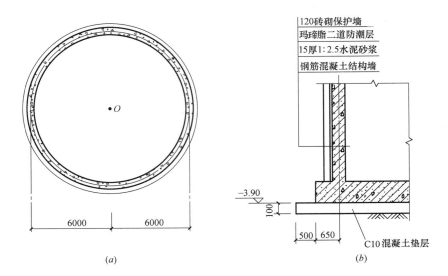

图 3-12

（a）基础平面图；（b）基础剖面图

$$V_2 = 0.94h(D+0.3)+1.57b_k \cdot h(D+0.6+0.66b_k)$$
$$= 0.94 \times 3.5(14.3+0.3)+1.57 \times 1.15 \times 3.5 \times (14.3+0.6+0.66 \times 1.15)$$
$$= 146.99 \text{m}^3$$

③ 合并挖土方量：
$$V_{挖} = V_1 + V_2 = 561.84 + 146.99 = 708.83 \text{m}^3$$

用台体公式验算：

基坑下底面积：$S_下 = 0.785 \times 14.9^2 = 174.28 \text{m}^2$

基坑上口面积：$S_上 = 0.785(14.9+1.15 \times 2)^2 = 232.23 \text{m}^2$

$$V_{挖} = \frac{1}{3} \times 3.5(174.28+232.23+\sqrt{174.28 \times 232.23})$$
$$= 708.97 \text{m}^3$$

经验证：两种计算方法工程量仅相差 0.14m³ 偏差极小，证明结果相等。

5）多边形基础挖土方

（1）当混凝土基础垫层支模板，基础（无地下室）垂直面不作防水处理时，挖土方按下式计算：

① 垫层底面垂直挖土体积：

$$V_1 = S_{垫层} \cdot h \tag{3-18}$$

② 垫层工作面挖土体积：

$$V_2 = 0.3 \cdot h(L_{周长}+1.08) \tag{3-19}$$

（2）当混凝土基础垫层支模板，基础（有地下室）垂直面做防水处理时（图 3-13），挖土方分别按以下两种情况计算：

① 当 $c_1 < 700\text{mm}$ 时，$c_2 = (1000\text{mm}-c_1)$，挖土方计算公式为：

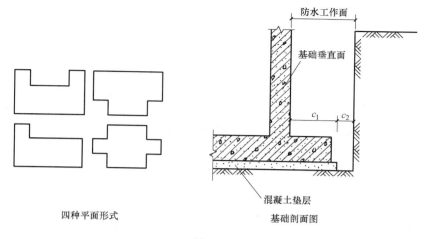

四种平面形式

基础剖面图

图 3-13

$$V_1 = S_{垫层} \cdot h$$

$$V_2 = c_2 \cdot h(L_{周长} + 3.6c_2) \qquad\qquad (3\text{-}20)$$

② 当 $c_1 \geqslant 700$mm 时，垫层工作面 $c_2 = 300$mm，基础垂直面距基坑边线的间距（$c_1 + c_2$）满足做防水的工作面要求。挖土方计算公式同公式 3-18、3-19。

（3）当混凝土垫层支模板，基础（有地下室）垂直面做防水处理，挖土方深度超过放坡起点需要放坡时（图 3-14），挖土方分别以下两种情况计算：

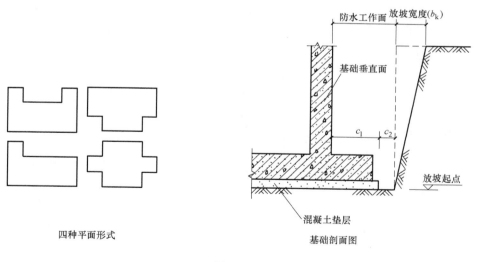

四种平面形式

基础剖面图

图 3-14

① 当 $c_1 < 700$mm 时，$c_2 = (1000\text{mm} - c_1)$，挖土方计算公式为：

$$V_1 = S_{垫层} \cdot h$$

$$V_2 = c_2 \cdot h(L_{周长} + 3.6c_2) + 0.5b_k \cdot h(L_{周长} + 7.6c_2 + 2.66b_k) \qquad (3\text{-}21)$$

当放坡宽度 $b_k \geqslant 2000$mm 时，V_2 公式按下式计算：

$$V_2 = c_2 \cdot h(L_{周长} + 3.6c_2) + 0.5b_k \cdot h(L_{周长} + 7.6c_2 + 2.33b_k)$$

43

② 当 $c_1 \geqslant 700$mm 时，垫层工作面 $c_2=300$mm，挖土方计算公式为：

$$V_1 = S_{垫层} \cdot h$$

$$V_2 = 0.3h(L_{周长}+1.08)+0.5b_k \cdot h(L_{周长}+2.28+2.66b_k) \quad (3\text{-}22)$$

当放坡宽度 $b_k \geqslant 2000$mm 时，V_2 公式按下式计算：

$$V_2 = 0.3h(L_{周长}+1.08)+0.5b_k \cdot h(L_{周长}+2.28+2.33b_k)$$

式中　$L_{周长}$——多边形基础混凝土垫层周边长度（m）；

　　　$S_{垫层}$——多边形基础混凝土垫层面积；

　　　　h——基础坑、槽挖土深度（m）；

　　　　b_k——挖土放坡宽度（m）；

　　　　c_1——基础垂直面距垫层边的间距（m）；

　　　　c_2——基础垫层支模工作面（m）；

　　　　V_1——垫层底面垂直挖土体积（m³）；

　　　　V_2——基础坑、槽挖土工作面、放坡体积（m³）；

【例 3-4】 某框架结构办公楼基础如图 3-15 所示，经测定建设场地自然地坪的平均标高为 -0.60m，土壤类别为四类土试计算该基础挖土方量。

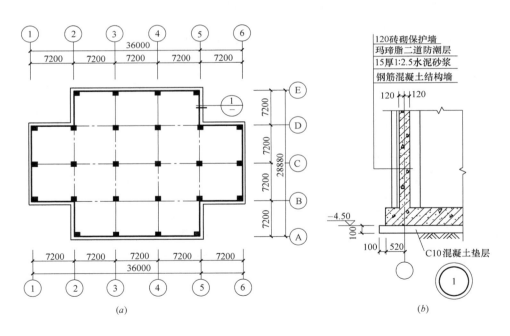

图 3-15
（a）基础平面；（b）基础剖面

【解】 从基础节点图得知，基础垂直面距垫层边的间距 $c_1=500$mm，基础垫层为非原槽坑浇筑，垫层支模工作面（表 3-6）$c_2=1000-500=500$mm。

挖土拟采取机械施工坑上作业，查表 3-5，四类土放坡系数为 1：0.33。

挖土深度：$h=4.5+0.1-0.60=4.0m$

放坡宽度：$b_k=0.33\times4.0=1.32m$

垫层外围周长：$L_{周长}=(36.0+0.62\times2)\times2+(28.8+0.62\times2)\times2=134.56m$

垫层底面积：$S_{垫层}=(36.0+0.62\times2)(28.8+0.62\times2)-7.2\times7.2\times4=911.33m^2$

挖基础土方计算：

① 垫层底面积挖土方量（清单项目，公式3-18）：

$$V_1=911.33\times4.0=3645.32m^3$$

② 放坡、工作面挖土方量（公式3-21）：

$$V_2=c_2\cdot h(L_{周长}+3.6c_2)+0.5b_k\cdot h(L_{周长}+7.6c_2+2.66b_k)$$
$$=0.5\times4.0(134.56+3.6\times0.5)+0.5\times1.32\times4.0(134.56+$$
$$7.6\times0.5+2.66\times1.32)=647.26m^3$$

③ 合并挖土方量（公式3-2）：

$$V_{挖}=V_1+V_2=3645.32+647.26=4292.58m^3$$

用台体公式验算：

基坑下底面积：

$$S_{下}=(36.0+0.62\times2+0.5\times2)(28.8+0.62\times2+0.5\times2)-$$
$$7.2\times7.2\times4=979.61m^2$$

基坑上口面积：

$$S_{上}=(36.0+0.62\times2+0.5\times2+1.32\times2)(28.8+0.62\times2+0.5\times2+$$
$$1.32\times2)-7.2\times7.2\times4=1169.48m^2$$

合并挖土方量：

$$V_{挖}=\frac{1}{3}\times4.0(979.61+1169.48+\sqrt{979.61\times1169.48})$$
$$=4292.58m^3$$

经验证与前面计算方法结果相等。

4. 回填土计算

1）基础回填土

回填土计算时要扣除设计室外地坪以下埋设的基础体积，并根据自然地坪标高与设计室外地坪标高的相对位置，按以下三种情况计算：

（1）自然地坪标高与设计室外地坪标高相等时

$$回填土体积=挖方体积-设计室外地坪以下埋设的基础体积 \tag{3-23}$$

（2）自然地坪标高低于设计室外地坪标高时

$$回填土体积=挖方体积+自然地坪以上至设计室外地坪标高的填土体积-$$
$$设计室外地坪以下埋设的基础体积 \tag{3-24}$$

（3）自然地坪标高高于设计室外地坪标高时

$$回填土体积=设计室外地坪标高以下挖方量-$$
$$设计室外地坪以下埋设的基础体积 \tag{3-25}$$

基础回填中，当自然地坪低于设计室外地坪标高时，自然地坪以上至设计室外地坪标高间的回填土，工程量分别按以下两种情况计算：

当槽、坑不放坡或外墙皮至放坡边线的间距≤2m时，按外墙边线每边各加2m所围面积，乘以自然地坪以上至设计室外地坪标高间的高差计算；当槽坑放坡，外墙皮至放坡边线的间距>2m时，按槽、坑上口实际放坡边线所围面积乘以以上高差计算。

2）室内回填土

室内回填土是在基础土方回填完后，从设计室外地坪以上至室内地坪垫层下的回填土。室内回填土的工程量按主墙之间的净面积乘以设计室外地坪至室内垫层下的厚度计算，计算室内回填土时，要扣除设备基础所占的体积。

$$V_{房心}=[S_{底}-(L_{中}+L_{内})×墙厚]×回填厚度-设备基础所占体积 \quad (3-26)$$

5. 余土弃置计算

运余土或取土工程量按下式计算：

$$余土或取土体积=挖土总体积-回填土总体积 \quad (3-27)$$

式中计算结果为正值时，为余土体积，是负值时则为取土体积。

6. 实例计算

【例3-5】 某办公楼地下室基础如图3-16所示，经测定建设场地自然地坪的平均标高为0.20m，设计室外地坪标高为-0.30m，土壤类别-2.15m以下为四类土，以上为三类土，土方回填后余土全部外运，试计算该基础挖土方、土方回填及土方运输工程量。

【解】 基础垂直面距垫层边的间距$c_1=800$mm，基础垫层为非原坑浇筑，垫层支模工作面（表3-6）$c_2=300$mm

挖土拟采取机械施工坑上作业，查表3-5，四类土放坡系数为1：0.33，三类土放坡系数为1：0.67。某省规定，挖土方工作面与放坡合并计算工程量。

挖土深度：$h=5.1+0.1-0.3=4.9$m

三类土深度：$2.15-0.3=1.85$m

四类土深度：$5.2-2.15=3.05$m

放坡系数换算：$k=(0.33×3.05+0.67×1.85)÷4.9=0.458$

放坡宽度：$b_k=0.458×4.9=2.24$m

垫层底面积：$S_{垫层}=(25.7+0.9×2)(15.3+0.9×2)-$
$\qquad (2.7+6.6+3.6)×2.8-3.6×5.1=415.77$m^2

（1）挖基础土方计算：

① 设计室外地坪以上挖土方

厚度$=0.20-(-0.30)=0.50$m

面积$(S_{上})=(25.7+0.9×2+0.3×2+2.24×2)(15.3+0.9×2+0.3×2+2.24×2)-$
$\qquad (2.7+6.6+3.6)×2.8-3.6×5.1=668.14$m^2

体积$=668.14×0.5=334.07$m^3

② 设计室外地坪以下挖土方

用台体公式计算：

$$S_{下}=(25.7+0.9×2+0.3×2)(15.3+0.9×2+0.3×2)-$$
$$(2.7+6.6+3.6)×2.8-3.6×5.1=442.89m^2$$

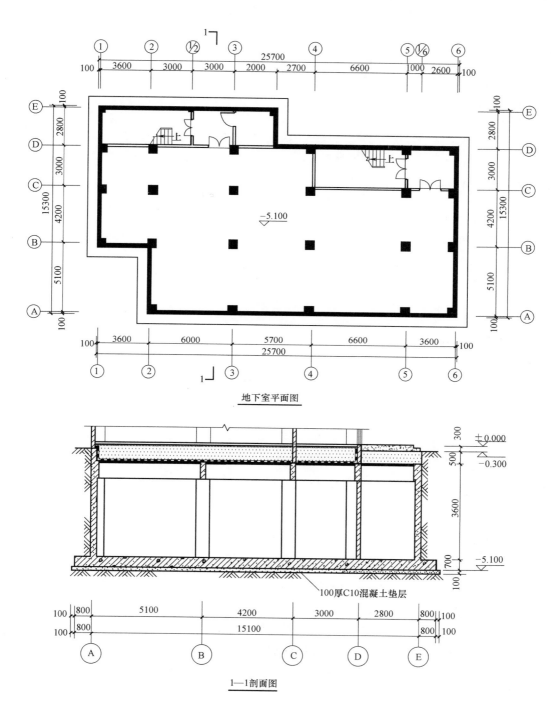

图 3-16

（a）基础平面；（b）基础剖面

$$S_{\text{上}} = 668.14 \text{m}^2$$

$$V_{挖}=\frac{1}{3}\times 4.9(668.14+442.89+\sqrt{668.14\times 442.89})$$

$$=2703.18m^3$$

挖土方合计：334.07+2703.18=3037.25m³

（2）室外地坪以下埋设体积：

混凝土垫层　415.77×0.1=41.58m³

地下室底板　[(25.7+0.8×2)(15.3+0.8×2)−(2.7+6.6+3.6)×2.8−

　　　　　　3.6×5.1]×0.7=284.82m³

地下室筒身　[(25.7+0.1×2)(15.3+0.1×2)−(2.7+6.6+3.6)×2.8−

　　　　　　3.6×5.1]×3.1=1422.58m³

合计：1748.98m³

（3）基础回填土

$$2703.18-1748.98=954.2m^3$$

（4）余土弃置（回填夯实体积应折算成天然密实体积）

$$3037.25-954.2\times 1.15=1939.92m^3$$

3.2 井桩工程量计算

井桩，即：人工挖孔混凝土灌注桩。工程量应按"挖孔桩土（石）方"和"人工挖孔灌注桩"分别编码列项计算。

3.2.1 工程量清单项目及计算规则

1. 挖孔桩土（石）方

（1）项目特征：地层情况；挖孔深度；弃土（石）运距。

（2）计算规则：工程量按设计图示尺寸（含护壁）截面积乘以挖土深度以立方米计算。

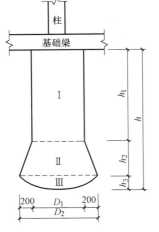

图 3-17

（3）工作内容：排地表水；挖土、凿石；基底钎探；运输。

2. 人工挖孔灌注桩

（1）项目特征：桩芯长度；桩芯直径、扩底直径、扩底高度；护壁厚度、高度；护壁混凝土种类、强度等级；桩芯混凝土种类、强度等级；

（2）计算规则：以立方米计量，按桩芯混凝土体积计算；以根计量，按设计图示数量计算。

（3）工作内容：护壁制作；混凝土制作、运输、灌注、振捣、养护。

3.2.2 井桩体积传统计算方法

井桩体积的传统计算方法，是将单体井桩（图 3-17）分为圆柱体、圆台体、球缺体三部分，分别用相应公式计算后，再将这三个部分的体积相加乘以桩数。

井桩体积传统计算公式：

$$V_{井桩} = V_{圆柱} + V_{圆台} + V_{球缺} \tag{3-28}$$

$$V_{圆柱} = \frac{\pi}{4}D_1^2 \cdot h_1 \tag{3-29}$$

$$V_{圆台} = \frac{\pi}{12}h_2(D_1^2 + D_1 \cdot D_2 + D_2^2) \tag{3-30}$$

$$V_{球缺} = \frac{\pi}{24}h_3(3D_2^2 + 4h_3^2) \tag{3-31}$$

当球缺高 h_3 为 0.2～0.3m 时，球缺体公式可简化按下式计算：

$$V_{球缺} = 0.4D_2^2 \cdot h_3 \tag{3-32}$$

式中　$V_{井桩}$——井桩体积（m^3）；

$\quad\quad V_{圆柱}$——圆柱体积（m^3）；

$\quad\quad V_{圆台}$——圆台体积（m^3）；

$\quad\quad V_{球缺}$——球缺体积（m^3）；

$\quad\quad D_1$——圆台上底直径（m）；

$\quad\quad D_2$——圆台下底直径（m）；

$\quad\quad h_1$——圆柱体高度（m）；

$\quad\quad h_2$——圆台体高度（m）；

$\quad\quad h_3$——球缺体高度（m）。

井桩体积的传统计算公式，只适合于型号单一的井桩计算，对于型号较多的井桩应采用群体井桩公式加列表计算。

3.2.3　群体井桩列表计算方法

群体井桩列表计算方法，是假设将所有井桩桩体，在圆台部位沿斜面上下两点做水平剖切，将桩体分为圆柱、圆台、球缺三个部分，然后将每个圆台的上底直径（D_1）和下底直径（D_2）以及桩数按编号顺序填入（手册）"井桩工程量计算表"（表 B1）中相应栏内，算出所有桩体在圆台部位的上底面积之和 $\sum S_{上}$，和下底面积之和 $\sum S_{下}$，以及球缺体的折算面积之和 $\sum S_{球缺}$，然后再用群体井桩公式计算。

群体井桩公式：

井桩总体积：
$$\sum V_{井桩} = \sum V_{Ⅰ} + \sum V_{Ⅱ} + \sum V_{Ⅲ} \tag{3-33}$$

圆柱体积之和：
$$\sum V_{Ⅰ} = \sum S_{上} \cdot h_1 \tag{3-34}$$

圆台体积之和：
$$\sum V_{Ⅱ} = \frac{1}{3}h_2\left(\sum S_{上} + \sum S_{下} + \sqrt{\sum S_{上} \cdot \sum S_{下}}\right) \tag{3-35}$$

球缺体积之和：
$$\sum V_{Ⅲ} = \sum S_{球缺} \cdot h_3 \tag{3-36}$$

$$\left(S_{上} = \frac{\pi}{4}D_1^2 \quad S_{下} = \frac{\pi}{4}D_2^2 \quad S_{球缺} = 0.4D_2^2\right)$$

3.2.4　实例计算

【例 3-6】　某办公楼基础为人工挖孔混凝土井桩（图 3-17），井桩数量、直径及桩体分段尺寸见表 3-8，试计算井桩混凝土总体积。

井桩明细表 表3-8

桩号	单位	数量	桩体直径(mm)		桩体分段高度(mm)		
			D_1	D_2	h_1	h_2	h_3
1号	根	4	900	1300			
2号	〃	8	1000	1400			
3号	〃	20	1200	1600			
4号	〃	6	1400	1800	6500	1000	250
5号	〃	4	1500	1900			
6号	〃	6	1600	2000			
7号	〃	2	1700	2100			
8号	〃	2	1800	2200			

【解】 按桩号顺序,将井桩数量、桩体直径以及桩体各分段高度填入(手册)表B1中相应栏内,经计算井桩混凝土总体积为558.70m³,详见表3-9。

井桩混凝土工程量计算表 表3-9

工程名称:××办公楼

桩编号	单位	数量 (n)	圆台上底面积 $\sum S_{上}$ (m²)		圆台下底面积 $\sum S_{下}$ (m²)		球缺折算面积
			D_1 (m)	$0.785 D_1^2 \cdot n$	D_2 (m)	$0.785 D_2^2 \cdot n$	$0.40 D_2^2 \cdot n$
1号	根	4	0.90	2.543	1.30	5.307	2.704
2号	〃	8	1.00	6.280	1.40	12.309	6.272
3号	〃	20	1.20	22.608	1.60	40.192	20.48
4号	〃	6	1.40	9.232	1.80	15.260	7.776
5号	〃	4	1.50	7.065	1.90	11.335	5.776
6号	〃	6	1.60	12.058	2.00	18.840	9.600
7号	〃	2	1.70	4.537	2.10	6.924	3.528
8号	〃	2	1.80	5.087	2.20	7.600	3.872
合计:				69.41		117.767	60.008

分部体积	高 (m)	计 算 式	混凝土工程量 (m³)
$\sum V_{I}$	6.50	$69.41 \times 6.50 =$	451.17
$\sum V_{II}$	1.00	$\frac{1}{3} \times 1.00(69.41 + 117.767 + \sqrt{69.41 \times 117.767}) =$	92.53
$\sum V_{III}$	0.25	$60.008 \times 0.25 =$	15.00
合计			558.70

为了进一步方便计算,现将不同直径的桩体,分为圆柱体、圆台体、球缺体三段计算后,编制成"混凝土井桩分段体积表"(表A1),工程量计算时,分别桩体直径和圆台体、

球缺体高度直接查表计算。

将例 3-6，用查表方法验算。

方法一，查表 A1，按群体井桩分段计算：

圆柱体：

$$\sum V_{\mathrm{I}} = (0.636 \times 4 + 0.785 \times 8 + 1.13 \times 20 + 1.539 \times 6 + 1.766 \times 4 + \\ 2.01 \times 6 + 2.269 \times 2 + 2.543 \times 2) \times 6.5 = 451.14 \mathrm{m}^3$$

圆台体：

$$\sum V_{\mathrm{II}} = 0.96 \times 4 + 1.141 \times 8 + 1.549 \times 20 + 2.02 \times 6 + 2.279 \times 4 + \\ 2.554 \times 6 + 2.844 \times 2 + 3.15 \times 2 = 92.50 \mathrm{m}^3$$

球缺体：

$$\sum V_{\mathrm{III}} = 0.174 \times 4 + 0.201 \times 8 + 0.259 \times 20 + 0.326 \times 6 + 0.362 \times 4 + \\ 0.401 \times 6 + 0.441 \times 2 + 0.483 \times 2 = 15.14 \mathrm{m}^3$$

合计：558.78m³

方法二，查表 A1，分桩号计算：

1 号桩（4 根）　　（0.636×6.5＋0.96＋0.174）×4＝21.072m³

2 号桩（8 根）　　（0.785×6.5＋1.141＋0.201）×8＝51.556m³

3 号桩（20 根）　　（1.13×6.5＋1.549＋0.259）×20＝183.06m³

4 号桩（6 根）　　（1.539×6.5＋2.02＋0.326）×6＝74.097m³

5 号桩（4 根）　　（1.766×6.5＋2.279＋0.362）×4＝56.48m³

6 号桩（6 根）　　（2.01×6.5＋2.554＋0.401）×6＝96.12m³

7 号桩（2 根）　　（2.269×6.5＋2.844＋0.441）×2＝36.067m³

8 号桩（2 根）　　（2.543×6.5＋3.15＋0.483）×2＝40.325m³

合计：　　　　558.78m³

以上两种验算方法均与群体井桩列表计算结果相等。

3.3　门窗工程量及洞口面积计算

计算门窗工程量与洞口面积，常用的方法是列表计算。门窗工程量计算表格，见表 B3-01；门窗洞口面积计算表格，见表 B3-02。

门窗工程量应分别门窗品种、门窗代号、洞口尺寸、镶嵌玻璃品种、厚度，门窗框或扇外围尺寸，门窗框、扇材质列项。以"樘"计量，工程量按设计图示数量计算；以平方米计量，工程量按设计图示洞口尺寸以面积（m²）计算。

门窗工程清单项目设置、项目特征描述、计量单位及工程量计算规则，应按《计量规范》附录 H 的规定执行。

3.3.1　方法与步骤

门窗工程量计算时，其数量应按编号顺序统计汇总（也可用经复核后的"门窗明细表"中的数量），然后按门窗索引图号查标准图集，将门窗编号对应的各分项名称及汇总后的数量，分别填入"门窗工程量计算表"（表 B3-01）中计算。

在计算门窗工程量的同时，还应根据墙体和装饰工程的计算需要，提前算出门窗洞口、空圈洞口及 0.3m² 以上的配电箱、消防栓箱、暖气槽、壁龛等洞口的扣除面积。该洞口的个数，应分别不同楼层和内外墙厚统计，填入表 B3-02 中计算。

门窗工程量及洞口面积计算之后，另外还应统计出门窗及空圈洞口的分层合计长度，以便在混凝土工程和钢筋分部计算圈过梁长度及洞口加筋时直接利用。

计算门窗工程量时应注意：在实际工作中，"樘、m²"这两种计量单位的工程量都应计算，因为"樘"是门窗的自然计量单位，是数量统计的基础，也是计算门窗面积的基数，而以"m²"为计量单位的门窗工程量是以洞口面积计算的，洞口面积就等于相应门窗工程量。除此之外，洞口面积可作为计算墙体砌筑及装饰工程量时的扣除数据，直接利用。

在编制工程量清单时，门窗工程计量单位应根据该工程实际情况及需要选择其中之一。

门窗工程量计算表　　　　　　　　　　　　　表 B3-01

工程名称：

项目名称	门窗编号	樘数	洞口尺寸(m)		门窗面积（m²）	备注
			宽	高		

门窗洞口面积计算表　　　　　　　　　　　　　表 B3-02

工程名称：

门窗编号	樘数	洞口尺寸（m）		首层洞口（m²）				标准层洞口（m²）				顶层洞口（m²）			
				240 外墙		240 内墙		240 外墙		240 内墙		240 外墙		240 内墙	
		宽	高	个数	面积	个数	面积	个数	面积	个数	面积	个数	面积	个数	面积

3.3.2　实例计算

【例 3-7】　根据某工程门窗明细表（表 3-10），试计算该工程门窗分项工程量及墙体的洞口面积。

门窗明细表　　　　　　　　　　表 3-10

名称	编号	洞口尺寸		数量（樘）					索引图号
		洞宽（mm）	洞高（mm）	一层	二层	三层	四层	合计	
门	M-1	900	2700	6	6	6	4	22	陕 09J06-1　M7-0927
门	M-2	800	2100	2	2	2	2	8	陕 09J06-1　M9-0824
门洞	MD	2100	2400	2				2	
窗	C-1	1800	1800	8	8	8	8	32	陕 09J06-3　TLC₁-33
窗	C-2	1500	1800	8	8	8	8	32	陕 09J06-3　TLC₁-19
窗	C-3	1500	900	2	2	2	2	8	陕 09J06-3　TLC₁-13

【解】　经复核，"门窗明细表"（表 3-10）中各层门窗型号及数量均与施工平面图相符。根据门窗索引图号查得：M—1 为"有亮木夹板门"，M—2 为"木夹板百叶门"，C—1、C—2、C—3 均为 70 系列"铝合金推拉窗"。

将各型号门窗数量及洞口尺寸填入表 B3-01 中相应栏内，再将首层、标准层、顶层的洞口数量，按分别在不同楼层内外墙上的洞口个数填入表 B3-02 中相应栏内，经计算，门窗各分项工程量及洞口面积，详见表 3-11、表 3-12。

门窗工程量计算表　　　　　　　　　表 3-11

工程名称：××公司办公楼

项目名称	门窗编号	樘数	洞口尺寸(m)		门窗面积（m²）	备注
			宽	高		
1. 有亮木夹板门	M—1	22	0.90	2.70	53.46	成品
2. 木夹板百叶门	M—2	8	0.80	2.10	13.44	成品
3. 铝合金推拉窗	C—1	32	1.80	1.80	103.68	70 系列
4. 铝合金推拉窗	C—2	32	1.50	1.80	86.4	70 系列
5. 铝合金推拉窗	C—3	8	1.50	0.90	10.8	70 系列

门窗洞口面积计算表　　　　　　　　表 3-12

工程名称：××公司办公楼

门窗编号	樘数	洞口尺寸(m)		首层洞口(m²)				标准层洞口(m²)				顶层洞口(m²)			
				240 外墙		240 内墙		240 外墙		240 内墙		240 外墙		240 内墙	
		宽	高	个数	面积	个数	面积	个数	面积	个数	面积	个数	面积	个数	面积
M—1	22	0.90	2.70			6	14.58			6	14.58			4	9.72
M—2	8	0.80	2.10			2	3.36			2	3.36			2	3.36
C—1	32	1.80	1.80	8	25.92			8	25.92			8	25.92		
C—2	32	1.50	1.80	8	21.6			8	21.6			8	21.6		

门窗编号	樘数	洞口尺寸(m)		首层洞口(m²)				标准层洞口(m²)				顶层洞口(m²)			
				240 外墙		240 内墙		240 外墙		240 内墙		240 外墙		240 内墙	
		宽	高	个数	面积	个数	面积	个数	面积	个数	面积	个数	面积	个数	面积
C-3	8	1.50	0.90	2	2.7			2	2.7			2	2.7		
MD-1	2	2.1	2.40	2	10.08										
合计					60.3		17.94		50.22		17.94		50.22		13.08

3.4 混凝土工程量计算

3.4.1 锥形独立基础计算

锥形独立柱基础（以下简称独基），由底部立方体和上部棱台体两部分组成（图 3-18），其体积公式为：

$$V_{独基} = 底部立方体(V_{I}) + 上部棱台体(V_{II})$$

$$= AB \cdot h_1 + \frac{1}{3}h_2(AB + ab + \sqrt{AB \cdot ab}) \tag{3-37}$$

式中　$V_{独基}$——单体独基体积（m³）；

　　　A、B——棱台体下底长宽（m）；

　　　a、b——棱台体上底长宽（m）；

　　　h_1——底部立方体高（m）；

　　　h_2——上部立方体高（m）。

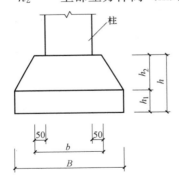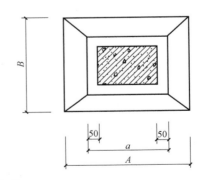

图 3-18

以上是独基的一般传统计算公式，常用于规格型号不多的单体独基计算，当基础工程中的独基规格型号较多时，应采用群体独基公式计算，方法如下：

将所有独基在棱台体底部作水平剖切，将其分为上下两部分，底部和上部分别为若干个平面尺寸不同，但高度相等的立方体（$\sum V_{I}$），和棱台体（$\sum V_{II}$），其体积公式为：

$$\sum V_{独基} = \sum V_{I} + \sum V_{II}$$

$$= \sum S_{下} \cdot h_1 + \frac{1}{3}h_2(\sum S_{下} + \sum S_{上} + \sqrt{\sum S_{下} \cdot \sum S_{上}}) \tag{3-38}$$

式中　$\sum V_{独基}$——群体独基的总体积（m³）；

$\Sigma S_{下}$——所有棱台体的下底面积之和（m²）（$S_{下}=AB$）；

$\Sigma S_{上}$——所有棱台体的上底面积之和（m²）（$S_{上}=ab$）。

1. 方法与步骤

（1）分规格型号统计独基数量；

（2）计算所有棱台体下底面积之和$\Sigma S_{下}$及上底面积之和$\Sigma S_{上}$；

（3）用棱台体下底面积之和$\Sigma S_{下}$及上底面积之和$\Sigma S_{上}$套公式 3-38 计算。

2. 举例计算

【例 3-8】 某基础工程，独基数量及规格尺寸见表 3-13，试计算全部混凝土工程量（图 3-18）。

独基明细表　　　　表 3-13

独基型号	单位	数量	底部尺寸(mm)		上部尺寸(mm)		分部高度(mm)	
			A	B	a	b	h_1	h_2
J—1	个	16	2100	1800	600	700		
J—2	个	24	2400	2100	700	900		
J—3	个	12	2100	2100	700	700	300	500
J—4	个	10	1800	1800	600	600		
J—5	个	8	1600	1600	500	500		
J—6	个	6	1700	1900	500	600		

（1）用群体独基公式计算（方法一）

【解】 下底面积之和为：

$$\Sigma S_{下}=2.1\times1.8\times16+2.4\times2.1\times24+2.1\times2.1\times12+1.8\times1.8\times10+$$
$$1.6\times1.6\times8+1.7\times1.9\times6=306.62\text{m}^2$$

上底面积之和为：

$$\Sigma S_{上}=0.6\times0.7\times16+0.7\times0.9\times24+0.7\times0.7\times12+0.6\times0.6\times10+$$
$$0.5\times0.5\times8+0.5\times0.6\times6=35.12\text{m}^2$$

独基总体积：

$$\Sigma V_{独基}=306.62\times0.3+\frac{1}{3}\times0.5(306.62+35.12+\sqrt{306.62\times35.12})$$
$$=166.24\text{m}^3$$

（2）用传统方法验算（方法二）

$$V_{J-1}=[2.1\times1.8\times0.3+\frac{1}{3}\times0.5(2.1\times1.8+0.6\times0.7+$$
$$\sqrt{2.1\times1.8\times0.6\times0.7})]\times16=32.70\text{m}^3$$

$$V_{J-2}=[2.4\times2.1\times0.3+\frac{1}{3}\times0.5(2.4\times2.1+0.7\times0.9+$$
$$\sqrt{2.4\times2.1\times0.7\times0.9})]\times24=66.10\text{m}^3$$

$$V_{J-3}=[2.1\times2.1\times0.3+\frac{1}{3}\times0.5(2.1\times2.1+0.7\times0.7+$$
$$\sqrt{2.1\times2.1\times0.7\times0.7})]\times12=28.62\text{m}^3$$

$$V_{J-4}=[1.8\times1.8\times0.3+\frac{1}{3}\times0.5(1.8\times1.8+0.6\times0.6+$$
$$\sqrt{1.8\times1.8\times0.6\times0.6})]\times10=17.52\text{m}^3$$

$$V_{J-5}=[1.6\times1.6\times0.3+\frac{1}{3}\times0.5(1.6\times1.6+0.5\times0.5+$$
$$\sqrt{1.6\times1.6\times0.5\times0.5})]\times8=10.97\text{m}^3$$

$$V_{J-6}=[1.7\times1.9\times0.3+\frac{1}{3}\times0.5(1.7\times1.9+0.5\times0.6+$$
$$\sqrt{1.7\times1.9\times0.5\times0.6})]\times6=10.33\text{m}^3$$

合计：166.24m³

经复核，"方法二"与"方法一"计算结果相等。由此证明，群体独基公式及计算方法完全正确。

以上六种规格的独基，用传统方法单个列式计算，要列六道计算式，但按群体独基公式计算，只需分三个步骤，列三道计算式就可以完成全部计算。

3.4.2 杯形基础计算

杯形基础（以下简称杯基）混凝土工程量的计算方法，与锥形独立基础相类似，它是假设沿杯基中部的斜面上下两点作水平剖切，将杯基分为三个部分（图3-19），即：底部立方体、中部棱台体、上部立方体，然后将三个部分体积相加后，再减去杯口内的虚空体积。

1. 杯基的传统计算公式

$$V_{杯基}=底部立方体(V_{\text{I}})+中部棱台体(V_{\text{II}})+$$
$$上部立方体(V_{\text{III}})-杯口虚空体(V_{\text{IV}}) \tag{3-39}$$

底部立方体：$V_{\text{I}}=AB\cdot h_1$

中部棱台体：$V_{\text{II}}=\frac{1}{3}h_2(AB+ab+\sqrt{AB\cdot ab})$

上部立方体：$V_{\text{III}}=ab\cdot h_3$

杯口虚空体：$V_{\text{IV}}=S_{杯口}\cdot h_4$

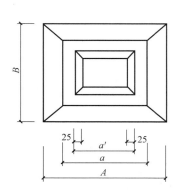
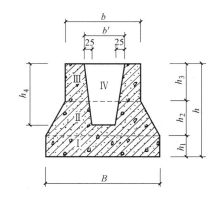

图 3-19

56

杯形基础中，杯口的长宽尺寸，一般比杯底两边各大 50mm，因此，杯口与杯底的平均面积可按下式计算：

$$S_{杯口} = (a' - 25mm)(b' - 25mm)$$ (3-40)

式中　A、B——杯基中部棱台体下底长宽（m）；

　　　a、b——杯基中部棱台体上底长宽（m）；

　　　a'、b'——杯口的长宽尺寸（m）；

　　　$S_{杯口}$——杯基上口与下底的平均面积（m²）；

　　　h_1——杯基底部立方体高度（m）；

　　　h_2——杯基中部棱台体高度（m）；

　　　h_3——杯基上部立方体高度（m）；

　　　h_4——杯口虚空体深度（m）。

2. 群体杯形基础计算

预制装配式厂房基础工程中，杯基通常是以多种规格型号出现的，计算有多种规格型号的杯基时，最简单快捷的方法是采用群体杯基公式加列表计算。

方法与步骤：

（1）按规格型号统计杯基数量，并分别将杯基中部棱台体下底和上底长宽尺寸，以及杯口长宽各减去 25mm 后的尺寸填入（手册）表 B2 中相应栏内。

（2）用杯基"数量"，分别乘以"下底长宽"、"上底长宽"及"杯口长宽"，算出相应的下底面积之和 $\sum S_{下}$、上底面积之和 $\sum S_{上}$ 及杯口的平均面积之和 $\sum S_{杯口}$。

（3）套公式计算：

$$\sum V_{杯基} = \sum V_{I} + \sum V_{II} + \sum V_{III} - \sum V_{IV}$$ (3-41)

$$\sum V_{I} = \sum S_{下} \cdot h_1$$

$$\sum V_{II} = \frac{1}{3} h_2 (\sum S_{下} + \sum S_{上} + \sqrt{\sum S_{下} \cdot \sum S_{上}})$$

$$\sum V_{III} = \sum S_{上} \cdot h_3$$

$$\sum V_{IV} = \sum S_{杯口} \cdot h_4$$

式中　$\sum S_{下}$——杯基中部棱台体下底面积之和（m²）（$S_{下} = AB$）；

　　　$\sum S_{上}$——杯基中部棱台体上底面积之和（m²）（$S_{上} = ab$）；

　　$\sum V_{杯基}$——群体杯基总体积（m³）；

　　　$\sum V_{I}$——杯基下部立方体积之和（m³）；

　　　$\sum V_{II}$——杯基中部棱台体积之和（m³）；

　　　$\sum V_{III}$——杯基上部立方体积之和（m³）；

　　　$\sum V_{IV}$——杯口内虚空体积之和（m³）。

3. 举例计算

【例 3-9】　某车间基础工程，杯基数量及规格尺寸见表 3-14，试计算杯基混凝土工程量（图 3-19）

杯形基础明细表 表 3-14

杯基编号	单位	数量	规格尺寸(mm)										
			A	B	a	a'	b	b'	h	h_1	h_2	h_3	h_4
J—1	个	24	2300	2100	1450	750	1250						
J—2	个	12	2300	1900	1400	750	1200						
J—3	个	8	2400	2200	1450	750	1250	550	800	200	200	400	550
J—4	个	16	2500	2300	1450	750	1250						
J—5	个	4	2200	2200	1100	550	1100						
J—6	个	4	2000	2000	1100	550	1100						

（1）用群体杯基公式列表计算（方法一）

【解】 将杯基各型号数量及明细表中各部位尺寸，填入（手册）表 B2 中相应栏内，经计算，该基础混凝土工程量为 144.13m³，详见表 3-15。

杯基混凝土工程量计算表 表 3-15

工程名称：××车间

项目	单位	数量	棱台下底面积		棱台上底面积		杯口平均面积	
			长×宽 (m)	$\Sigma S_下$ (m²)	长×宽 (m)	$\Sigma S_上$ (m²)	长×宽 (m)	$\Sigma S_{杯口}$ (m²)
J—1	个	24	2.3×2.1	115.92	1.45×1.25	43.50	0.725×0.525	9.135
J—2	个	12	2.3×1.9	52.44	1.4×1.2	20.16	0.725×0.525	4.568
J—3	个	8	2.4×2.2	42.24	1.45×1.25	14.50	0.725×0.525	3.045
J—4	个	16	2.5×2.3	92.00	1.45×1.25	29.00	0.725×0.525	6.09
J—5	个	4	2.2×2.2	19.36	1.1×1.1	4.84	0.525×0.525	1.103
J—6	个	4	2.0×2.0	16.00	1.1×1.1	4.84	0.525×0.525	1.103
小　计				337.96		116.84		25.04

分部体积	高 (m)	计　算　式	混凝土工程量 (m³)
$\Sigma V_Ⅰ$	0.2	337.96×0.2=	67.59
$\Sigma V_Ⅱ$	0.2	$\frac{1}{3}×0.2(337.96+116.84+\sqrt{337.96×116.8})=$	43.57
$\Sigma V_Ⅲ$	0.4	116.84×0.4=	46.74
$\Sigma V_Ⅳ$	0.55	25.04×0.55=	−13.77
合　计			144.13

（2）用传统方法验算（方法二）

$$V_{J-1}=[2.3×2.1×0.2+\frac{1}{3}×0.2(2.3×2.1+1.45×1.25+$$

$$\sqrt{2.3×2.1×1.45×1.25})+1.45×1.25×0.4-$$

$$0.725×0.525×0.55]×24=50.92m³$$

$$V_{J-2} = \left[2.3 \times 1.9 \times 0.2 + \frac{1}{3} \times 0.2(2.3 \times 1.9 + 1.4 \times 1.2 + \right.$$
$$\sqrt{2.3 \times 1.9 \times 1.4 \times 1.2}) + 1.4 \times 1.2 \times 0.4 -$$
$$\left. 0.725 \times 0.525 \times 0.55 \right] \times 12 = 23.05 \text{m}^3$$

$$V_{J-3} = \left[2.4 \times 2.2 \times 0.2 + \frac{1}{3} \times 0.2(2.4 \times 2.2 + 1.45 \times 1.25 + \right.$$
$$\sqrt{2.4 \times 2.2 \times 1.45 \times 1.25}) + 1.45 \times 1.25 \times 0.4 -$$
$$\left. 0.725 \times 0.525 \times 0.55 \right] \times 8 = 18.01 \text{m}^3$$

$$V_{J-4} = \left[2.5 \times 2.3 \times 0.2 + \frac{1}{3} \times 0.2(2.5 \times 2.3 + 1.45 \times 1.25 + \right.$$
$$\sqrt{2.5 \times 2.3 \times 1.45 \times 1.25}) + 1.45 \times 1.25 \times 0.4 -$$
$$\left. 0.725 \times 0.525 \times 0.55 \right] \times 16 = 38.16 \text{m}^3$$

$$V_{J-5} = \left[2.2 \times 2.2 \times 0.2 + \frac{1}{3} \times 0.2(2.2 \times 2.2 + 1.1 \times 1.1 + \right.$$
$$\sqrt{2.2 \times 2.2 \times 1.1 \times 1.1}) + 1.1 \times 1.1 \times 0.4 -$$
$$\left. 0.525 \times 0.525 \times 0.55 \right] \times 4 = 7.47 \text{m}^3$$

$$V_{J-6} = \left[2.0 \times 2.0 \times 0.2 + \frac{1}{3} \times 0.2(2.0 \times 2.0 + 1.1 \times 1.1 + \right.$$
$$\sqrt{2.0 \times 2.0 \times 1.1 \times 1.1}) + 1.1 \times 1.1 \times 0.4 -$$
$$\left. 0.525 \times 0.525 \times 0.55 \right] \times 4 = 6.52 \text{m}^3$$

合计：144.13m³

经复核，"方法二"与"方法一"计算结果相等。由此证明，群体杯基公式及计算方法完全正确。

3.4.3　有梁式带形基础计算

1. 基础整体计算方法

有梁式带形基础（以下简称基础）的传统计算方法，就是将基础分别不同截面尺寸用其净长度，乘以截面面积算出各段体积，然后减去大放脚重叠部分的"楔形体积"。此方法看似简单，其实不然。有梁式带形基础乃整体现浇，基础在纵横墙相交处大放脚相互重叠，其截面上窄下宽，分别由上部"矩形"、中部"梯形"、下部"矩形"三个几何体组成。因此，同一内墙基础其底部净长与上部肋梁的净长不相等，使基础不能纵向拉通计算，这是造成该基础计算难度的因素。实践证明，有梁式带形基础体积用传统方法是比较难算的，此方法不但计算复杂，而且难以保证准确。下面介绍一种将有梁式带形基础，用分层剖切整体计算方法，该方法不但简单快捷，其准确性也是无可置疑的。

1）基础分层体积计算

假设沿基础外围，在两边大放脚的斜面上下两点作水平剖切，把整个基础分为下、中、上三个不同层面的几何体（见图 3-20，A—A 剖面），第一层剖面为矩形截面，高度为 h_1，体积为 V_{I}；第二层剖面为梯形截面，高度为 h_2，体积为 V_{II}；第三层剖面为矩形截面，高度为 h_3，体积为 V_{III}。

设：带形基础第二层棱台体，下底总面积为 S_A，上底总面积为 S_B

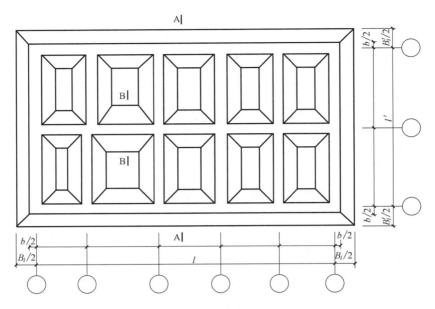

混凝土条形基础平面图

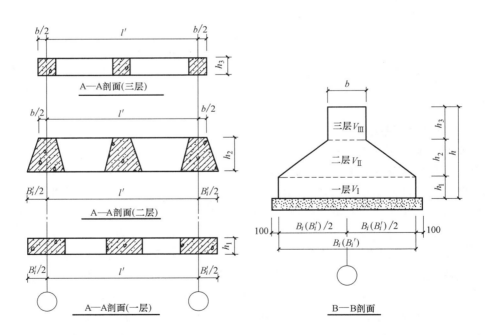

图 3-20

$$S_A = (l + B_i)(l' + B'_i) \tag{3-42}$$

$$S_B = (l + b)(l' + b) \tag{3-43}$$

则：基础第一层体积：

$$V_{\rm I} = S_{\rm A} \cdot h_1 \tag{3-44}$$

基础第二层体积

$$V_{\rm II} = \frac{1}{3}h_2(S_{\rm A} + S_{\rm B} + \sqrt{S_{\rm A} \cdot S_{\rm B}}) \tag{3-45}$$

基础第三层体积：

$$V_{\rm III} = S_{\rm B} \cdot h_3 \tag{3-46}$$

2）房心虚空体积计算

带形基础房心内的虚空体积，可以看作是一个倒置的锥形独立基础，沿斜面上下两点作水平剖切后，仍然将其分为三个部分，底部立方体高度为 h_1，中部倒棱台体高度为 h_2，上部立方体高度为 h_3，运用计算独基或杯形基础的方法，计算出所有房心内虚空体积之和 $\sum V_{空}$。

房心虚空体积公式：

$$\sum V_{空} = \sum S_{下} \cdot h_1 + \frac{1}{3}h_2(\sum S_{下} + \sum S_{上} + \sqrt{\sum S_{下} \cdot \sum S_{上}}) + \sum S_{上} \cdot h_3 \tag{3-47}$$

房心虚空面积计算有两种方法：

方法一：按房心逐个计算出底部虚空面积 $S_{下}$ 和上部虚空面积 $S_{上}$，将其分别相加，算出所有底部虚空面积之和 $\sum S_{下}$ 及所有上部虚空面积之和 $\sum S_{上}$。

方法二：如果同一轴线的基础，底部宽度一致能够拉通计算，可以按整体计算出底部虚空面积之和 $\sum S_{下}$ 及上部虚空面积之和 $\sum S_{上}$。

$$\sum S_{下} = S_{\rm A} - 带形基础底部水平面积$$
$$\sum S_{上} = S_{\rm B} - 带形基础上部梁宽面积$$

3）带形基础总体积计算

带形基础的总体积等于三个分层体积相加，然后再减去每个房心内的虚空体积之和 $\sum V_{空}$。

$$V_{总} = V_{\rm I} + V_{\rm II} + V_{\rm III} - \sum V_{空} \tag{3-48}$$

4）实例计算

【例3-10】　试计算某办公楼，有梁式带形基础混凝土工程量（见图3-21，钢筋计算略）。

带形基础房心虚空面积计算表　　　　　　　　　表 3-16

房心号	单位	数量	下口面积		上口面积	
			宽×长(m)	$\sum S_{下}$(m²)	宽×长(m)	$\sum S_{上}$(m²)
1 号	个	7	2.1×3.2	47.04	3.2×4.1	91.84
2 号	个	7	2.1×3.8	55.86	3.2×4.7	105.28
3 号	个	2	0.8×5.7	9.12	1.7×6.8	23.12
4 号	个	1	0.8×9.3	7.44	1.7×10.4	17.68
合计				119.46		237.92

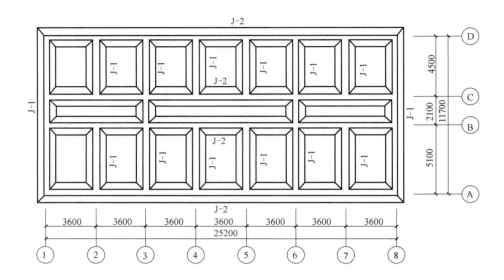

混凝土条基平面图

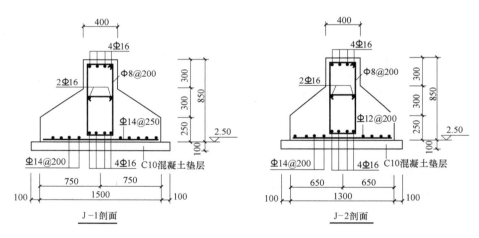

J-1剖面 J-2剖面

图 3-21

【解】 该带形基础截面三个分部高度为：$h_1 = 0.25\text{m}$，$h_2 = 0.3\text{m}$，$h_3 = 0.3\text{m}$。

（1）房心虚空面积计算：

① 用"方法一"计算

为了计算方便，将基础房心编号，编号顺序从左往右，从上到下，并按房心编号逐一列表计算，见表 3-16（房心编号图略）。

② 用"方法二"计算

整体带形基础棱台体上下底面积：

$$S_A = (25.2 + 1.5)(11.7 + 1.3) = 347.10\text{m}^2$$

$$S_B = (25.2 + 0.4)(11.7 + 0.4) = 309.76\text{m}^2$$

带形基础底部水平面积：

底部 1.3m 宽

$$(25.2+1.5)\times1.3\times4=138.84m^2$$

底部 1.5m 宽

$$[(4.5+5.1-1.3\times2)\times8+(2.1-1.3)\times4]\times1.5=88.80m^2$$

合计：227.64m²

带形基础上部梁宽面积：

$$[4(25.2+0.4)+8(4.5+5.1-0.4\times2)+4(2.1-0.4)]\times0.4=71.84m^2$$

房心上下底虚空面积：

$$\sum S_{\text{下}}=S_A-\text{带形基础底部水平面积}$$
$$=347.10-227.64=119.46m^2$$

$$\sum S_{\text{上}}=S_B-\text{带形基础上部梁宽面积}$$
$$=309.76-71.84=237.92m^2$$

用以上两种方法计算的房心上下底虚空面积相同。

（2）房心虚空体积计算：

$$\sum V_{\text{空}}=119.46\times0.25+237.92\times0.3+\frac{1}{3}\times0.3(119.46+$$
$$237.92+\sqrt{119.46\times237.92})=153.84m^3$$

（3）带形基础混凝土工程量计算：

基础第一层体积：

$$V_{\text{I}}=347.10\times0.25=86.78m^3$$

基础第二层体积：

$$V_{\text{II}}=\frac{1}{3}\times0.3(347.10+309.76+\sqrt{347.10\times309.76})=98.48m^3$$

基础第三层体积：

$$V_{\text{III}}=309.76\times0.3=92.93m^3$$

带形基础混凝土总体积为：

$$V_{\text{总}}=V_{\text{I}}+V_{\text{II}}+V_{\text{III}}-\sum V_{\text{空}}$$
$$=86.78+98.48+92.93-153.84=124.35m^3$$

2. 基础重叠扣减计算方法

前面介绍了有梁式带形基础的整体计算方法，现在介绍第二种方法，即：有梁式带形基础重叠扣减计算方法。其原理是：假设沿基础外围，在两边大放脚的斜面上下两点作水平剖切，把整个基础分为下、中、上三个不同层面的几何体（见图3-22，第一层剖面为矩形截面，高度为h_1，体积为V_{I}；第二层剖面为梯形截面，高度为h_2，体积为V_{II}；第三层剖面为矩形截面，高度为h_3，体积为V_{III}），然后分层计算各轴线不同底宽的基础长度，乘以其相应截面面积后相加。应注意：在计算第二层梯形截面基础长度时，应将基础垂直相交处大放脚重叠部分的体积（$V_{\text{重}}$），折算成相同截面的基础长度作扣减。

1）基础分层长度计算

基础长度应分别不同底部宽度，分层计算。外墙基础长度，各层均按中心线长度计算。内墙基础长度：第一层（底部）矩形截面基础长度，按两基础底部之间的净长度计算；第二层（中部）梯形截面基础长度，按两肋梁之间的净长度，减去基础大放脚垂直相

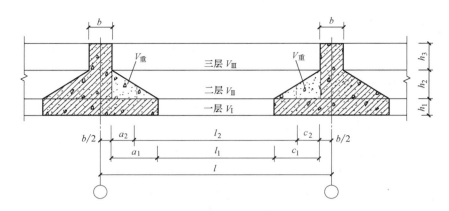

图 3-22 有梁式带型基础剖面图

交处的重叠长度计算；第三层上部肋梁按净长度计算。

（1）第一层矩形截面基础长度（l_1）计算

$$l_1 = l - \left(\frac{b}{2} + a_1\right) - \left(\frac{b}{2} + c_1\right) \tag{3-49}$$

如果该层中有多个不同基底宽度的截面时，应分别将相同基底宽度的截面长度相加。当基础截面编号为 A……N 时，那么，该层的基础截面 A（面积 $S_{下a}$），其长度之和应为 $\sum l_{1a}$；同理，基础截面 N（面积 $S_{下n}$），其长度之和应为 $\sum l_{1n}$。

（2）第二层梯形截面基础长度（l_2）计算

$$l_2 = l - \left(\frac{b}{2} + a_2\right) - \left(\frac{b}{2} + c_2\right) \tag{3-50}$$

设：$a_2 = 0.56a_1$ $c_2 = 0.56c_1$

则：

$$l_2 = l - \left(\frac{b}{2} + 0.56a_1\right) - \left(\frac{b}{2} + 0.56c_1\right) \tag{3-51}$$

当基础截面编号为 A……N 时，那么，该层的基础截面 A（面积 $S_{中a}$），其长度之和应为 $\sum l_{2a}$；同理，基础截面 N（面积 $S_{中n}$），其长度之和应为 $\sum l_{2n}$。

（3）第三层上部肋梁长度计算

在已知外墙中心线长度（$L_{中}$）及内墙净长度（$L_{内}$）的条件下，分别以下情况计算：

① 当基础上部墙厚为 240mm 时，肋梁长度（L'）按公式 3-52 计算；

$$L' = L_{中} + L_{内} - \left(\frac{b}{2} - 0.12\right)n \tag{3-52}$$

② 当基础上部墙厚为 370mm 时，肋梁长度（L'）按公式 3-53 计算。

$$L' = L_{中} + L_{内} - \left(\frac{b}{2} - 0.185\right)n \tag{3-53}$$

式中　n——基础 T 形接头个数；

　a_1、c_1——基础大放脚宽（m）；

　a_2、c_2——梯形截面垂直相交处的重叠长度（m）。

2）基础分层体积计算

计算基础分层体积时，应分别算出该层不同底宽相同截面的基础的长度之和，然后再分别乘以相应截面面积相加。

（1）基础总体积：

$$V_总 = V_Ⅰ + V_Ⅱ + V_Ⅲ \tag{3-54}$$

（2）基础第一层（底部矩形截面）体积：

$$V_Ⅰ = \sum(S_{下a} \cdot \sum l_{1a} + \cdots\cdots S_{下n} \cdot \sum l_{1n}) \tag{3-55}$$

（3）基础第二层（中部梯形截面）体积：

$$V_Ⅱ = \sum(S_{中a} \cdot \sum l_{2a} + \cdots\cdots S_{中n} \cdot \sum l_{2n}) \tag{3-56}$$

（4）基础第三层上部肋梁体积：

$$V_Ⅲ = b \cdot h_3 \cdot L' \tag{3-57}$$

式中　$\sum l_{1a}$、$\sum l_{1n}$——基础底部（第一层矩形）相同截面的长度之和（m）；

$\sum l_{2a}$、$\sum l_{2n}$——基础中部（第二层梯形）相同截面的长度之和（m）；

L'——基础上部肋梁长度（m）；

$S_{下a}$、$S_{下n}$——基础底部（第一层矩形）截面面积（m²）；

$S_{中a}$、$S_{中n}$——基础中部（第二层梯形）截面面积（m²）。

3）实例计算

【例 3-11】　试计算某办公楼（图 3-21），有梁式带形基础混凝土工程量。

【解】　基础分层高度：$h_1 = 0.25\text{m}$　$h_2 = 0.30\text{m}$　$h_3 = 0.3\text{m}$

（1）基础分层长度计算

① 第一层矩形截面基础长度：

基底 1.5m 宽，矩形截面基础长度：

$$\sum l_{11} = 11.7 \times 2 + (5.1 + 4.5 - 1.3 \times 2) \times 6 + (2.1 - 1.3) \times 2 = 67.0\text{m}$$

基底 1.3m 宽，矩形截面基础长度：

$$\sum l_{12} = 25.2 \times 4 - 1.5 \times 2 = 97.8\text{m}$$

② 第二层梯形截面基础长度：

$$a_1 = (1.5 - 0.4) \times 0.5 = 0.55\text{m}$$

$$c_1 = (1.3 - 0.4) \times 0.5 = 0.45\text{m}$$

1.3m 宽 T 形扣减值：$\dfrac{b}{2} + 0.56a_1 = 0.2 + 0.56 \times 0.45 = 0.452\text{m}$

1.5m 宽 T 形扣减值：$\dfrac{b}{2} + 0.56c_1 = 0.2 + 0.56 \times 0.55 = 0.508\text{m}$

基底 1.5m 宽，梯形截面基础长度：

$$\sum l_{21} = 11.7 \times 2 + (5.1 - 0.452 \times 2) \times 6 + (4.5 - 0.452 \times 2) \times 6 +$$
$$(2.1 - 0.452 \times 2) \times 2 = 72.54\text{m}$$

基底 1.3m 宽，梯形截面基础长度：

$$\sum l_{22} = 25.2 \times 4 - 0.508 \times 2 \times 2 = 98.77\text{m}$$

③ 第三层上部肋梁长度（0.4m×0.3m）：

T 形接头个数　　　　$n = 2(17 - 1) = 32$ 个

$$L' = (11.7 + 25.2) \times 2 + 25.2 \times 2 + 4.5 \times 6 + 5.1 \times 6 +$$
$$2.1 \times 2 - 0.2 \times 32 = 179.6\text{m}$$

（2）基础分层体积计算

① 第一层矩形截面基础体积（公式 3-55）：

$$V_{\mathrm{I}}=1.5\times0.25\times67.0+1.3\times0.25\times97.8=56.91\mathrm{m}^3$$

② 第二层梯形截面基础体积（公式 3-56）：

$$V_{\mathrm{II}}=(0.4+1.5)\times0.3\times0.5\times72.54+$$
$$(0.4+1.3)\times0.3\times0.5\times98.77=45.86\mathrm{m}^3$$

③ 第三层上部肋梁体积（公式 3-57）：

$$V_{\mathrm{III}}=179.6\times0.4\times0.3=21.55\mathrm{m}^3$$

④ 基础总体积（公式 3-54）：

$$V_{总}=56.91+45.86+21.55=124.32\mathrm{m}^3$$

由此可见：同一有梁式带形基础（图 3-21），用基础整体方法计算（例 3-10），基础体积为 124.35m³，用基础重叠扣减方法计算（例 3-11），基础体积为 124.32m³，两者相差仅 0.03m³，误差极小可忽略不计。以上这两种计算方法，通过实例相互印证方法完全正确。

3.4.4 构造柱计算

构造柱混凝土工程量，按图示截面面积乘以柱通高以体积计算。其截面面积，按所在墙体的厚度乘以柱截面的折算边长计算。所谓柱截面的折算边长（以下简称：截面边长），是指将构造柱的马牙槎包括在柱截面内除以墙体厚度，折算成与原截面面积相同的边长。

构造柱的截面边长，应分别按 L 形、T 形、十字形、一字形四种连接形式（图3-23、图 3-24）及不同墙厚，将其在墙体中一次性算出。以便在计算圈梁及墙体工程量时，将构造柱的截面边长在圈梁和墙体的计算长度中直接扣除。

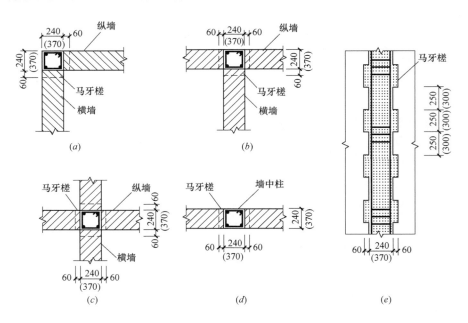

图 3-23　构造柱与墙体连接（一）

（a）L形连接；（b）T形连接；（c）十字形连接；（d）一字形连接；（e）构造（边）柱立面

1. 构造柱截面边长计算

构造柱的马牙槎,在墙体中一般沿柱高每间隔 300mm 设置,嵌入墙体的深度为 60mm,如果将马牙槎折算成实体高度,则平均嵌入深度为 30mm。所以,构造柱的截面边长,等于墙厚加各边马牙槎的平均嵌入深度。

即:柱截面边长=墙厚+$\dfrac{0.06×边数}{2}$

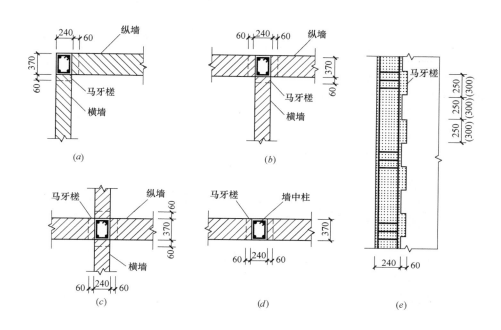

图 3-24　构造柱与墙体连接(二)

(a)L 形连接;(b)T 形连接;(c)十字形连接;

(d)一字形连接;(e)构造(角)柱立面

1)纵墙与横墙厚度相等时,构造柱截面边长计算

(1)L 形连接(图 3-23a)计算

柱与墙有两个面用马牙槎连接,因此,柱边长=墙厚+0.06m

240 墙　柱边长=0.24+0.06=0.30m

370 墙　柱边长=0.365+0.06=0.425m

(2)T 形连接(图 3-23b)计算

柱与墙有三个面用马牙槎连接,因此,柱边长=墙厚+0.09m

240 墙　柱边长=0.24+0.09=0.33m

370 墙　柱边长=0.365+0.09=0.455m

(3)十字形连接(图 3-23c)计算

柱与墙有四个面用马牙槎连接,因此,柱边长=墙厚+0.12m

240 墙　柱边长=0.24+0.12=0.36m

370 墙　柱边长=0.365+0.12=0.485m

（4）一字形（墙中柱）连接（图3-23d）计算

柱与墙左右两个面用马牙槎连接，因此，柱边长＝墙厚＋0.06m

240墙　柱边长＝0.24＋0.06＝0.30m

370墙　柱边长＝0.365＋0.06＝0.425m

2）纵墙为370厚，横墙为240厚时，构造柱截面边长计算

该节点中由于两边墙厚不等，计算时要将240墙的马牙槎按370墙厚折算边长。

（1）L形连接（图3-24a）计算

柱与墙，其中一个面为370墙马牙槎，另一个面为240墙马牙槎连接。

370墙　柱边长＝240墙厚＋0.05m

　　　　　　＝0.24＋0.05＝0.29m

（2）T形连接（图3-24b）计算

柱与墙，其中两个面为370墙马牙槎，另一个面为240墙马牙槎连接。

370墙　柱边长＝240墙厚＋0.08m

　　　　　　＝0.24＋0.08＝0.32m

（3）十字形连接（图3-24c）计算

柱与墙，其中左右两个面为370墙马牙槎，上下两个面为240墙马牙槎连接。

370墙　柱边长＝240墙厚＋0.10m

　　　　　　＝0.24＋0.10＝0.34m

（4）一字形（墙中柱）连接（图3-24d）计算

柱与墙，左右两个面均为370墙马牙槎连接。

370墙　柱边长＝240墙厚＋0.06m

　　　　　　＝0.24＋0.06＝0.30m

2. 实例计算

【例3-12】　试计算某小区单层办公房施工图中（图3-25）构造柱在墙上的截面总边长（$L_柱$）及混凝土工程量。

【解】　从图中得知：该工程内外墙厚均为240mm，构造柱生根于砖基础底部，墙上L形角柱（截面边长为0.3m）4根，T形柱（截面边长为0.33m）4根。

$$h＝3.6＋0.6＋0.9－0.2＝4.9m$$

（1）截面总边长　　　$L_柱＝0.30×4＋0.33×4＝2.52m$

（2）混凝土工程量　　　$V＝2.52×0.24×4.9＝2.96m^3$

某小区单层办公房施工图

建筑设计说明：

1. 卫生间比同层地面标高低 20。
2. 图纸尺寸除标高以米为单位外，其他均以毫米为单位。
3. 卫生间 M-2 门边墙厚为 120，其余墙厚为 240，轴线居中。
4. 窗户均居墙中，门与开启方向平，凡未注明的门头角均为 130。

建筑用料说明（陕 09J01 图集）

项目	适用范围	类别	编号	备注
防潮层	基础墙	防水砂浆	防 1	
散水		水泥砂浆面层	散 2	宽 800
台阶		水泥台阶	台 2	宽 300，高 150
外墙饰面	砖墙面	外墙涂料墙面	外 10	颜色见立面
勒脚		豆石干粘石	外 7	颜色见立面
内墙饰面	全部	水泥砂浆	内 4	白色内墙乳胶漆
内墙裙	卫生间	白瓷砖	裙 13	规格 152×152，高 1500
地面	办公室	水泥砂浆	地 4	
	卫生间	地砖	地 29	防滑砖 200×200
顶棚	全部	水泥砂浆	棚 5	白色内墙乳胶漆
屋面		卷材屋面	屋Ⅲ4（A90）	

门窗明细表

名称	编号	洞口尺寸		数量	索引图号
		洞宽（mm）	洞高（mm）	一层	
门	M-1	900	2700	4	陕 09J06-1M7-0927
门	M-3	800	2400	1	陕 09J06-1M9-0824
门洞	MD-1	1500	2400	1	
窗	C-1	1800	1800	4	陕 09J06-3　TLC$_1$-33
窗	C-2	1500	1800	5	陕 09J06-3　TLC$_1$-19

图 3-25A

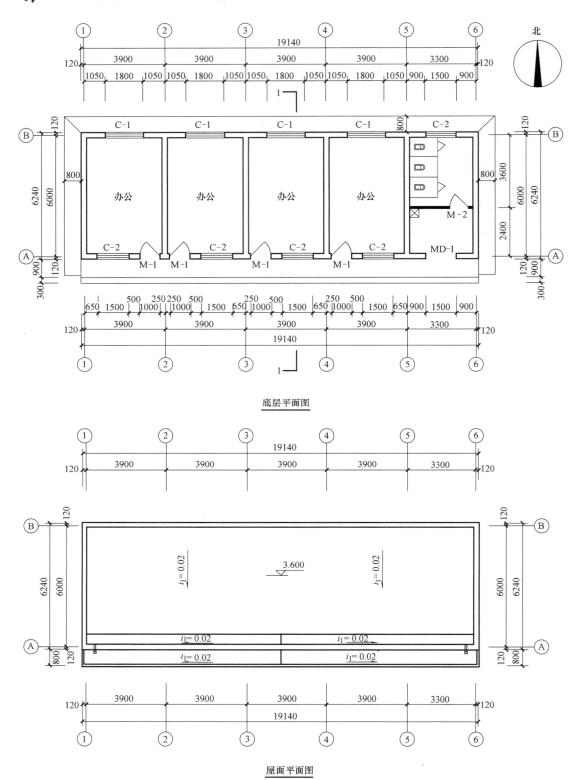

底层平面图

屋面平面图

图 3-25B

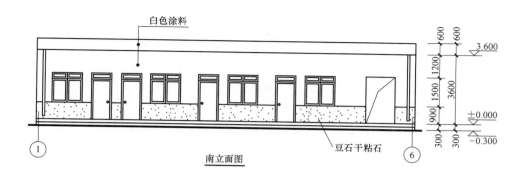

南立面图

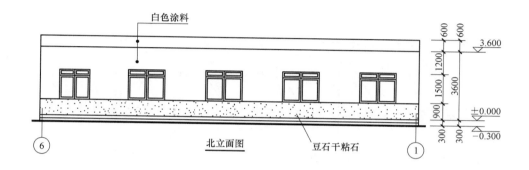

北立面图

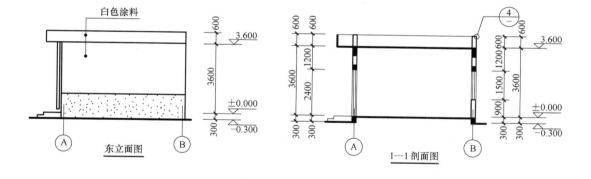

东立面图　　　　　　　1—1剖面图

结构设计说明

1. 砖砌体：±0.000以下砖强度等级为MU10，砂浆强度等级为M10水泥砂浆；±00以上砖强度等级为MU10，砂浆强度等级为M10水泥混合砂浆。

2. 构造柱生根于砖基础底部，主筋为4Φ12，箍筋及拉结筋做法以及圈梁的锚固详见04G329-3相应节点，现浇板中未注明的分布钢筋均为Φ6@250。

3. 挑檐梁板及配筋详见陕09G08图集中相应节点。

4. 预应力混凝土空心板采用CRB650级冷扎带肋钢筋。

5. 本说明未尽事宜均按现行施工验收规范的有关规定施工。

图 3-25c

71

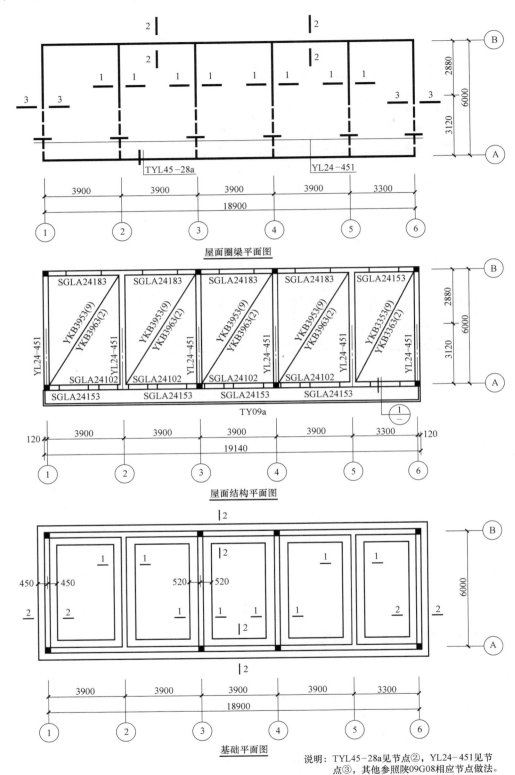

屋面圈梁平面图

屋面结构平面图

基础平面图

说明：TYL45—28a见节点②，YL24—451见节点③，其他参照陕09G08相应节点做法。

图 3-25ᴅ

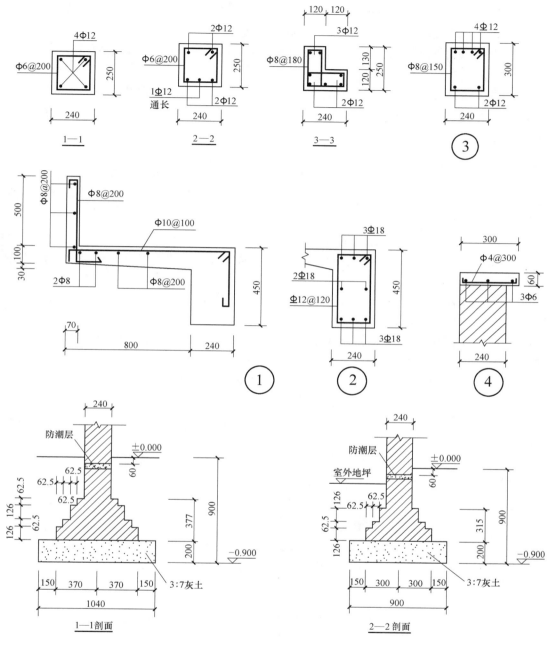

图 3-25E

3.4.5 圈梁计算

圈梁混凝土工程量，按图示截面面积乘以相应梁长以体积计算。该计算方法看起来似乎很简单，其实并非如此，因为在同一结构层中，圈梁的截面高度并不一定相等，往往是根据结构部位不同而出现不同的高度。砖混结构 2.8m 层高的板底圈梁就是一个有多种截面高度的圈梁，如该圈梁在门窗洞口和阳台的加强处，挑梁伸入墙内的尾梁等，其截面高度都不相等。从图 3-26 中可以看出，外墙圈梁有三个截面高度：一是 1-1 剖面的主圈梁高 120mm，二是 2-2 剖面的洞口圈过梁高 250mm，三是 3-3 剖面的阳台圈梁高 380mm。这三种截面的圈梁，分布在同一结构层不同部位的墙体上，使内外墙圈梁都无法拉通计算，而是要根据不同的截面高度进行分段计算。下面就将其计算方法介绍如下：

1. 方法与步骤

（1）将外墙中心线长度 $L_中$ 和内墙净长度 $L_内$ 相加，再减去构造柱在该墙上的截面总长度（$L_柱$），算出内外墙圈梁的净长度（如果内外墙体的厚度不同时，圈梁净长度应分别内外墙计算）$L_{净长}$；

$$L_{净长} = L_中 + L_内 - L_柱 \tag{3-58}$$

（2）如果洞口处的圈梁与主圈梁的截面高度不同时，则洞口处的圈梁应分段计算。方法是，将每个洞口长度加上两端的支座长度（不包括阳台门洞），计算出洞口圈过梁的总长度 $\sum l_2$。

$$\sum l_2 = 主墙洞口总长 + 0.5 \times 洞口个数 \tag{3-59}$$

式中　0.5——为洞口圈过梁两端的支座长度（若支座长度为 300mm 时，则该长度为 0.6），单位为 m。

（3）如果阳台圈梁与主圈梁的截面高度不同时，根据阳台开间尺寸，算出阳台圈梁总长度 $\sum l_3$，$\sum l_3$ 等于阳台开间长度之和。

（4）如果图中有阳台挑梁，则伸入墙内的尾梁应分段计算。将各段尾梁长度相加，计算出该梁长之和 $\sum l_4$。

（5）用内外墙圈梁的净长度（$L_{净长}$），减去不同截面高度的分段长度，算出主圈梁的分段总长度 $\sum l_1$。

$$\sum l_1 = L_{净长} - \sum l_2 - \sum l_3 - \sum l_4 \tag{3-60}$$

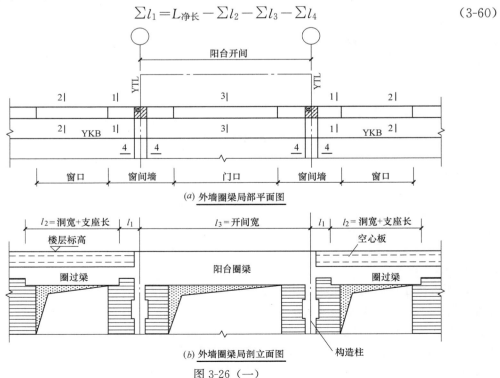

(a) 外墙圈梁局部平面图

(b) 外墙圈梁局剖立面图

图 3-26（一）

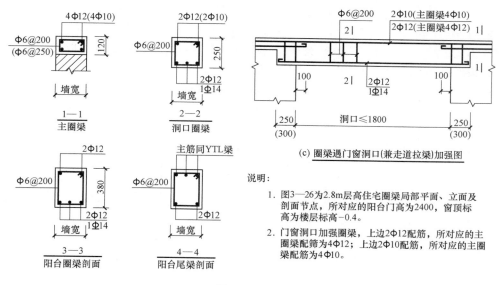

图 3-26（二）

（6）将各楼层圈梁的分段截面面积乘以相应梁长，计算出圈梁总体积。

2. 实例计算

【**例 3-13**】 试计算某小区单层办公房施工图中（见图 3-25）圈梁混凝土总体积。

【**解**】 从图得知该工程内外墙厚均为 240mm，层高 3.6m，女儿墙高 0.6m，基础深 0.9m。

$$L_{中}=(18.9+6.0)\times2=49.8m$$

$$L_{内}=(6.0-0.24)\times4=23.04m$$

屋面圈梁分段体积计算

1-1 剖面（240×250）	(2.88−0.12)×4×0.24×0.45=0.66m³
2-2 剖面（240×250）	(18.9−0.24×3)×0.24×0.25=1.09m³
3-3 剖面（240×250 异）	(2.88−0.12)(0.24×0.25−0.12×0.13)×2=0.25m³
YL24-451（240×300）	(3.12−0.12)×6×0.24×0.30=1.30m³
TYL45-28a（240×450）	(18.9−0.24×3)×0.24×0.45=1.96m³
合计：5.26m³	

3.4.6 有梁板计算

建筑工程中最常见的现浇板是有梁板，有梁板分框架有梁板和砖混结构有梁板，这两种结构的有梁板，在混凝土工程量计算中有所不同，应区别对待。

1. 砖混结构有梁板计算

砖混结构当楼层和屋盖结构采用整体现浇时，有梁板混凝土工程量按墙四周之间的长宽净尺寸所围面积乘以板厚计算。若板中带有梁时，再加上板底外露部分的梁体积合并计算。

砖混结构当楼层和屋盖结构采用预应力空心板时，有梁板一般设置在盥洗间、卫生间和厨房等处，属于局部现浇板，它的周围与其相连结的是预制空心板。在计算有梁板体积时，应注意将板与板头（墙内部分）分开列式计算，然后将板头体积与其相加。有梁板体积梁外部分，按板四周圈梁内侧长、宽净尺寸所围面积，乘以板厚计算。墙内（支承）部分的板头体积，分别按以下两种情况计算：当空心板与圈梁垂直时（见图 3-27a），板头体积按 1/2 主墙（240 或 370 墙）宽乘以空心板厚度（砖混结构空心板一般为 120mm 厚，安装时板底铺 10mm 水泥砂浆，因此，板头厚按 130mm 计算），再乘以板头长度计算。

即： 120mm（或 185mm）×130mm×板头长

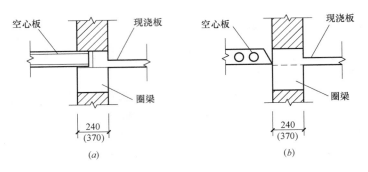

图 3-27

当空心板与圈梁平行时（见图 3-27b），板头体积按主墙（240 或 370 墙）宽乘以空心板厚度，再乘以板头长度计算。

即： 240mm（或 370mm）×130mm×板头长

2. 框架结构有梁板计算

框架有梁板的计算，主梁长算至柱两侧，次梁长算至两端主梁侧（见图 3-28），板与梁的体积合并计算。框架有梁板一般为整层设置，计算之前要先算出框架柱的截面面积，和应扣除的其他面积（如楼梯间、电梯间及大于 0.3m² 以上的洞口等），然后用该层外围的水平面积将其从中扣除，乘以板厚，再加上板底外露部分的主、次梁体积。

板底部的主、次梁体积：

$$主梁体积＝（主梁高－板厚）×主梁宽×主梁长$$
$$次梁体积＝（次梁高－板厚）×次梁宽×次梁长$$

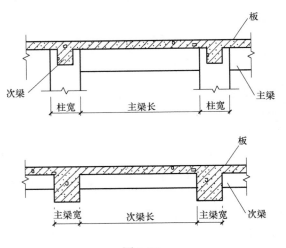

图 3-28

在计算有梁板混凝土工程量的同时，宜一次性计算出板底，外露主、次梁两侧的垂直面积，和板底的水平投影面积，为后面计算天棚抹灰时创造条件，以免再重复翻阅施工图纸。

3. 实例计算

【例3-14】 试计算某公司办公楼，有梁板（见图3-29）混凝土及天棚抹灰工程量。

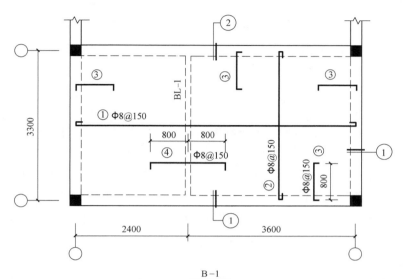

B-1
板厚: 80　　注: 板中未标注的负弯矩分布筋为φ6@250

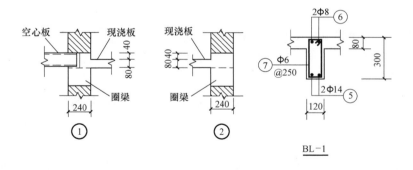

图3-29

【解】 B-1板数量4块，其中板一边有空心板连接。

（1）混凝土工程量

B-1（4）　　　　$(3.06×5.76×0.08+0.12×0.22×3.06)×4=5.96m^3$

板头　　　　　$(3.06×2+5.76)×0.24×0.12×4=1.37m^3$

　　　　　　　$5.76×0.12×0.12×4=0.33m^3$

合计：　　　　$7.66m^3$

（2）有梁板天棚抹灰

B-1（4）　　　　$(3.06×5.76+0.22×3.06×2)×4=75.89m^2$

3.5 钢筋工程量计算

单位工程的钢筋总用量，等于组成该工程实体的，各类钢筋混凝土构件中的钢筋用量与墙体中的拉结钢筋用量之和。钢筋混凝土构件，其中包括现浇构件，预制构件和预应力构件等。计算钢筋时应将各种不同构件分类汇总，分别列项，按编号顺序逐一计算。各构件和墙体中的钢筋工程量，应区别不同钢筋种类和规格，按设计图示长度，乘以单位理论质量（见手册，表 A3-01）以吨（t）计算。

3.5.1 钢筋工程量计算的基本知识

1. 钢筋种类

钢筋种类按级别分有以下几种：

（1）HPB235 级钢筋（原Ⅰ级）。钢筋代号为Φ，表面为光圆，常用于普通钢筋混凝土构件中。

（2）HPB335 级钢筋（原Ⅱ级）。钢筋代号为Φ，表面为人字纹或月牙纹两种，主要用作普通钢筋混凝土构件的受力钢筋。

（3）HPB400 级钢筋（新Ⅲ级）。钢筋代号为Φ，表面为螺旋纹，是专门为建筑结构开发的新型钢筋，主要用作钢筋混凝土梁柱等重要构件的主筋。

（4）冷轧带肋钢筋。钢筋代号为ϕ^R，是以普通低合金钢热轧盘条为母材，经冷轧后在其表面形成具有月牙横肋的钢筋。其直径一般为 5～12mm，该种钢筋与混凝土的粘结力相当于光面钢筋的 3 倍以上，可广泛用作钢筋混凝土构件的各类钢筋。

2. 钢筋形状

钢筋混凝土构件中，常见的钢筋形状有以下几种：

（1）直钢筋。指筋长与构件轴线平行，两端不带弯钩的钢筋。钢筋长等于构件长减去两端混凝土保护层厚度。

（2）末端带弯钩的钢筋。末端弯钩通常为半圆弯钩（180°），斜弯钩（135°）和直弯钩（90°）三种形式。可分为纵向直筋、附加筋和弯起钢筋末端带弯钩，弯钩形式和平直长度按相关规范和设计确定。

（3）弯起钢筋。指梁板构件中，底部钢筋在端部向上弯起，或支座上部钢筋在端部向下弯曲的折线形钢筋（见图 3-43）。

（4）箍筋。箍筋四周呈闭合状，根据构件截面不同，可设计成矩形、多边形或圆环形。箍筋在构件中与主筋垂直绑扎，在区间内按规定等距布置。

3. 混凝土保护层

混凝土保护层（以下简称保护层）是指构件中纵向受力钢筋的外皮至截面边缘的距离。其作用是为了防止钢筋锈蚀，使钢筋与混凝土之间有足够的粘结力。保护层厚度在规范中是按环境类别设置的，不同的环境，不同种类的构件，不同强度等级的混凝土，其厚度都不一样。在计算钢筋工程量时，图中有规定的按规定的保护层厚度计算，图中没有规定的，按表 3-17 中的相应厚度计算。

纵向受力钢筋的混凝土保护层厚度表　　　　　　　　　　表 3-17

环境类别		环境条件	构件类别	保护层厚度（mm）		
				≤C20	C25～C45	≥C50
一		室内正常环境	板、墙	20	15	15
			梁	30	25	25
			柱	30	30	30
二	a	室内潮湿环境；非严寒和非寒冷地区的露天环境、与无侵蚀的水或土壤直接接触的环境	板、墙	—	20	20
			梁	—	30	30
			柱	—	30	30
	b	严寒和寒冷地区的露天环境、与无侵蚀的水或土壤直接接触的环境	板、墙	—	25	20
			梁	—	35	30
			柱	—	35	30
三		严寒和寒冷地区冬季水位变动的环境；滨海室外环境	板、墙	—	30	25
			梁	—	40	35
			柱	—	40	35

注：1. 纵向受力的钢筋，其混凝土保护层厚度不应小于钢筋的公称直径；

2. 基础中纵向受力钢筋的混凝土保护层厚度不应小于40mm；当无垫层时，不应小 70mm；

3. 设计使用年限为 100 年的结构，一类环境中，混凝土保护层厚度应按表中数值增加 40%；二、三类环境中，混凝土保护层厚度应采取专门有效措施。

4. 钢筋量度差

钢筋弯曲之后，在弯折点两侧，外包尺寸与中心弧长之间有一个长度差值，这个长度差值就叫做钢筋的量度差（见图 3-30）。

从图 3-30 中可以看出，

钢筋量度差＝弯折点两侧外包尺寸－弯曲中心弧长

$$= ME + MF - \overset{\frown}{ABC}$$

弯曲中心弧长：$\overset{\frown}{ABC}$

弯曲 135°时，中心弧长为：$\dfrac{3\pi}{8}(D+d)$

弯曲 90°时，中心弧长为：$\dfrac{\pi}{4}(D+d)$

弯曲 60°时，中心弧长为：$\dfrac{\pi}{6}(D+d)$

弯曲 45°时，中心弧长为：$\dfrac{\pi}{8}(D+d)$

弯曲 30°时，中心弧长为：$\dfrac{\pi}{12}(D+d)$

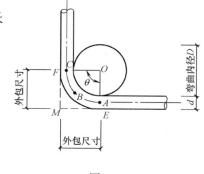

图 3-30

钢筋的量度差，与弯折角度和弯弧内直径有关。当弯弧内直径 D 等于 $2.5d$ 时，弯折点两侧的外包尺寸为：

$$ME = MF = 2.25d \cdot \tan\frac{\theta}{2}$$

故 90°角量度差＝$3.5d \cdot \tan 45° - \dfrac{\pi}{4} \times 3.5d = 1.75d$

当弯弧内直径 D 等于 $5d$ 时，弯折点两侧的外包尺寸为：

$$ME = MF = 3.5d \cdot \tan \dfrac{\theta}{2}$$

故 90°角量度差＝$7d \cdot \tan 45° - \dfrac{\pi}{4} \times 6d = 2.29d$

同理推导出：60°角量差度为 $0.9d$

30°角量差度为 $0.5d$

30°角量度差为 $0.3d$

5. 钢筋弯钩长度

1）钢筋末端 180°弯钩长度

"规范"规定：HPB235 级钢筋末端应作 180°弯钩，其弯弧内直径不应小于钢筋直径的 $2.5d$，弯钩弯后平直长度部分不应小于钢筋直径 $3d$。

钢筋末端 180°弯钩长度，如图 3-31 所示。

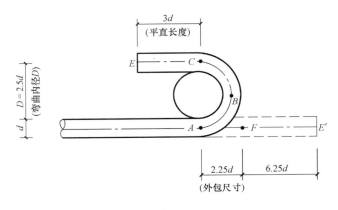

图 3-31

从图中可以看出：

$$180°弯钩长(FE') = \overset{\frown}{ABC} - AF + EC$$
$$= \dfrac{\pi}{2}(D+d) - 2.25d + 3d$$
$$= 6.25d$$

2）箍筋弯钩长度

"规范"规定：箍筋弯钩的弯折角度，对一般结构不应小于 90°，对有抗震要求的结构，应为 135°。

箍筋弯钩平直长度部分：对一般结构不宜小于箍筋直径 $5d$，对有抗震要求的结构不应小于箍筋直径 $10d$。

根据现行规范规定，箍筋 90°弯钩只能用于一般结构，而不能用于抗震结构，135°弯钩既可用于一般结构也可用于抗震结构。

箍筋弯钩长度＝弯曲中心弧长－外包尺寸＋平直长度

由此可得：

（1）90°弯钩长度$=\dfrac{\pi}{4}(D+d)-2.25d+$平直长度

$=0.5d+$平直长度 （3-61）

一般结构 90°弯钩长$=0.5d+5d=5.5d$

（2）135°弯钩长度$=\dfrac{3\pi}{8}(D+d)-2.25d+$平直长度

$=1.87d+$平直长度 （3-62）

经推导得出：

一般结构 135°弯钩长$=1.87d+5d=6.87d$

抗震结构 135°弯钩长$=1.87d+10d=11.87d$

3.5.2　钢筋搭接长度与锚固长度

1. 钢筋搭接长度

钢筋搭接是指钢筋混凝土构件中，为了满足钢筋的长度需要，将两根相互平行（符合设计要求）的短钢筋在端部错开一定长度连结在一起。

《计量规范》附录 E.15 工程量计算规则规定，钢筋搭接按设计规定计算，设计上没有规定的不计算搭接，在综合单价中综合考虑。

对于部分地区，仍然实行按定额计价编制工程预决算，而且对通长构件内的通长钢筋允许计算搭接长度的工程项目，书中按现行"施工质量验收规范"GB 50204—2002 中的有关规定，编制了"纵向受拉钢筋最小绑扎搭接长度表"（表 A3-02）及"纵向受拉钢筋最小绑扎搭接长度系数表"（表 A3-03）。表 A3-03 是在表 A3-02 的基础上，直径≤25mm 的按每 8m 增加一个接头计算，直径＞25mm 的按每 6m 增加一个接头计算编制的搭接长度系数表。通长钢筋计算时，分别不同结构类型及抗震等级，查取表中相应系数乘以图示长度及根数计算。

2. 钢筋锚固长度

钢筋锚固是指某一构件与另一构件在垂直相交处，将端部钢筋伸入对方构件内，通过浇筑混凝土，使该构件端部与对方形成整体连结。如框架结构中，将主梁端部钢筋锚入柱内，次梁端部钢筋锚入主梁内，现浇板端部钢筋锚入主梁和次梁内等。

钢筋的锚固长度，在规范中是根据钢筋的受拉强度设计值，除以混凝土的轴心抗拉强度设计值，再乘以钢筋的外形系数和直径而得，它与钢筋的绑扎搭接长度有密切关系。钢筋的绑扎搭接长度，在规范中是由受拉钢筋的锚固长度乘以纵向受拉钢筋搭接长度修正系数而得。因此，钢筋的锚固长度值，亦可根据纵向受拉钢筋绑扎搭接长度除以修正系数确定。

在图纸中，一般构件都已标明钢筋的锚固长度，个别构件没有标明的，如连续梁底部支座纵向钢筋的锚固，或框架次梁端头钢筋与主梁的锚固，次梁端头钢筋与次梁的锚固等，可根据以上推论，用"纵向受拉钢筋最小绑扎搭接长度表"（表 A3-02）中相应数值乘以系数"0.85"作为受拉钢筋的锚固长度使用。

3.5.3　箍筋长度计算

箍筋根据其形状不同可分为：矩形双肢箍筋、矩形四肢箍筋、圈梁异形箍筋、圆环形箍筋、复合箍筋等。

设：钢筋直径为 d；保护层为 d_0；构件截面宽为 b；高为 h；箍筋长度为 l。

根据前面推导，已知：箍筋弯折 90°量度差为 1.75d，弯折 45°量度差为 0.5d；一般结构，90°弯钩长为 5.5d；一般结构与抗震结构 135°弯钩长，分别为 6.87d 和 11.87d。

1. 一般梁柱箍筋计算

1）矩形双肢箍筋计算

矩形双肢箍筋，根据抗震要求不同，在箍筋的开口处，可做成 135°弯钩，也可做成 90°弯钩。

计算方法：用箍筋四周外皮边长减 3 个 90°角量度差，加两个弯钩长度。

（1）抗震结构，135°弯钩矩形箍筋（见图 3-32）

$$l=2(b-2d_0+2d)+2(h-2d_0+2d)-1.75d\times3+11.87d\times2 \tag{3-63}$$
$$=2(b+h)-8d_0+26d$$

（2）一般结构，135°弯钩矩形箍筋（见图 3-32）

$$l=2(b-2d_0+2d)+2(h-2d_0+2d)-1.75d\times3+6.87d\times2 \tag{3-64}$$
$$=2(b+h)-8d_0+16d$$

（3）一般结构，90°弯钩矩形箍筋（见图 3-33）

$$l=2(b-2d_0+2d)+2(h-2d_0+2d)-1.75d\times3+5.5d\times2 \tag{3-65}$$
$$=2(b+h)-8d_0+14d$$

135°弯钩　　　　　　　　　　　90°弯钩

图 3-32　　　　　　　　　　　　图 3-33

2）圈梁异形箍筋计算

圈梁异形箍筋（见图 3-34），是安置在山墙圈梁中的一种箍筋，在砖混结构中多用于屋盖圈梁。

计算公式为：

$$l=2(b+h-4d_0+4d)+(0.12-2d_0+2d)+$$
$$(h-0.13-2d_0+2d)+12.5d-1.75d\times5$$
$$=2(b+1.5h)-12d_0+16d \tag{3-66}$$

3）矩形四肢箍筋计算

矩形四肢箍筋，是用两个单箍在中间相互错开，安置在梁的同一截面处，其作用主要是为了增加梁的刚度和抗扭。

矩形四肢箍筋长(l)＝图示单箍长×2

设：单箍长为 l'（见图 3-35）。

单箍筋长度：$l'=2(b'+h')-1.75d\times3+11.87d\times2$
$$=2(b'+h')+18.49d$$

将 $b'=\dfrac{2}{3}(b-2d_0+2d)$ ，$h'=h-2d_0+2d$ 代入上式得：

$$l'=\dfrac{4}{3}(b+1.5h-5d_0)+25.16d$$

四肢箍筋长 $l=2.67(b+1.5h)-13d_0+50d$ (3-67)

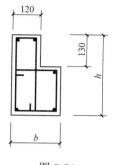

图 3-34

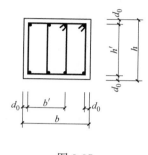

图 3-35

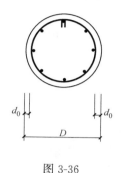

图 3-36

4）圆环形箍筋计算

圆环形箍筋，即安置在圆形构件中的箍筋，如钢筋混凝土圆柱、圆形水池及水塔中的横向配筋。

设：圆形构件直径为 D ，圆环形箍筋中心线直径为 D' （见图 3-36）。

圆环形箍筋长 $l=\pi D'+2.75d\times 2+10d\times 2$

将 $D'=D-2d_0+d$ 代入上式得：

$$l=\pi(D-2d_0)+29d$$ (3-68)

（式中：$2.75d$ 为 $90°$ 角中心弧长）

为了方便计算，现将以上矩形双肢箍、四肢箍、圈梁异形箍和圆环形箍筋公式，按常用箍筋规格型号，经整理后编制成"一般梁柱箍筋长度表"，见（手册）表 A5-01，使用时，按梁柱截面形式和箍筋规格型号在表中查取相应简易式计算。

2. 方柱复合箍筋计算

复合箍筋，是将一种或几种不同形状的内箍，按设计要求与外箍组合在一起，安置在构件的同一截面处，以增强其整体刚度。复合箍筋的种类较多，常见的有：内八角复合箍筋、内四角复合箍筋、小井字复合箍筋、大井字复合箍筋、十字直条复合箍筋、井字直条复合箍筋等几种形式（复合箍筋弯钩，全部按抗震 $135°$ 计算）。

1）内八角复合箍筋计算

内箍计算方法：用内箍外皮边长之和，减去 7 个 $45°$ 角的量度差，再加上两个 $135°$ 弯钩长度。

从图 3-37 中可以看出：

$$l_{内箍}=4b'+4\times 1.414b'-0.5d\times 7+11.87d\times 2$$
$$=9.656b'+20.24d$$

将 $b'=\dfrac{1}{3}(b-2d_0+2d)$ 代入上式得：

$$l_{内箍}=3.22(b-2d_0)+27d$$

方形外箍：$l_{外箍}=4（b-2d_0）+26d$

将内外箍相加（以下同）：

$$l_{复合}=7.22（b-2d_0）+53d \qquad (3-69)$$

2）内四角复合箍筋计算

内箍计算方法：用内箍四周外皮边长减去 3 个直角量度差，再加上两个 135°弯钩长度。

从图 3-38 中可以看出：

$$l_{内箍}=4×1.414b'-1.75d×3+11.87d×2$$
$$=5.66b'+18.49d$$

将 $b'=\dfrac{1}{2}(b-2d_0+2d)$ 代入上式得：

$$l_{内箍}=2.83（b-2d_0）+24d$$

将内外箍相加：

$$l_{复合}=6.83（b-2d_0）+50d \qquad (3-70)$$

3）矩形小井字复合箍筋计算：（12 根主筋）

内箍计算方法：用单内箍四周外皮边长，减去 3 个直角的量度差，加上两个 135°弯钩长度，最后再乘以个数 2。

从图 3-39 中可以看出：

$$l_{内箍}=(8b'-1.75d×3+11.87d×2)×2$$
$$=16b'+36.98d$$

将 $b'=\dfrac{1}{3}(b-2d_0+2d)$ 代入上式得：

$$l_{内箍}=5.33（b-2d_0）+48d$$

将内外箍相加：

$$l_{复合}=9.33（b-2d_0）+74d \qquad (3-71)$$

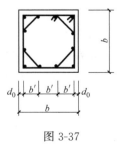

图 3-37

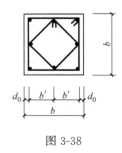

图 3-38

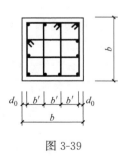

图 3-39

4）矩形大井字复合箍筋计算（16 根主筋）

内箍计算方法：同矩形小井字复合箍筋。

从图 3-40 中可以看出：

$$l_{内箍}=(6b'-1.75d×3+11.87d×2)×2$$
$$=12b'+36.98d$$

将 $b'=\dfrac{1}{2}(b-2d_0+2d)$ 代入上式得：

$$l_{内箍} = 6(b - 2d_0) + 49d$$

将内外箍相加：

$$l_{复合} = 10(b - 2d_0) + 75d \qquad (3-72)$$

5）井字直条复合箍筋计算

从图 3-41 中可以看出：

4 根直条内箍长度：

$$l_{内箍} = 4(b - 2d_0 + 2d + 12.5d) = 4(b - 2d_0) + 58d$$

将内外箍相加：

$$l_{复合} = 8(b - 2d_0) + 84d \qquad (3-73)$$

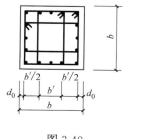

图 3-40

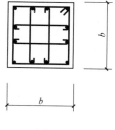

图 3-41

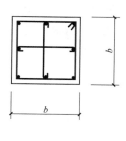

图 3-42

6）十字直条复合箍筋计算

从图 3-42 中可以看出：

2 根直条内箍长度：

$$l_{内箍} = 2(b - 2d_0 + 2d + 12.5d) = 2(b - 2d_0) + 29d$$

将内外箍相加：

$$l_{复合} = 6(b - 2d_0) + 55d \qquad (3-74)$$

为了方便计算，现将复合箍筋长度公式，按方柱的常用截面尺寸及箍筋的常用规格型号，编制成"方柱复合箍筋长度表"，见（手册）表 A5-02。箍筋计算时，按柱截面尺寸、内箍形式及规格型号在表中查取相应长度，然后乘以箍筋个数。

3.5.4 弯起钢筋长度计算

在工程中，弯起钢筋（也称元宝筋）的弯折角度，分 30°、45°、60°三种形式（见图 3-43）。弯起钢筋的工程量计算，不同于施工下料长度计算，下料长度计算，要分别计算钢筋的直段和斜段部分长度，然后再将各段长度相加。而钢筋工程量计算时，弯起钢筋只需要计算它的总长度。具体计算方法是，在原钢筋水平长度的基础上再加上钢筋弯起后的增加长度。

弯起增加长度（Δl）＝斜段长（S）－斜段水平长（l）

在已知弯折角度（θ）和弯起高度（h_0）后，则：

弯起增加长度

$$\Delta l = h_0 \cdot \tan \frac{\theta}{2} \qquad (3-75)$$

式中　h_0——梁高减去保护层后的高度（m）。

当弯折 30°角时，$\Delta l = 0.268 h_0$

当弯折 45°角时，$\Delta l = 0.414 h_0$

当弯折 60°角时，$\Delta l = 0.577h_0$

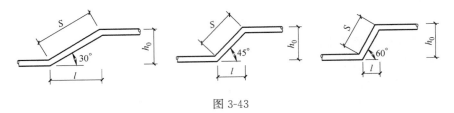

图 3-43

由弯起钢筋增加长度公式，可推导出一般单跨梁、板弯起钢筋长度计算式：

单跨梁板弯起钢筋长度＝构件长－两端保护层＋弯起增加长＋弯钩长

【例 3-15】 某单跨梁中，Φ16 弯起钢筋如图 3-44 所示，钢筋保护层为 25mm，试计算该钢筋长度用量（其他钢筋略）。

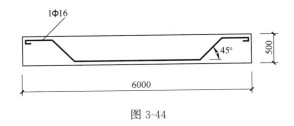

图 3-44

【解】 钢筋弯折 45°角，弯起增加长度为 $0.414h_0$。

$$h_0 = 0.5 - 0.025 \times 2 = 0.45\text{m}$$

$$\Phi16 \text{ 弯起筋长} = 6.0 - 0.025 \times 2 + 0.414 \times 0.45 \times 2 + 12.5 \times 0.016$$

$$= 6.52\text{m}$$

3.5.5 不规则板钢筋计算

1. 三角形板钢筋计算

（1）三角形板沿板高横向布筋计算，见图 3-45（a）

设：钢筋间距为 a

横向布筋根数为 n，$n = \dfrac{h}{a}$

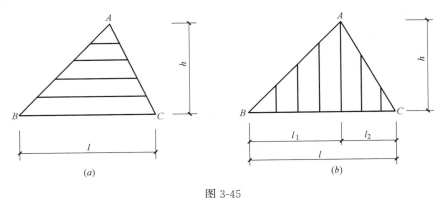

图 3-45

（a）横向布筋；（b）纵向布筋

横向布筋长度为 $\sum l$

根据相似三角形定理推导，横向布筋长为：

$$\sum l = \frac{al}{h} \cdot \frac{n(n+1)}{2}$$

将 $\frac{a}{h} = \frac{1}{n}$ 代入上式得：

$$\sum l = \frac{l(n+1)}{2} \tag{3-76}$$

（2）三角形板沿板宽竖向布筋计算，见图 3-45（b）

设：三角形板竖向布筋根数为 n'，$n' = \frac{l}{a}$

竖向布筋长为 $\sum l'$

$$\sum l' = \frac{1}{2} h \cdot n' \tag{3-77}$$

三角形板，横、竖向筋长计算完后，还要根据该板在结构中的支承情况，算出板两端头钢筋的增加长度 l_m，若该板为简支板，l_m 就等于钢筋的弯钩长度减去板两端的保护层厚度；若该板为框架梁边板（固端板），l_m 就等于两端钢筋伸入梁中的锚固长度。

若板中双向钢筋型号相同，则：

$$钢筋总长度 = \sum l + \sum l' + l_m \tag{3-78}$$

【例 3-16】 有一块三角形简支板，底宽 l 为 4.6m，板高 h 为 3.6m，板底部配筋为 $\Phi8$ @200 双向，板端保护层为 25mm，试计算钢筋总长度。

【解】 （1）横向布筋计算

横向钢筋根数：

$$n = \frac{3.6}{0.2} = 18 根$$

$$\sum l = \frac{4.6(18+1)}{2} = 43.7m$$

（2）竖向布筋计算

竖向钢筋根数

$$n' = \frac{4.6}{0.2} = 23 根$$

$$\sum l' = \frac{1}{2} \times 3.6 \times 23 = 41.4m$$

$$l_m = (18+23)(12.5 \times 0.008 - 0.025 \times 2) = 2.05m$$

$$\Phi8 钢筋总长 = 43.7 + 41.4 + 2.05 = 87.15m$$

2. 梯形板钢筋计算

（1）梯形板沿板高横向布筋计算，见图 3-46（a）

梯形板沿板高 h 布筋时由于板上下两边平行，计算时求出平均宽度，然后再乘以横向布筋总根数 n。

设：钢筋间距为 a，横向布筋根数为 n

$$n = \frac{h}{a} + 1$$

横向布筋长为：

$$\sum l = \frac{1}{2} n(l + l_2) \tag{3-79}$$

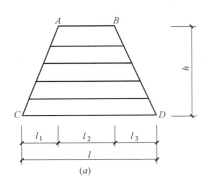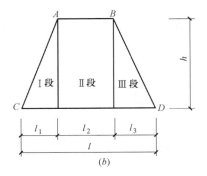

图 3-46

（a）横向布筋；（b）纵向布筋

（2）梯形板沿板宽竖向布筋计算，见图 3-46（b）

计算时将梯形板竖向分成三个区段，Ⅰ段长 l_1 钢筋根数为 n_1'，Ⅱ段长 l_2 钢筋根数为 n_2'，Ⅲ段长 l_3 钢筋根数为 n_3'，将Ⅰ、Ⅱ、Ⅲ区段钢筋长度相加，竖向布筋长为：

$$\sum l'=\frac{1}{2}h(n'+n_2') \tag{3-80}$$

式中　n'——为竖向布筋总根数，$n'=\dfrac{l}{a}$；

$\quad\quad n_2'$——为Ⅱ区段竖向布筋根数，$n_2'=\dfrac{l_2}{a}$

$\quad\quad a$——竖向布筋间距

梯形板两端头钢筋的增加长度 l_m，计算方法同三角形板。钢筋总长度同公式 3-78 式。

【例 3-17】 有一梯形简支板，上宽 l_2 为 3.0m，下宽 l 为 4.8m，板高 h 为 3.45m，板底部配筋为φ10@150 双向，板端保护层为 25mm，求钢筋总长度。

【解】（1）横向布筋计算：

横向钢筋根数　　　　　　　$n=\dfrac{3.45}{0.15}+1=24$ 根

横向布筋长度　　　$\sum l=\dfrac{1}{2}\times 24(3.0+4.8)=93.6$m

（2）竖向布筋计算

竖向钢筋根数　　　　　　　$n'=\dfrac{4.8}{0.15}=32$ 根

$$n_2'=\frac{3.0}{0.15}=20 \text{ 根}$$

$$\sum l'=\frac{1}{2}\times 3.45(32+20)=89.7\text{m}$$

$$l_m=(32+24)(12.5\times 0.01-0.025\times 2)=4.2\text{m}$$

$$\text{φ10 钢筋总长度}=93.6+89.7+4.2=187.5\text{m}$$

3. 不规则板钢筋的近似计算方法

不规则板钢筋的近似计算方法，就是先算出该板的水平面积，然后将面积开平方根求出一个正方形的边长，用边长除以钢筋间距算出单向布筋根数后，再用近似公式计算出钢筋总长度（板两端头钢筋的增加长度 l_m，同三角形板）。

设：不规则板面积为 S

正方形边长为 b，$b=\sqrt{S}$

钢筋间距为 a

钢筋单向布筋根数为 n，$n=\dfrac{b}{a}$

钢筋直径为 d

钢筋总长度为 $\sum l$，则：

$$\sum l=b(2n+1)+l_m \tag{3-81}$$

当钢筋直径为 $\phi6\sim\phi10$ 时，板两端头钢筋的增加长度 l_m，按下式计算：

简支板： $$l_m=14(n+3)d \tag{3-82}$$
固端板： $$l_m=75(n+3)d \tag{3-83}$$

【例 3-18】 将前面的举例，用钢筋近似公式对比计算。

【解】（1）三角形板钢筋计算

已知：板底宽为 4.6m，板高为 3.6m，板底布筋为 $\phi8@200$ 双向。

三角形板面积 $$S=\frac{1}{2}\times4.6\times3.6=8.28\text{m}^2$$

正方形边长 $$b=\sqrt{8.28}=2.877\text{m}$$

钢筋单向根数 $$n=\frac{2.877}{0.2}=14.39\text{ 根}$$

钢筋增加长（简支板）$l_m=14(14.39+3)\times0.008=1.95\text{m}$

$\phi8$ 钢筋总长度： $\sum l=2.877(2\times14.39+1)+1.95=87.63\text{m}$

前面三角形板计算的 $\phi8$ 钢筋长度为 87.15m，用近似法计算的钢筋长度为 87.63m，后者比前者长 0.48m，误差率为 5.5‰。

【解】（2）梯形板钢筋计算

已知：板上宽为 3.0m，下宽为 4.8m，板高为 3.45m，板底布筋为 $\phi10@150$ 双向。

梯形板面积 $$S=\frac{3.45(3.0+4.8)}{2}=13.46\text{m}^2$$

正方形边长 $$b=\sqrt{13.46}=3.67\text{m}$$

钢筋单向根数 $$n=\frac{3.67}{0.15}=24.47\text{ 根}$$

钢筋增加长（简支板）$l_m=14(24.47+3)\times0.01=3.85\text{m}$

$\phi10$ 钢筋总长度： $\sum l=3.67(2\times24.47+1)+3.85=187.13\text{m}$

前面梯形板计算的 $\phi10$ 钢筋长度为 187.5m，用近似法计算的钢筋长度为 187.13m，后者比前者少 0.37m，误差率为 1.97‰。

通过用以上两种方法计算比较，实践证明用近似法计算不规则板钢筋，不但简便，而且较为精确，因此，在实际工作中应优先采用该方法计算。

3.5.6 圆形网片钢筋计算

圆形网片钢筋的计算方法，是根据勾股定理，分别计算出每根钢筋长度后，减去保护层，再加上弯钩长度。

网片筋的长度与其排列方法有关。在同一直径、同一分布间距的圆形构件中，排列方法不同，网片筋的总长度也不相同。为了确保排列方法达到最优，必须要满足以下先决条件：

在排列时要保证最边缘的钢筋离圆切点的边距 a' 必须大于零，同时还要小于钢筋间距 a；在间距不变的条件下，要保证排列的根数为最多。

1. 排列方法的确定

排列方法分对称排列与非对称排列。

对称排列：就是以圆心为中心点，两边第一根钢筋在距圆心二分之一间距处排列，其他钢筋均按等间距排列；见图 3-47（a）。

非对称排列：就是第一根钢筋排列在圆心处，其他钢筋排列时依次在圆心两边按等间距排列，见图 3-47（b）。

对称排列与非对称排列的确定：用圆直径 D 除以网片间距 a，如有小数应四舍五入。除得的商是偶数时为对称排列，是奇数时则为非对称排列。

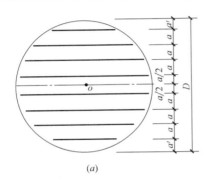
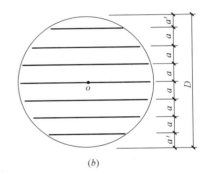

图 3-47

（a）对称排列；（b）非对称排列

2. 网片钢筋长度计算

（1）对称排列计算

设：圆直径为 D，单向排列根数为 n，网片间距为 a，钢筋直径为 d，所需要解三角形方程的总项数为 k，而且 $k=\dfrac{n}{2}\geqslant 1$，则：

双向网片筋总长度：

$$\sum l=4a\cdot\sum_{i=1}^{K}\left[\sqrt{n^2-1^2}+\cdots\cdots+\sqrt{n^2-(2k-1)^2}\right]+l_{\mathrm{m}} \tag{3-84}$$

$$l_{\mathrm{m}}=2n(12.5d-0.05)$$

当钢筋直径为 $\phi 8\sim\phi 12$ 时，$l_{\mathrm{m}}=15nd$

【例 3-19】 有一圆形井桩承台，直径 D 为 1.2m，网片筋设计间距为 $\phi 10@200$，求该网片筋总长度。

【解】 $n=\dfrac{1.2}{0.2}=6$ 根 为对称排列

$k=\dfrac{6}{2}=3$ 解 3 项方程

Φ10 网片筋总长度：

$$\sum l = 4 \times 0.2(\sqrt{6^2-1^2}+\sqrt{6^2-3^2}+\sqrt{6^2-5^2})+15 \times 6 \times 0.01 = 12.44 \text{m}$$

钢筋边距 a' 验证：$a' = \dfrac{D}{2} - 2.5a = \dfrac{1.2}{2} - 2.5 \times 0.2 = 0.1 \text{m}$

因此，$(0 < a' < a)$ 满足先决条件。

（2）非对称排列计算

设：圆直径为 D，单向排列根数为 n，网片间距为 a，钢筋直径为 d，所需解三角形方程的总项数为 k，而且 $k = \dfrac{n-1}{2} \geq 1$

双向网片筋总长度：

$$\sum l = 4a \sum_{i=1}^{K}(\sqrt{n^2-2^2}+\cdots\cdots+\sqrt{n^2-4k^2})+2D+l_m \tag{3-85}$$

【例 3-20】 另有一圆形井桩承台，直径 D 为 1.3m，网片筋设计间距为Φ8@150，求该网片筋总长度。

【解】 $n = \dfrac{1.3}{0.15} = 8.67 \approx 9$ 根　　　为非对称排列

$k = \dfrac{9-1}{2} = 4$　　　　　　　　　解 4 项方程

Φ8 网片筋总长度：

$$\sum l = 4 \times 0.15(\sqrt{8.67^2-2^2}+\sqrt{8.67^2-4^2}+\sqrt{8.67^2-6^2}+\sqrt{8.67^2-8^2})$$
$$+2 \times 1.3 + 15 \times 8.67 \times 0.008 = 19.08 \text{m}$$

钢筋边距 a' 验证：$a' = \dfrac{D}{2} - 4a = 0.05 \text{m}$

因此，$(0 < a' < a)$ 满足先决条件。

3. 注意事项

（1）钢筋排列根数 $n = \dfrac{D}{a}$，若圆直径 D 不能被钢筋间距 a 整除，商有小数时，在式中应保留两位小数计算。但在判别钢筋排列方式时，要将小数部分四舍五入成整数，当为偶数时为对称排列，当为奇数时为非对称排列。式中的 n 虽然有小数，但钢筋实际排列根数应为整数。如前面举例中，$n = \dfrac{1.3}{0.15} = 8.67$，在判别排列方式时将 8.67 进为整数 9，因此，可判别它是非对称排列，但在式中计算时，n 应取 "8.67" 而不是 "9"。

（2）在计算钢筋排列根数时，$n = \dfrac{D}{a}$，既不能加 "1"，也不能减 "1"，如果加 "1"，则圆形构件最外边的两根钢筋必然在圆的切点上，长度为零，没有意义；如果减去 "1"，则圆形构件不但少两根钢筋，而且排列在最外边的两根钢筋距圆切点的距离，肯定与钢筋间距相等，这不是最优的排列方法。最优的排列方法是圆形构件排列在最边的两根钢筋距圆切点的距离，必须大于零，同时还要小于钢筋间距，该论点在前面举例中已经得到验证。

为了方便计算，现将不同井桩直径，及常用网片筋的规格型号与间距，用公式计算后，将每块网片筋长度用量，用表格形式列出（见手册，表A4），以便随时查用。只要知道井桩直径，及网片筋的规格与间距，就可以直接利用表中数值进行计算。

3.5.7 构造柱钢筋计算

在砖混结构中，构造柱的钢筋是根据抗震设防要求设置的，其通常做法是采用国标图集 04G329-3 中的有关节点及说明。

根据构造要求，柱与圈梁在每一楼隔层处连结，其竖向主筋在节点上端设置搭接长度（见图 3-48），同时在屋盖的圈梁顶部与基础底部设置锚固长度（见图 3-49、图 3-50）。柱的箍筋间距一般为 Φ6@200~250，加密区间距为 Φ6@100。加密区范围：基础及楼隔层，在柱与圈梁的连结处，圈梁以下加密区为 500mm，圈梁以上加密区高度同竖向主筋的搭接长度。

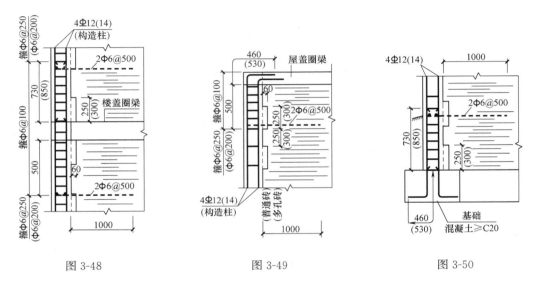

图 3-48   图 3-49   图 3-50

根据柱的配筋特点及相关规定，将柱的钢筋分别按不同层高不同区段计算，然后折算成延米柱高的钢筋含量，编制成"构造柱延米高钢筋量表"，见（手册）表 A7，钢筋计算时，按柱截面尺寸、主筋的规格型号及箍筋间距，直接在表中查取相应的钢筋含量填入表 B4-01 中，乘以各区段柱高计算。

现浇（　　）钢筋工程量计算表（一）   表 B4-01

工程名称：

项目名称	单位	数量	钢筋用量(m)											
			单量	合量	单量	合量	单量	合量	单量	合量	单量	合量	单量	合量

1. 方法与步骤

（1）按不同截面尺寸及主筋规格型号，统计柱根数（按计算混凝土工程量时统计的根数为准）。

（2）将柱通高划分为基础、主体、女儿墙三个区段，并计算出各区段的高度。其中，基础柱高为室内±00至砖基础底部的深度；主体柱高为室内±00至屋面板顶的高度；女儿墙柱高为屋面板顶至女儿墙压顶下的高度。

（3）将相同截面配筋柱的根数，分别乘以基础、主体、女儿墙区段的高度按顺序填入（手册）表B4-01中"数量"一栏内。需要说明的是，各区段高度与柱根数相乘，在表中"数量"一栏内只列计算式，而不是二者的积，假设有20根柱，基础柱高为2m，可写成"2.0×20"（列计算式的目的是便于对计算过程进行快速核对）。

（4）根据柱截面尺寸、主筋和箍筋的规格型号，查"构造柱延米高钢筋量表"（表A7），将相同区段相同配筋的钢筋含量，填入（手册）表B4-01中，相应的"单量"一栏内。

（5）用柱"根数"乘以钢筋的"单量"，等于钢筋的"合量"，将不同型号的钢筋"合量"相加，计算出钢筋总长度与重量合计。

2. 实例计算

【例3-21】 试计算某小区单层办公房（见图3-25），构造柱钢筋总用量。

【解】 从图中得知：构造柱截面为240×240mm，混凝土强度等级为C20，主筋为4Φ12，箍筋间距为ϕ6@250，节点选用国标04G329-3图集。

区段　　　　柱高　　　　　　　　　主筋规格型号

基础：　　　0.9－0.2＝0.7m　　　4Φ12，8根

主体：　　　3.6＋0.6＝4.2m　　　4Φ12，8根

将区段柱高及相应根数填入（手册）表B4-01中，查（手册）表A7，再将相同柱截面、相同区段、相同规格型号的钢筋用量，填入（手册）表B4-01中的相应栏内，经计算，构造柱钢筋总用量为233.2kg，详见表3-18。

现浇（构造柱）钢筋工程量计算表（一）　　　　　　　　　　表3-18

工程名称：××单层办公房

项目名称	单位	数量	钢筋用量(m)											
			ϕ6		Φ12									
			单量	合量	单量	合量	单量	合量	单量	合量	单量	合量	单量	合量
基础4Φ12	m	0.7×8	5.98	33.5	6.38	35.7								
主体4Φ12	m	4.2×8	6.14	206.3	4.97	167								
长度合计(m)：				239.8		202.7								
重量合计(kg)：				53.2		180.0								

3.5.8 圈梁钢筋计算

《建筑物抗震构造详图》（以下简称：《构造详图》）04G329-3中，圈梁钢筋的设置，是按抗震设防烈度进行构造配筋的。该构造详图中有板底圈梁、板平圈梁和高低圈梁三种形式的圈梁配筋。但是在工程中，经常采用的是板底圈梁和高低圈梁两种设计做法。在相

同截面相同配筋方案中，板底圈梁和高低圈梁的钢筋计算是没有区别的，不同之处是这两种圈梁的节点构造在无构造柱时，钢筋的锚固和附加筋的设置有所不同。根据构造要求，板底圈梁在拐角处设置的有斜箍筋、八字筋，同时将两边主筋锚固在节点中（见图3-51、图3-52）。而高低圈梁则不同，除了在纵横轴相交的拐角和T形节点处配置与板底圈梁相同的附加筋外，还要另外增设用于局部（节点两边各250mm内）加强的附加钢筋（见04G329-3《构造详图》15、29页）。

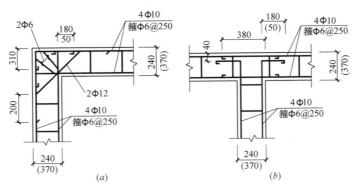

图 3-51　板底圈梁（无构造柱）节点
（a）墙转角；（b）纵横墙链接

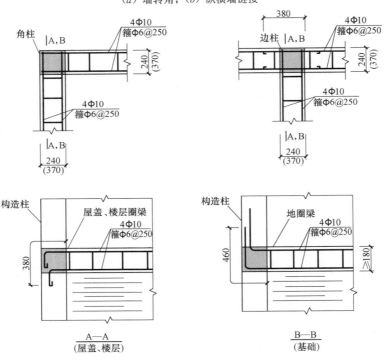

图 3-52　板底圈梁（有构造柱）节点
（a）墙转角；（b）纵横墙链接

圈梁钢筋的计算长度，外墙按中心线长度计算，内墙按净长度计算。不同截面不同配筋的圈梁，应分别不同截面和钢筋的规格型号按分段长度计算。

根据圈梁的常规做法及国标 04G329-3《构造详图》的构造要求，将圈梁按不同截面及配筋分别计算出单位长度的主筋及箍筋含量，编制成"圈梁延米长钢筋量表"见（手册）表 A8-01（表中钢筋的规格型号按常规做法，编制了 HPB235 级和 HPB335 级两种配筋的含量供选择）、表 A8-02；再根据圈梁拐角及 T 形接头的构造要求，按"个"计算出不同配筋的圈梁节点附加钢筋用量，编制成"圈梁节点附加钢筋量表"见（手册）表 A8-03～表 A8-06。钢筋计算时，按圈梁截面尺寸、主筋规格型号、箍筋间距，查取表中相应的钢筋含量，填入（手册）表 B4-01 中，乘以各分段长度和拐角、T 形接头个数计算。

1. 方法与步骤

（1）计算圈梁不同截面的分段长度（按圈梁混凝土的分段长度调整计算）。由于圈梁的主筋通过构造柱，因此，内外主圈梁应在原分段长度上加上构造柱的截面边长。阳台挑梁和尾梁钢筋，在计算阳台钢筋时已包括在内，因此，圈梁中不再计算。

（2）统计圈梁的拐角和 T 形接头个数（阳台尾梁、挑檐压梁不统计 T 形接头个数）。

（3）统计洞口圈过梁的接头个数（每个洞口算 1 个接头，没有接头的不计算）和阳台圈梁的接头个数（每个阳台算 2 个接头，没有接头的不计算）。

（4）计算洞口加筋长度。洞口加筋长度，等于需要加筋的洞口圈过梁长度乘以相应楼层数。

（5）将不同截面的圈梁分段长度、拐角及 T 形接头个数，洞口圈过梁的接头个数，阳台圈梁的接头个数，填入（手册）表 B4-01 中"数量"一栏内。

（6）按圈梁的截面、主筋型号及箍筋间距，查（手册）表 A8-01～表 A8-06，将相同截面的主筋和箍筋用量、拐角和 T 形节点的钢筋锚固长度和附加筋用量，填入（手册）表 B4-01 中相应钢筋型号的"单量"一栏内；将洞口的加筋总长度直接填入表中相应筋号的"合量"一栏内；用表中"数量"乘以钢筋的"单量"，等于钢筋"合量"，再分别将各栏的"合量"相加，计算出各型号钢筋的总长度与重量合计。

2. 实例计算

【例 3-22】 试计算某小区单层办公平房（见图 3-25），圈梁钢筋工程量。

【解】 已知：圈梁混凝土为 C20，主筋采用 4Φ12，箍筋为Φ6@200，节点选用国标 04G329-3 图集。

1）屋面圈梁分段长度（见第 3 章，3.3.5 节）

（1）挑檐压梁（YL24-451）　　　　　$3.12 \times 6 = 18.72$m

（2）挑檐梁（TYL45-28a）　　　　　18.9m

（3）主圈梁（240×250）　　　　　$2.88 \times 4 + 18.9 = 30.4$m

（4）异形圈梁（240×250）　　　　　$2.88 \times 2 = 5.76$m

2）附加钢筋

（1）圈梁拐角接头　　　　　　　　4×1（层）$= 4$ 个

（2）T 形接头　　　　　　　　　　4×1（层）$= 4$ 个

（3）Ⓑ轴洞口加 1Φ12 通筋　　　19.14m

将以上圈梁分段长度、拐角及 T 形接头个数，填入（手册）表 B4-01 中相应栏内，查（手册）表 A8-01、表 A8-04，将相同截面的单位钢筋用量及附加筋含量填入（手册）表 B4-01 中的相应栏内，经计算圈梁钢筋工程量为 995.7kg，详见表 3-19。

现浇（圈梁）钢筋工程量计算表（一）　　　　　　表 3-19

工程名称：××单层办公房

项目名称	单位	数量	钢筋用量（m）												
			Φ6		Φ8		Φ12		Φ12		Φ18			
			单量	合量	单量	合量	单量	合量	单量	合量	单量	合量	单量	合量
1. 屋面圈梁														
TYL45-28a	m	18.9							13.55	256.1	10.12	191.3		
YL24-451	m	18.72			8.72	163	2.29	42.9	4.74	88.7				
主圈梁 240×250	m	30.42	4.7	143			4.0	122						
异形圈梁 240×250	m	5.76	5.95	34.3			5.0	28.8						
2. 附加钢筋														
圈梁拐角	个	4					2.4	9.6						
T型接头	个	4					1.68	6.7						
洞口加筋	m	19.14							19.14					
长度合计:	m			177.3		163		210		364		191.3		
重量合计:	kg			39.4		64.4		186.5		323.2		382.2		995.7

3.5.9　框架柱钢筋计算

框架柱的钢筋计算，关键在箍筋计算上，特别是有些复合箍筋，计算起来相当烦琐，但是有了"方柱复合箍筋长度表"（见手册，表 A5-02）后，利用查表来计算箍筋用量，从而使框架柱的钢筋计算变得简单快捷。

1. 方法与步骤

（1）按柱的编号，分层统计柱的根数。并将柱号、截面配筋完全相同的楼层，另作标注：如八层框架，其中第三、四、五层相同，标注为："三～五层柱号配筋相同"，再注上起止标高，以便下一步在列表计算钢筋数量时，直接乘以相同的楼层数。

（2）分层将柱的根数，按编号顺序填入（手册）表 B4-02 中相应栏内。

（3）根据箍筋间距和柱的高度，直接在计算器上算出箍筋根数，填入（手册）表 B4-02中相应钢筋型号的"根数"一栏内。

（4）根据柱截面和箍筋形式，查"方柱复合箍筋长度表"，（手册）表 A5-02，（表中没有的截面及箍筋形式，要按实计算）将相应钢筋型号的箍筋长度，填入（手册）表 B4-02中"单筋"一栏内。

现浇（　　）钢筋工程量计算表（二）　　　　　　表 B4-02

工程名称：

构件编号	单位	数量	筋号	钢筋小样	钢筋用量（m）											
					根数	单筋	合长	根数	单筋	合长	根数	单筋	合长	根数	单筋	合长

（5）分规格型号将竖向主筋的图示长度及根数，分别填入（手册）表 B4-02 中相应栏内。

（6）用计算器计算

将柱的"数量"分别乘以钢筋"根数"和"单筋"长度，算出钢筋的"合长"，最后将每一栏的钢筋"合长"相加，算出不同规格型号的钢筋总长度与重量合计。

2. 实例计算

【例 3-23】 某办公楼，底层框架柱截面尺寸及配筋如图 3-53 所示，柱的数量及箍筋区段高度，见表 3-20，试计算底层框架柱钢筋工程量。

底层框架柱配筋表 表 3-20

柱号	单位	数量	截面尺寸(mm)	主筋规格	箍筋规格	箍筋区段(mm)		
						h_1	h_2	h_3
Z-1	根	6	600×600	8Φ22	8	800	2200	1200
Z-2	根	12	600×600	4Φ25+8Φ22	8	800	1900	1500
Z-3	根	8	700×700	4Φ25+12Φ22	10	900	1800	1500
Z-4	根	10	500×500	12Φ22	8	800	2100	1300
Z-5	根	8	700×700	12Φ25	10	900	1800	1500
Z-6	根	4	500×500	8Φ22	8	700	2300	1200

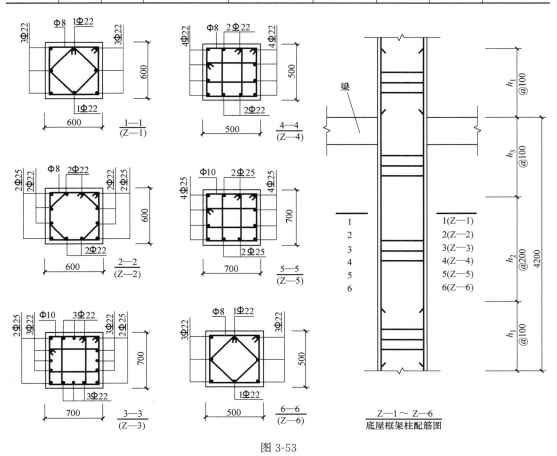

图 3-53

【解】 箍筋根数，按分布间距沿柱高计算。箍筋长度，按柱截面和箍筋形式，查（手册）表 A5-02 中相应型号的箍筋长度。

箍筋根数及长度：

Z-1	32Φ8	4.157m
Z-2	34Φ8	4.395m
Z-3	34Φ10	7.25m
Z-4	32Φ8	4.791m
Z-5	34Φ10	6.805m
Z-6	32Φ8	3.474m

按柱的编号顺序，将柱中各竖向主筋的图示长度及根数，箍筋的长度及根数，分别填入（手册）表 B4-02 中各相应栏内，经计算底层框架柱钢筋工程量为 13494kg。钢筋各型号用量，详见表 3-21。

现浇（框柱）钢筋工程量计算表（二）　　　　表 3-21

工程名称：××办公楼

构件编号	单位	数量	钢筋用量(m)											
			Φ8			Φ10			Φ22			Φ25		
			根数	单筋	合长	根数	单筋	合长	根数	单筋	合长	根数	单筋	合长
Z-1	根	6	32	4.157	798				8	5.0	240			
Z-2	根	12	34	4.395	1793				8	5.0	480	4	5.0	240
Z-3	根	8				34	7.25	1972	12	5.1	490	4	5.1	163
Z-4	根	10	33	4.79	1581				12	5.0	600			
Z-5	根	8				34	6.8	1850				12	5.1	490
Z-6	根	4	32	3.47	444				8	4.9	157			
长度合计：	m				4616			3822			1967			893
重量合计：	kg				1823			2358			5870			3443
钢筋总重：	kg	13494												

3.5.10 有梁板钢筋计算

有梁板一般为非标准设计，钢筋计算比较烦琐。如果按传统方法计算，其弊病主要是：钢筋要逐一按编号列式计算，所有构件的钢筋最后还要分规格型号统计汇总。这一过程既费工又耗时，弄不好容易出现差错。下面介绍一种新的计算方法，即列表计算法。此方法不但简单、快捷，并且便于核对，同时还省去了钢筋按规格型号统计汇总这道工序。此方法可用于各种现浇构件的钢筋计算。

1. 方法与步骤

（1）统计梁板数量，按编号顺序填入（手册）表 B4-02 中相应栏内。

（2）按筋号顺序作小样图，并将图示筋长标注在小样图上（小样图只作简单的示意图即可。对于熟练计算者，弯起钢筋只标注总长，勿需分直段、斜段标注）。

（3）按筋号顺序，直接在计算器上算出钢筋根数和图示筋长，分别填入（手册）表 B4-02 中"根数"和"单筋"一栏内。

（4）用有梁板"数量"分别乘以钢筋"根数"和"单筋"长度，算出钢筋的"合长"，最后将每一栏的"合长"相加，算出不同规格型号的钢筋总长度与重量合计。

2. 实例计算

【例3-24】 试计算某公司办公楼（见图3-29），B-1板钢筋工程量。

【解】 B-1板为卫生间现浇板，数量为4块。将梁板数量、各筋号长度及根数按顺序填入（手册）表B4-02中相应栏内，经计算钢筋工程量为769.1kg，各规格型号的钢筋用量详见表3-22。

现浇（有梁板）钢筋工程量计算表（二）　　　　　　　　表3-22

工程名称：××办公楼

构件编号	单位	数量	筋号	钢筋小样	钢筋用量(m)								
					Φ6			Φ8			Φ14		
					根数	单筋	合长	根数	单筋	合长	根数	单筋	合长
B-1	块	4	①	6340				22	6.34	558			
			②	3400				40	3.4	544			
			③	65 920 65				98	1.05	412			
			④	65 1600 65				11	1.73	76.1			
			⑤	3490							2	3.49	27.9
			⑥	3590				2	3.59	28.7			
			⑦	250 70	19	0.8	60.8						
				6080 分布筋	10	6.08	243						
				1780 分布筋	18	1.78	128.2						
			长度合计：(M)				432			1619			27.9
			重量合计：(kg)				96.0			639.4			33.7

3.5.11 墙体拉结筋计算

墙体拉结筋，分有构造柱墙体拉结筋和无构造柱墙体拉结筋两种做法。有构造柱墙体拉结筋，节点配筋分四种形式，即L形、T形、十字形、一字形，见图3-54；无构造柱墙体拉结筋，根据节点部位不同，又分为墙角拉结筋和后砌隔墙拉结筋，见图3-55。在实际工程中，墙体拉结筋由于在平面上受门窗洞口的限制，节点标准筋长凡是大于窗间墙或窗边墙宽的在门窗洞口边都要截断。因而，在拉结筋计算时要用节点标准筋长减去钢筋在门窗洞口边的截断长度，按压入墙体内的实际筋长计算。

1. 方法与步骤

（1）按构造柱截面及不同节点形式，分别统计柱根数，并计算出总柱高（利用计算混凝土时的柱高及根数）。

（2）用（手册）表A6-01中节点与施工图相应节点对照，若表中节点纵向钢筋长度大于窗间墙宽的（长度小于窗间宽的不计算），用计算器算出二者之差，按"M＋"键，

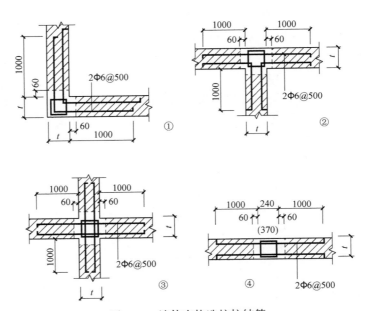

图 3-54　墙体有构造柱拉结筋
①L 形接头拉筋；②T 形接头拉筋；③十字接头拉筋；④一字形拉筋

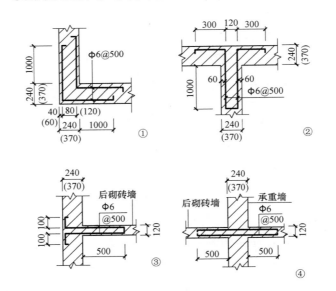

图 3-55　墙体无构造柱拉结筋
①L 形接头拉筋；②T 形接头拉筋；③T 形后砌隔墙拉筋；④十字后砌隔墙拉筋

将二者之差储存在计算器中。按顺时针方向将每个节点都用前面方法逐一计算，当完成后再按显示储存"MR"键，将储存在计算器中的总长度差，乘以钢筋调减系数，和主体柱高，计算出洞口边拉结筋调减量。

（3）用基础构造柱根数，分别乘以相应节点的拉结筋标准用量，再乘以基础柱高，计算出基础拉筋用量（当基础拉筋形式与主体相同时，柱高合并计算）；

用主体构造柱根数，分别乘以相应节点的拉结筋标准用量，再乘以主体柱高，计算出主体拉筋用量；

用女儿墙构造柱根数，分别乘以相应节点拉结筋标准用量，再乘以女儿墙柱高，计算出女儿墙拉筋用量。

拉结筋实际用量＝基础拉筋用量＋主体拉筋用量＋女儿墙拉筋用量－洞口拉筋调减量。

2. 实例计算

【例3-25】 试计算某小区单层办公房，墙体拉结筋用量（见图3-25）。

【解】 该工程拉结筋设计间距为2Φ6@500，作法选用04G329-3中相应节点。

从图3-25中得知：构造柱总高为4.9m（含基础和女儿墙高）；主体柱高为3.6m；图中L形节点为4个，T形节点为4个。

（1）构造柱墙体拉结筋计算

用（手册）表A6-01中节点标准筋长减去图3-25中，底层平面图中窗间墙和窗边墙长度之差为3.59m。

查（手册）表A6-01：L形节点拉结筋标准量为7.81m，T形节点拉结筋标准量为10.75m，拉结筋调减系数为3.2m。

L形节点4个　　　　　7.81×4×4.9＝153m

T形节点4个　　　　　10.75×4×4.3＝184.9m

洞口边调减　　　　　－3.59×3.2×3.6＝－41.4m

合计：296.5m

（2）无构造柱墙体拉结筋计算

240墙T形节点4个，墙高4.3m，查（手册）表A6-02（节点②），拉结筋标准量为5.12m；120墙T形节点2个，墙高3.6m，查（手册）表A6-02（节点③）拉结筋标准量为2.75m。

T型拉结筋长度　　5.12×4×4.3＋2.75×2×3.6＝107.9m

拉结筋总长度＝296.5＋107.9＝404.4m

Φ6拉结筋总重量＝404.4×0.222＝89.8kg

3.6　定型构件混凝土、钢筋工程量计算

3.6.1　钢筋混凝土住宅楼梯

本节介绍的住宅楼梯混凝土、钢筋工程量计算方法，是将陕09G06图集中各型号楼梯的水平投影面积及各构件的钢筋含量，分层计算后，编制成工程量数表，工程量计算时，采取按"层"查表计算的一种快捷方法。

1. 方法与步骤

1）编制楼梯工程量数表

（1）楼梯分层投影面积计算

楼梯混凝土工程量，等于楼梯分层投影面积之和。楼梯分层投影面积，按该楼梯间四周主墙之间的水平投影面积，减去楼层连接梁边的过道板（XB1）面积计算。楼梯水平投影面积中包括：休息平台（XB2）、平台梁（TL2）、踏步板（TB1～TB4）和楼梯的连接

梁（TL1、TL3、TL4）在内。

图 3-56 ，楼梯型号为 T2451-28，分层投影面积为：

底层：$(2.4-0.24)(5.1-0.24-1.27)-1.03×0.03=7.72m^2$

标准层：$(2.4-0.24)(5.1-0.24-1.3)=7.69m^2$

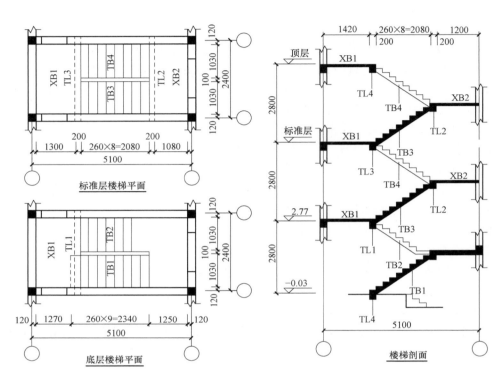

图 3-56　楼梯结构图

（2）楼梯构件分层钢筋计算

单元楼梯可分为"底层"和"标准层"，从图 3-56 中可以看出，底层楼梯中包括：TL1、TL4、TB1、TB2、XB1（投影面积中不包括 XB1 板，但钢筋工程量中应将 XB1 板计算在内）等 5 个构件；标准层楼梯中包括：TL2、TL3、TB3、TB4、XB1、XB2 等 6 个构件在内。"底层"和"标准层"楼梯的钢筋含量，按表 3-23 计算汇总。

（3）将各型号楼梯的分层投影面积及钢筋含量，按以上方法计算后，编制成"住宅楼梯混凝土、钢筋分层量表"（见手册，表 A12）。

（T2451-28）楼梯分层钢筋工程量计算表 表 3-23

构件名称	单位	数量	钢筋用量（kg）				
			Φ6	Φ8	Φ10	Φ12	Φ14
1. 底层楼梯							
TL1 梁	根	1	3.83	2.27			6.64
TL4 梁	根	1	3.48	2.27		4.83	
TB1 板	块	1	10.5	10.76		48.84	

续表

构件名称	单位	数量	钢筋用量(kg)				
			Φ6	Φ8	Φ10	Φ12	Φ14
TB2 板	块	1	7.39	8.04		33.56	
XB1 板	块	1	13.73	8.01			
合计	kg		38.93	31.35		87.23	6.64
2 标准层楼梯							
TL2 梁	根	1	3.48	2.27	3.33	2.42	
TL3 梁	根	1	3.48	2.27	3.33	2.42	
TB3 板	块	1	4.93	5.39	14.77		
TB4 板	块	1	4.93	5.39	14.77		
XB1 板	块	1	13.73	8.01			
XB2 板	块	1	11.2	6.97			
合计	kg		41.75	30.3	36.2	4.84	

定型构件混凝土、钢筋工程量计算表　　　　　　表 B5

工程名称：

构件名称	单位	构件数量	混凝土体积 m³ (投影面积 m²)		钢筋用量（kg）							
			单量	合量	单量	合量	单量	合量	单量	合量	单量	合量

2）计算"底层"和"标准层"楼梯总层数

"底层"和"标准层"楼梯总层数，应分别不同开间、进深、层高和型号按楼梯自然层计算，当各单元楼梯型号相同时，按标准单元的自然层数乘以单元个数计算。

3）将图中计算的"底层"和"标准层"楼梯总层数，填入（手册）"定型构件混凝土、钢筋工程量计算表"（表 B5）中，"构件数量"一栏内；查，（手册）"住宅楼梯混凝土、钢筋分层量表"（表 A12），将表中相应型号的楼梯水平投影面积及钢筋含量，填入（手册）表 B5 中，相应的"单量"一栏内，分别乘以"底层"和"标准层"楼梯总层数计算。

2. 举例计算

【例 3-26】 某小区住宅楼，见图 3-57，楼梯结构设计采用陕 09G06 图集中的 T2454-28 型号，试计算该工程的楼梯水平投影面积和钢筋总用量。

【解】 该单元楼梯开间为 2.4m，进深为 5.4m，层高为 2.8m，总层数为 3 层，其中底层为 1 层，标准层为 2 层，该工程为两个单元，底层和标准层楼梯总层数计算如下：

$$底层总层数 = 1 \times 2 = 2 层$$

$$标准层总层数 = 2 \times 2 = 4 层$$

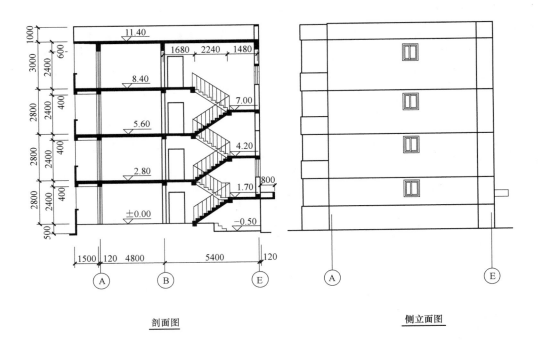

剖面图   侧立面图

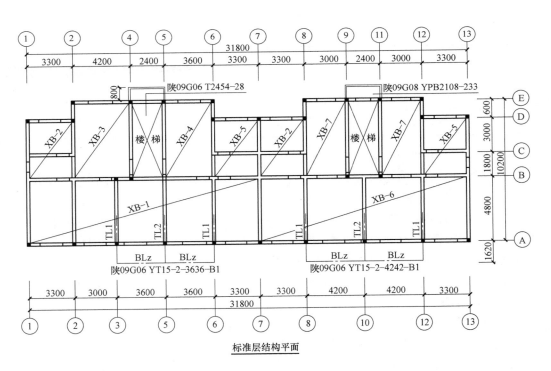

标准层结构平面

图 3-57

分别将"底层"和"标准层"的楼梯总层数，填入表 B5 中"构件数量"一栏内；查（手册）表 A12，将型号为 T2454-28 的楼梯，"底层"及"标准层"水平投影面积及钢筋含量，填入表 B5 中相应栏内，经计算楼梯水平投影总面积为 49.20m²，钢筋总用量为 885.0kg。详见表 3-24。

定型构件混凝土、钢筋工程量计算表　　　　　　　　表 3-24

工程名称：××住宅楼　　　　　　混凝土：C20

构件名称	单位	构件数量	混凝土体积 m³ (投影面积 m²)		钢筋用量（kg）							
					Φ6		Φ8		Φ10		Φ12	
			单量	合量	单量	合量	单量	合量	单量	合量	单量	合量
楼梯 T2454-28												
底层	层	2	8.186	16.37	45.4	90.8	36.79	73.6			106.2	212.4
标准层	层	4	8.208	32.83	46.97	187.9	33.97	135.9	41.34	165.0	4.84	19.4
				49.2		278.7		209.5		165.0		231.8

3.6.2　钢筋混凝土挑檐

在砖混结构屋盖中，挑檐通常采用压梁式设计。压梁式挑檐（以下简称挑檐）由三种构件组成，即挑檐、挑檐梁和挑檐压梁。挑檐梁，即设置在屋盖外墙上，直接承受挑檐荷载的圈梁。挑檐压梁，即设置在挑檐尾部（内墙上），防止挑檐倾覆起平衡作用的梁。挑檐，即挑檐梁上部伸出的悬板，主要起平面遮挡作用，挑檐由水平板和端部的竖向栏板组成（见图 3-58）。

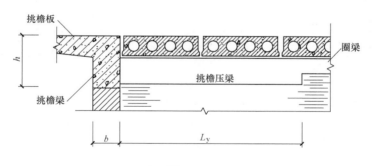

图 3-58

挑檐根据平面遮盖部位不同，挑出的宽度也不同。普遍挑檐，即屋盖四周通长设置的挑檐，挑出宽度一般为 600mm 和 800mm；设置在阳台上的挑檐，挑出宽度一般为 1200mm、1500mm、1800mm。

挑檐根据其栏板形状不同，分下列三种形式：即平板挑檐、直翻挑檐和斜翻挑檐。平板挑檐就是端部无栏板的挑檐（见图 3-59a），一般用于无组织排水的简易厂、库房和附属建筑的屋盖结构；直翻挑檐，即端部的栏板是竖直的（见图 3-59b），栏板高度一般为 300mm、500mm、700mm；斜翻挑檐，即端部的栏板上部是向内倾斜的（见图 3-59c），栏板高度一般为 400mm、600mm、800mm。一般民用建筑物设计上为了丰富立面效果，通常采用直翻和斜翻挑檐。

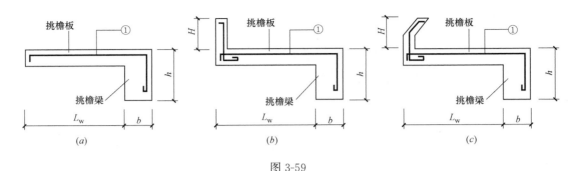

图 3-59

(a) 平板挑檐；(b) 直翻挑檐；(c) 斜翻挑檐

挑檐的混凝土、钢筋工程量计算起来比较烦琐，因为挑檐、挑檐梁、挑檐压梁这三种构件的型号较多，配筋也相对复杂，特别是挑檐拐角的附加钢筋（见图 3-60）计算时很费事，容易出差错。为了方便计算，作者依据陕 09G08 图集中的挑檐构件标准做法，以及挑檐的不同形式，编制了"挑檐混凝土、钢筋量表"（见手册，表 A13），工程量计算时，直接根据挑檐构件编号，查取表中相应的混凝土体积和钢筋含量，乘以构件数量计算。

"挑檐混凝土、钢筋量表"中含八种分表，内容包括：平板、直翻、斜翻三种形式，不同宽度的挑檐、挑檐拐角、阳台上挑檐侧板、挑檐梁和挑檐压梁的混凝土及钢筋量表。

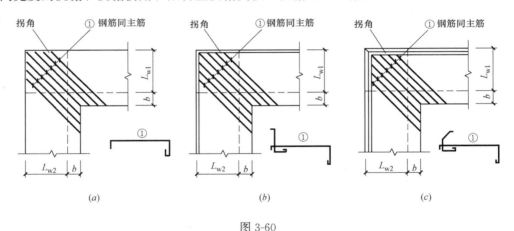

图 3-60

(a) 平板挑檐；(b) 直翻挑檐；(c) 斜翻挑檐

1. 方法与步骤

1）挑檐计算

（1）挑檐长度计算。挑檐包括水平板和栏板在内，其长度应分别不同挑出宽度，栏板高度，挑檐形式和挑檐编号，按延长米计算。阳台上挑檐，长度按阳台开间尺寸加 240mm 计算；普通挑檐，长度按挑檐在外墙上的设置长度计算。如果外墙四周挑檐宽度一致，且为同一编号时，长度按外墙外边线长度 $L_外$ 计算（$L_外$ 长度计算见第 2 章 2.1.1）。

（2）挑檐拐角计算。挑檐的长度中，不含挑檐的拐角，挑檐拐角包括拐角的水平板和两边的栏板在内，应区别不同的组合形式，数量按"个"计算。

（3）阳台上挑檐侧板计算。阳台上的挑檐长度中，不包括两边的侧板，挑檐的侧板应区别不同宽度和高度，数量按"组"计算。两块侧板为一组，不管是单阳台，还是多联阳台，其挑檐上的侧板数量均按一组计算。

（4）挑檐长度、拐角个数以及阳台上的挑檐侧板数量计算完后，分别将其填入（手册）表B5中"构件数量"一栏内。

（5）查工程量数表计算

挑檐，查（手册）表A13-01～表A13-03，表中为每延长米构件的挑檐体积和钢筋含量；挑檐拐角，查（手册）表A13-04和表A13-05，表中为按"个"计算的拐角体积和钢筋含量；阳台上挑檐侧板，查（手册）表A13-06，表中为按"组"计算的侧板体积和钢筋含量。分别将表中相应构件的混凝土体积及钢筋含量，填入（手册）表B5中的相应栏内，乘以构件数量计算。

2）挑檐梁和挑檐压梁计算

挑檐梁和挑檐压梁的混凝土体积，应分别按不同截面尺寸，乘以相应的分段长度与圈梁合并计算。

挑檐梁和挑檐压梁的钢筋工程量计算，应分别按构件编号，计算出不同截面的分段长度，将其填入（手册）表B4-01中，"构件数量"一栏内；挑檐梁钢筋含量，查（手册）表A13-07；挑檐压梁钢筋含量，查（手册）表A13-08，分别将相应构件编号的钢筋含量，填入（手册）表B4-01中相应栏内，与圈梁钢筋合并计算（圈梁钢筋计算，见第3章3.5.8）。

2. 实例计算

【例3-27】　试计算某小区单层办公房（见图3-25），屋盖挑檐混凝土体积及钢筋总用量。

【解】　该工程只有Ⓐ轴有挑檐，宽度为800mm，栏板高500mm为直翻形式。

挑檐型号为TY09a，长度19.14m。

将挑檐长度，填入表B5中"构件数量"一栏内；查（手册）表A13-01，将相应编号的挑檐混凝土单位体积以及钢筋含量，分别填入表B5中相应栏内，经计算，挑檐混凝土体积为1.89m³，钢筋总用量为226kg。详见表3-25。

定型构件混凝土、钢筋工程量计算表　　　　　　　　　　　表 3-25

工程名称：××单层办公房　　　　混凝土：C20

构件名称	单位	构件数量	混凝土体积 m³（投影面积 m²）		钢筋用量（kg）									
					Φ8		Φ10							
			单量	合量	单量	合量	单量	合量	单量	合量	单量	合量	单量	合量
挑檐														
TY09a(800 宽)	m	19.14	0.099	1.89	5.89	113.0	5.92	113.0						
合计：				1.89		113.0		113.0						

3.6.3 钢筋混凝土住宅阳台

阳台按结构类型可分为：板式阳台、梁板式阳台及平衡板式阳台；按平面形式可分为矩形平面、弧形平面、折线形平面。下面介绍的是，陕09G07图集中的板式、梁板式和平衡板式矩形阳台的快速查表计算方法。

1. 方法与步骤

（1）将图集中三种不同结构类型的阳台，按不同挑出宽度（1200mm、1500mm、1800mm），分别单、双联阳台及编号，计算出各阳台"底板"、"栏板"体积及钢筋含量，编制成"住宅阳台混凝土、钢筋量表"（见手册，表A14）。

（2）按阳台编号，分别统计数量。单阳台数量以"个"为单位，双联阳台以"组"为单位统计，然后将阳台（"底板"和"栏板"）数量按编号顺序填入（手册）表B5中，"构件数量"一栏内。

（3）查（手册）"住宅阳台混凝土、钢筋量表"（板式阳台查表A14$_A$；梁板式阳台查表A14$_B$；平衡板式阳台查表A14$_C$；阳台隔板查表A14$_D$），将相应编号的阳台"底板"和"栏板"体积及钢筋含量，分别填入（手册）表B5中相应的"单量"一栏内，乘以阳台数量计算（如果图中栏板不是整体现浇，而采用其他形式的栏板或栏杆时，表中只查取"底板"的量计算，"栏板"则按相应设计另行计算）。

2. 举例计算

【例3-28】 某小区住宅楼，见图3-57，阳台结构采用陕09G07图集，阳台栏板按常规设计整体现浇（栏板尺寸及配筋同"手册"表A14，说明4）。试计算该阳台混凝土体积及钢筋总用量。

【解】 该住宅楼阳台为现浇梁板式阳台，型号为YT15-2-3636-B1、YT15-2-4242-B1两种，数量各为3组。净挑宽度为1500mm，平面形式为矩形，分别为3600mm＋3600mm开间及4200mm＋4200mm开间双联组合。

按阳台型号将数量填入（手册）表B5中"构件数量"一栏内；查（手册）续表A14$_B$-03，分别将阳台的"底板"和"栏板"混凝土体积和钢筋含量填入（手册）表B5中，相应的"单量"一栏内，经计算，该阳台混凝土体积为14.46m³，钢筋总用量为2198.0kg，详见表3-26。

定型构件混凝土、钢筋工程量计算表　　　　　　表3-26

工程名称：××住宅楼　　　混凝土：C20

构件名称	单位	构件数量	混凝土体积 m³（投影面积 m²）		Φ8		Φ12		Φ16		Φ22	
			单量	合量	单量	合量	单量	合量	单量	合量	单量	合量
阳台 YT15-2-4242-B1												
阳台底板	组	3	1.756	5.27	106.6	319.8	32.65	98.0	107.2	321.6	61.56	184.7
阳台栏板	组	3	0.801	2.40	77.82	233.5						
阳台 YT15-2-3636-B1												
阳台底板	组	3	1.547	4.64	95.02	285.0	32.65	98.0	101.5	304.5	47.65	143.0
阳台栏板	组	3	0.718	2.15	70.04	210.0						
合计				14.46		1048.3		196.0		626.1		327.7

3.6.4 钢筋混凝土雨篷

雨篷结构分两部分，即雨篷板和雨篷梁。雨篷板为门洞上方挑出外墙的悬板，雨篷梁为设置在外墙上起平衡作用的压梁。本节介绍的雨篷混凝土、钢筋工程量计算方法，是根据陕09G08图集中的各型号雨篷，将其中的混凝土及钢筋含量按"个"计算后，编制成数表，工程量计算时，直接按雨篷设计型号查取表中的相应数量计算。

1. 方法与步骤

（1）将陕09G08图集中的各型号雨篷，按不同挑出宽度及外墙厚度，分别计算出"雨篷板"（含上翻栏板）、"雨篷梁"的混凝土体积及钢筋含量，编制成"雨篷混凝土、钢筋量表"（见表A11）。

（2）根据施工图中的雨篷设计型号，将其个数填入（手册）"定型构件混凝土、钢筋工程量计算表"（表B5）中，"构件数量"一栏内。

（3）查（手册）"雨篷混凝土、钢筋量表"（表A11），将相应型号的"雨篷板"体积及钢筋含量，分别填入（手册）表B5中相应的"单量"一栏内，乘以雨篷个数计算（雨篷梁体积，并入现浇过梁混凝土工程量中；雨篷板和雨篷梁钢筋合并计算）。

2. 举例计算

【例3-29】 某小区住宅楼，见图3-57，试计算该工程的雨篷混凝土体积及钢筋总用量。

【解】 图中雨篷型号为YPB2108-233，混凝土等级为C20，数量为2个。

查（手册）"雨篷混凝土、钢筋量表"（表A11），将型号为YPB2108-233的"雨篷板"体积及钢筋含量，分别填入（手册）表B5中，经计算雨篷混凝土体积为0.49m³，钢筋总用量为123.0kg，详见表3-27。

定型构件混凝土、钢筋工程量计算表　　　　　　　　　表3-27

工程名称：××住宅楼　　　混凝土：C20

构件名称	单位	构件数量	混凝土体积 m³（投影面积 m²）		钢筋用量（kg）							
					Φ8		Φ12					
			单量	合量	单量	合量	单量	合量	单量	合量	单量	合量
雨篷												
YPB2108-233	个	2	0.247	0.49	39.73	79.0	22.14	44.0				
合计：				0.49		79.0		44.0				

3.6.5 钢筋混凝土过梁

1. 方法与步骤

（1）分别计算出陕09G05图集中，各型号过梁的混凝土体积及钢筋含量，编制成"过梁混凝土、钢筋量表"（见表A9）。

（2）根据结构平面图，按型号逐层统计过梁根数（也可用经复核后的"构件索引表"中过梁根数），将根数汇总后，按顺序填入（手册）"定型构件混凝土、钢筋工程量计算表"（表B5）中，"构件数量"一栏内。

（3）查（手册）"过梁混凝土、钢筋量表"（表A9），将相应型号的过梁体积及钢筋含

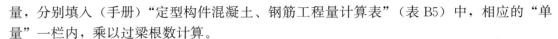

量，分别填入（手册）"定型构件混凝土、钢筋工程量计算表"（表 B5）中，相应的"单量"一栏内，乘以过梁根数计算。

2. 实例计算

【例 3-30】 试计算某小区单层办公房（见图 3-25~D~），预制过梁混凝土体积及钢筋总用量。

【解】 按过梁型号统计构件数量填入表 B5 中，查（手册）"过梁混凝土、钢筋量表"（表 A9），将表中相应型号的过梁体积及钢筋含量，分别填入表 B5 中，经计算过梁混凝土体积为 1.0m³，钢筋总用量为 75.4kg，详见表 3-28。

定型构件混凝土、钢筋工程量计算表 表 3-28

工程名称：××单层办公房　　混凝土：C20

构件名称	单位	构件数量	混凝土体积 m³（投影面积 m²）		钢筋用量（kg）							
					Φ6		Φ8		Φ10		Φ12	
			单量	合量	单量	合量	单量	合量	单量	合量	单量	合量
过梁												
SGLA24183	根	4	0.099	0.40	3.65	13.6			1.48	5.9	4.32	17.3
SGLA24153	根	5	0.086	0.43	2.93	14.7	0.82	4.1	2.59	13.0		
SGLA24102	根	4	0.043	0.17	0.19	0.8	1.24	5.0				
合计：				1.0		30.1		9.1		18.9		17.3

3.6.6 预应力混凝土空心板

1. 方法与步骤

（1）分别计算出陕 09G09 图集中，各型号预应力空心板的混凝土体积及钢筋含量，编制成"预应力空心板混凝土、钢筋量表"（见表 A10）。

（2）根据预应力空心板（以下简称空心板）平面布置，按型号逐层统计汇总空心板块数（也可用经复核后的"构件索引表"中的空心板块数），然后按顺序将其填入"定型构件混凝土、钢筋工程量计算表"（表 B5）中，"构件数量"一栏内。

（3）查（手册）"预应力空心板混凝土、钢筋量表"（表 A10），将相应型号的空心板体积及钢筋含量，分别填入（手册）表 B5 中相应的"单量"一栏内，乘以空心板块数计算。

2. 实例计算

【例 3-31】 试计算某小区单层办公房（见图 3-25~D~），空心板混凝土体积及钢筋总用量。

【解】 从结施图中得知：空心板混凝土等级为 C30，钢筋选用 CRB650 级冷轧带肋钢筋。按过梁型号统计构件数量填入表 B5 中，查（手册）"预应力空心板混凝土、钢筋量表"（表 A10），将表中相应型号的单块预应力空心板体积及钢筋含量，填入表 B5 中，经计算预应力空心板混凝土体积为 7.83m³，钢筋总用量为 553.2kg，详见表 3-29。

定型构件混凝土、钢筋工程量计算表　　　　　　　　　表 3-29

工程名称：××单层办公房　　　　　混凝土：C20

构件名称	单位	构件数量	混凝土体积 m³（投影面积 m²）		钢筋用量（kg）							
					$\Phi^b 4$		$\Phi^R 5$					
			单量	合量	单量	合量	单量	合量	单量	合量	单量	合量
预应力空心板												
YKB3953	块	36	0.142	5.11	0.75	27.0	10.26	369.3				
YKB3963	块	8	0.169	1.35	0.85	6.8	11.47	91.8				
YKB3353	块	9	0.12	1.08			5.11	46.0				
YKB3363	块	2	0.143	0.29			6.14	12.3				
合计：				7.83		33.8		519.4				

3.6.7　混凝土、钢筋工程量汇总

现浇及预制构件的混凝土、钢筋工程量计算完后，需要将各分项工程量，按混凝土强度等级和钢筋的规格型号分类汇总。其目的主要有两个：一是便于定额或清单子目列项；二是便于编制材料明细表。工程量汇总时，构件名称按子目顺序，将各分项工程量，填入（手册）"混凝土、钢筋（铁件）工程量汇总表"（表 B6）中计算。

某小区单层办公房见图 3-25，混凝土、钢筋工程量汇总实例，详见表 3-30。

混凝土、钢筋（铁件）工程量汇总表　　　　　　　　　表 B6

工程名称：

项目名称	混凝土体积（m³）	投影面积（m²）	钢筋（铁件）工程量（kg）							
	强度等级		规格型号							

混凝土、钢筋（铁件）工程量汇总表　　　　　　　　　表 3-30

工程名称：××单层办公房

项目名称	混凝土体积（m³）	投影面积（m²）	钢筋（铁件）工程量（kg）							
	强度等级		规格型号							
	C20		$\Phi^b 4$	$\Phi^R 5$	$\Phi 6$	$\Phi 8$	$\Phi 10$	$\Phi 12$	$\underline{\Phi} 12$	$\underline{\Phi} 18$
构造柱（表 3-13）	2.96				53.2				180.0	
圈梁（表 3-14）	5.26				39.4	64.4		186.5	323.2	382.2
挑檐（表 3-23）	1.89					113.0	113.0			
过梁（表 3-26）	1.0				30.1	9.1	18.9	17.3		
空心板（表 3-27）	7.83	33.8	519.4							
合计：		33.8	519.4	122.7	186.5	131.9	203.8	503.2	382.2	

3.7 砖砌体工程量计算

3.7.1 砖基础计算

砖基础工程量按设计图示尺寸以体积计算。基础长度：外墙按中心线长，内墙按净长度计算。扣除地梁（圈梁）、构造柱所占体积，不扣除基础大放脚 T 形接头处的重叠部分以及嵌入基础内的钢筋、铁件、管道、基础防潮层及单个面积在 $0.3m^2$ 以内的孔洞所占体积，靠墙暖气管的挑檐亦不增加。附墙垛基础宽出部分体积并入基础工程量内计算。

砖基础工程量的计算，关键是大放脚两边截面面积的计算，传统计算方法是用大放脚两边截面面积除以墙厚计算出折加高度，然后用折加高度与砖基础高度之和，乘以基础墙长和墙厚。

$$V_{砖基}＝（砖基高度＋折加高度）× 墙长×墙厚 \tag{3-86}$$

$$大放脚折加高度＝\frac{大放脚两边截面面积}{墙厚}$$

砖基础大放脚分等高式和间隔式，间隔式大放脚，在计算截面面积时应分别奇数和偶数错台计算。

1. 大放脚截面面积计算

从图 3-61 中可以看出，在右边大放脚顶点 C，沿 CA 线作垂直剖切，将剖切后的大放脚 C、A、B 点翻转放在左边的大放脚错台上，与左边的大放脚正好组合成一矩形截面，该矩形面积即大放脚截面的计算面积。

1）间隔式大放脚截面面积计算

（1）大放脚为奇数错台（图 3-61a）

矩形宽 $\qquad\qquad\qquad b＝0.0625(n＋1)$

矩形高 $\qquad\qquad h＝[0.126(n＋1)＋0.0625(n－1)]×0.5$

大放脚截面面积：

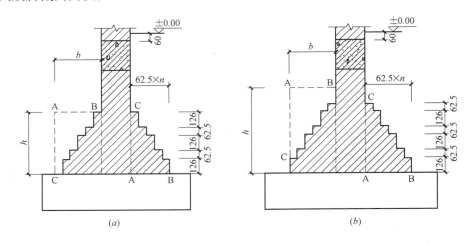

图 3-61　大放脚截面面积图

（a）间隔式大方脚奇数错台砖基；（b）间隔式大方脚偶数错台砖基

$$S_{奇} = b \cdot h = \frac{(n+1)(3n+1)}{508} \tag{3-87}$$

式中 n ——大放脚错台层数（以下同）。

（2）大放脚为偶数错台（图 3-61b）

矩形宽 $\qquad\qquad\qquad\qquad b = 0.0625n$

矩形高 $\qquad\qquad\qquad h = [0.126(n+2) + 0.0625n] \times 0.5$

大放脚截面面积：

$$S_{偶} = b \cdot h = \frac{n(0.75n+1)}{127} \tag{3-88}$$

2）等高式大放脚截面面积计算

等高式大放脚截面面积，计算方法同上，其公式为：

$$S_{等} = \frac{n(n+1)}{127} \tag{3-89}$$

从以上三个公式中可以看出，只要知道大放脚形式（等高式或间隔式）及错台层数，就可以快速计算出该大放脚的折加高度及砖基础体积。

为了方便计算，现将不同形式及不同错台层数的砖基础大放脚截面面积，用公式计算后，编制成"等高式砖基础大放脚折加高度表"及"间隔式砖基础大放脚折加高度表"（见表 A2-01、表 A2-02）以便在砖基础工程量计算时直接查用。

注意事项：基础工程中应一次性计算出各分项工程量，包括混凝土及钢筋混凝土基础、梁、柱、垫层、防潮层、桩体、砖基础等。一则是为了避免在计算过程中重复翻阅图纸，二则是为了在计算基础土方回填时，方便扣除设计室外地坪以下埋设的基础体积。

2. 实例计算

【例 3-32】 试计算某小区单层办公房（见图 3-25$_D$、图 3-25$_E$），基础工程中（不包括土方）各分项工程量及设计室外地坪以下埋设的基础体积。

【解】 从图中得知：基础墙厚为 240mm，基础高 $h = 0.70$m

基础构造柱长：$L_{柱} = 2.52$m

基础构造柱体积：$2.52 \times 0.24 \times 0.7 = 0.42$m³

1—1 剖面为间隔式大放脚，4 步错台，墙长 $L_{内} = 23.04$m

1—1 剖面折加高度 $= \dfrac{4(0.75 \times 4 + 1)}{127 \times 0.24} = 0.525$m

2—2 剖面为间隔式大放脚，3 步错台，墙长 $L_{中} = 49.8$m

2—2 剖面折加高度 $= \dfrac{(3+1)(3 \times 3 + 1)}{508 \times 0.24} = 0.328$m

（1）砖基础体积 $\qquad\qquad 6.77 + 12.29 - 0.42 = 18.64$m³

1—1 剖面砖基 $\qquad (0.525 + 0.7) \times 0.24 \times 23.04 = 6.77$m³

2—2 剖面砖基 $\qquad (0.328 + 0.7) \times 0.24 \times 49.8 = 12.29$m³

合计： $\qquad\qquad\qquad 6.77 + 12.29 - 0.42 = 18.64$m³

（2）3：7 灰土垫层 $\quad (5.1 \times 4 \times 1.04 + 49.8 \times 0.9) \times 0.2 = 13.21$m³

（3）20 厚 1：2 防水砂浆防潮层

$\qquad\qquad\qquad\qquad (49.8 + 23.04) \times 0.24 = 17.48$m²

（4）室外地坪以下埋设基础体积（计算回填土时用）

$$18.64＋13.21＋0.42＝32.27m^3$$

3.7.2 砖墙体计算

砖墙体工程量按设计图示尺寸以体积计算。扣除门窗洞口、过人洞、空圈、嵌入墙内的钢筋混凝土柱、梁、圈梁、挑梁、过梁及凹进墙内的壁龛、管槽、暖气槽、消火栓箱所占体积。不扣除梁头、板头、檩头、垫木、木楞头、檐椽木、木砖、门窗走头、砖墙内加固钢筋、木筋、铁件、钢管及单个面积 $0.3m^2$ 以内的孔洞所占体积。凸出墙面的腰线、挑檐、压顶、窗台线、虎头砖、门窗套的体积亦不增加。凸出墙面的砖垛并入墙体体积内计算。

计算墙体工程量时，应分别墙类型、墙厚、砖品种及规格等级、砂浆种类及等级列项，并确定以下五项要素：一是墙体长度；二是墙体高度；三是墙体厚度；四是扣除嵌墙混凝土构件体积；五是扣除墙体中洞口面积。

1. 墙体长度

外墙按中心线 $L_{中}$，内墙按净长线 $L_{内}$ 长计算。嵌入墙体中的构造柱，可将其截面边长（$L_{柱}$）在 $L_{中}$ 和 $L_{内}$ 中直接扣除，计算方法同圈梁净长度 $L_{净长}$ 计算（见公式 3-58）。

实践证明：计算墙体工程量时，在墙长中扣除构造柱的截面边长，要比在墙体中扣除构造柱的体积计算方便，因此，应优先采用该方法计算。

2. 墙体高度

（1）外墙：斜（坡）屋面无檐口天棚者算至屋面板底；有屋架且室内外均有天棚者，算至屋架下弦底另加 200mm，无天棚者算至屋架下弦底另加 300mm；出檐宽度超过 600mm 时，按实砌高度计算；有钢筋混凝土楼板隔层者算至板顶；平屋顶算至钢筋混凝土板底。

（2）内墙：位于屋架下弦者，其高度算至屋架底；无屋架者算至天棚底另加 100mm；有钢筋混凝土楼板隔层者算至楼板顶；有框架梁时算至梁底。

（3）女儿墙：从屋面板上表面算至女儿墙顶面（如有混凝土压顶时算至压顶下表面）。

（4）内、外山墙：按其平均高度计算。

（5）围墙：高度算至压顶上表面（如有混凝土压顶时算至压顶下表面），围墙柱并入围墙体积内。

3. 墙体厚度

砌体使用标准砖时（标准砖尺寸：240mm×115mm×53mm），其厚度按表 3-31 计算。使用非标准砖时，其厚度应按实际规格和设计厚度计算。

标准砖砌体厚度表　　　　　　　　　　　　　　　　表 3-31

砖数（厚度）	1/4	1/2	3/4	1	1.5	2	2.5	3
计算厚度（mm）	53	115	180	240	365	490	615	740

4. 扣除嵌墙混凝土构件体积

嵌入墙内的混凝土构件，常见的有圈梁、构造柱、挑梁（墙内部分）及预制过梁等。由于挑梁在结构上与圈梁连成一体，因此，在计算圈梁混凝土工程量时已将该构件纳入合并计算。构造柱的体积在计算墙长时作提前扣除后，剩下需要扣除的仅有圈梁和预制过梁两项，在扣除其体积时，要根据该构件所在不同楼层和内外墙分别扣除（内外墙厚相同时，可合并扣除）。

5. 扣除墙体中洞口面积

墙体中洞口包括：门窗洞口、过人洞、空圈及 0.3m² 以上洞口，其计算方法在第 3 章 3.3 节中已作叙述，洞口面积计算实例见表 3-12，墙体及装饰工程量计算时，根据计算需要在相应栏内查取数值计算。

6. 墙体计算公式

（1）内外墙厚不等，体积公式：

$$V_{外墙} = (L'_{中} \times 墙高 - 外墙 0.3m² 以外洞口面积) \times 外墙厚 - 外墙嵌混体积 \quad (3\text{-}90)$$

$$V_{内墙} = (L'_{内} \times 墙高 - 内墙 0.3m² 以外洞口面积) \times 内墙厚 - 内墙嵌混体积 \quad (3\text{-}91)$$

$$L'_{中} = L_{中} - 外墙构造柱截面边长$$

$$L'_{内} = L_{内} - 内墙构造柱截面边长$$

（2）内外墙厚相等，整体计算公式：

$$V_{墙体} = (L_{净长} \times 墙体总高 - 0.3m² 以外洞口总面积) \times 墙厚 - 内外墙嵌混总体积$$

$$(3\text{-}92)$$

7. 实例计算

【例 3-33】 某小区单层办公房见图 3-25，试计算砖墙体工程量。

【解】 砖墙砌体为 M10 水泥混合砂浆，砖强度等级为 MU10。

已知（见例 3-13）：$L_{中} = 49.8m$　　$L_{内} = 23.04m$　　$L_{柱} = 2.52m$

1）扣除洞口面积：

（1）240 墙洞口面积：39.78m²

M-1(4)　　0.9×2.7×4＝9.72m²

MD-1(1)　1.5×2.4＝3.6 m²

C-1(4)　　1.8×1.8×4＝12.96m²

C-2(5)　　1.5×1.8×5＝13.5m²

（2）120 墙洞口面积：1.92m²

M-2（1）　0.8×2.4＝1.92m²

2）扣除嵌混体积：　　　　6.36m³

圈梁（见例 3-13）　　5.26m³

预制过梁（见例 3-30）1.0m³

3）墙体工程量计算

墙体净长度：　　　　49.8＋23.04－2.52＝70.32m

（1）240 墙实心砖 M10 水泥混合砂浆（层高＝3.6m）

（70.32×3.6－39.78）×0.24－6.36＝44.85m³

（2）120 墙实心砖 M10 水泥混合砂浆（高度 3.6－0.12＝3.48m）

（3.06×3.48－1.92）×0.12＝1.05m³

4）墙体工程量分项

（1）带形砖基础实心砖 M10 水泥砂浆　16.23m³

（2）240 墙实心砖 M10 水泥混合砂浆　44.85m³

（3）120墙实心砖M10水泥混合砂浆　1.05m³

3.8　楼地面工程量计算

3.8.1　整体面层

楼地面整体面层，项目包括：水泥砂浆楼地面、现浇水磨石楼地面、细石混凝土楼地面、菱苦土楼地面等，构造做法及简图，详见表3-32。

楼地面构造做法（摘选）　　　　　　　　　　　　　　　表3-32

编号	名称、简图	构造做法
地5	水泥砂浆地面	1. 20厚1：2水泥砂浆压实抹光 2. 水泥浆一道（内掺建筑胶） 3. 100厚C15混凝土垫层 4. 150厚3：7灰土
地28	地砖地面	1. 铺6～10厚地砖地面，干水泥擦缝 2. 5厚1：2.5水泥砂浆粘接层（内掺建筑胶） 3. 20厚1：3干硬性水泥砂浆结合层（内掺建筑胶） 4. 水泥浆一道（内掺建筑胶） 5. 60厚C15混凝土垫层 6. 150厚3：7灰土
楼4	水泥砂浆楼面（有垫层）	1. 20厚1：2水泥砂浆压实抹光 2. 水泥浆一道（内掺建筑胶） 3. 60厚CL7.5轻集料混凝土垫层 4. 钢筋混凝土楼板
楼40	铺地砖楼面（有垫层）	1. 铺6～10厚地砖地面，干水泥擦缝 2. 5厚1：2.5水泥砂浆粘接层（内掺建筑胶） 3. 20厚1：3干硬性水泥砂浆结合层（内掺建筑胶） 4. 水泥浆一道（内掺建筑胶） 5. 60厚CL7.5轻集料混凝土垫层 6. 钢筋混凝土楼板

1. 水泥砂浆楼地面

工程量应分别面层厚度、砂浆配合比，找平层厚度、砂浆配合比列项，按图示设计尺寸以面积（m²）计算。扣除凸出地面建筑物、设备基础、室内铁道、地沟等所占面积，不扣除间壁墙及≤0.3m²柱、垛、附墙烟囱及孔洞所占面积。门洞、空圈、暖气包槽、壁龛的开口部分不增加面积。

项目特征：垫层材料种类、厚度；找平层厚度、砂浆配合比；素水泥浆遍数；面层厚度、砂浆配合比；面层做法要求。

工作内容：基层清理；垫层铺设；抹找平层；抹面层；材料运输。

2. 现浇水磨石楼地面

工程量应分别面层厚度、水泥石子浆配合比，嵌条材料种类、规格，石子种类、规格、颜色列项，按图示设计尺寸以面积（m²）计算。扣除凸出地面建筑物、设备基础、室内铁道、地沟等所占面积，不扣除间壁墙及≤0.3m²柱、垛、附墙烟囱及孔洞所占面积。门洞、空圈、暖气包槽、壁龛的开口部分不增加面积。

项目特征：找平层厚度、砂浆配合比；面层厚度、水泥石子浆配合比；嵌条材料种类、规格；石子种类、规格、颜色；颜料种类、颜色；图案要求；磨光、酸洗、打蜡要求。

工作内容：基层清理；抹找平层；面层铺设；嵌缝条安装；磨光、酸洗打蜡；材料运输。

3. 细石混凝土楼地面

工程量应分别找平层厚度、砂浆配合比，面层厚度、混凝土强度等级列项，按图示设计尺寸以面积（m²）计算。扣除凸出地面建筑物、设备基础、室内铁道、地沟等所占面积，不扣除间壁墙及≤0.3m²柱、垛、附墙烟囱及孔洞所占面积。门洞、空圈、暖气包槽、壁龛的开口部分不增加面积。

项目特征：找平层厚度、砂浆配合比；面层厚度、混凝土强度等级。

工作内容：基层清理；垫层铺设；抹找平层；面层铺设；材料运输。

4. 菱苦土楼地面

工程量应分别找平层厚度、砂浆配合比，面层厚度列项，按图示设计尺寸以面积（m²）计算。扣除凸出地面建筑物、设备基础、室内铁道、地沟等所占面积，不扣除间壁墙及≤0.3m²柱、垛、附墙烟囱及孔洞所占面积。门洞、空圈、暖气包槽、壁龛的开口部分不增加面积。

项目特征：找平层厚度、砂浆配合比；面层厚度；打蜡要求。

工作内容：基层清理；抹找平层；面层铺设；打蜡；材料运输。

3.8.2 块料面层

块料面层，项目包括：石材楼地面、碎石材楼地面、块料楼地面等。

工程量应分别面层材料品种、规格列项，按图示设计尺寸以面积（m²）计算。门洞、空圈、暖气包槽、壁龛的开口部分并入相应的工程内。

项目特征：找平层厚度、砂浆配合比；结合层厚度、砂浆配合比；面层材料品种、规格、颜色；嵌缝材料种类；防护层材料种类；酸洗、打蜡要求。

工作内容：基层清理、抹找平层；面层铺设、磨边；嵌缝；刷防护材料；酸洗、打蜡；材料运输。

说明：① 在描述碎石材项目的面层材料特征时可不用描述规格、品牌、颜色。

② 石材、块料与粘接材料的结合面刷防渗材料的种类在防护层材料种类中描述。

③ 上表工作内容中的磨边指施工现场磨边，后面章节工作内容中涉及的磨边含义同此条。

3.8.3 橡塑面层

橡塑面层，项目包括：橡胶楼地面、橡胶板卷材楼地面、塑料板楼地面、塑料卷材楼地面等，工程量应分别面层材料品种、规格、颜色列项，按设计图示尺寸以面积（m²）计算。门洞、空圈、暖气包槽、壁龛的开口部分并入相应的工程量内。

项目特征：粘结层厚度、材料种类；面层材料品种、规格、颜色；压线条种类。

工作内容：基层清理；面层铺贴；压缝条装钉；材料运输。

3.8.4 其他材料面层

1. 地毯楼地面

工程量应分别面层材料品种、规格、颜色列项，按图示设计尺寸以面积（m²）计算。门洞、空圈、暖气包槽、壁龛的开口部分并入相应的工程内。

项目特征：面层材料品种、规格、颜色；防护材料种类；粘结材料种类；压线条种类，

工作内容：基层清理；铺贴面层；刷防护材料；装钉压条；材料运输。

2. 竹、木（复合）地板

工程量应分别龙骨材料种类、规格、铺设间距，面层材料品种、规格列项，按图示设计尺寸以面积（m²）计算。门洞、空圈、暖气包槽、壁龛的开口部分并入相应的工程内。

项目特征：龙骨材料种类、规格、铺设间距；基层材料种类、规格；面层材料品种、规格、颜色；防护材料种类。

工作内容：基层清理；龙骨铺设；基层铺设；面层铺贴；刷防护材料；材料运输。

3. 金属复合地板

工程量应分别龙骨材料种类、规格、铺设间距，面层材料品种、规格列项，按图示设计尺寸以面积（m²）计算。门洞、空圈、暖气包槽、壁龛的开口部分并入相应的工程内。

项目特征：龙骨材料种类、规格、铺设间距；基层材料种类、规格；面层材料品种、规格、颜色；防护材料种类。

工作内容：基层清理；龙骨铺设；基层铺设；面层铺贴；刷防护材料；材料运输。

4. 防静电活动地板

工程量应分别支架高度、材料种类，面层材料品种、规格列项，按图示设计尺寸以面积（m²）计算。门洞、空圈、暖气包槽、壁龛的开口部分并入相应的工程内。

项目特征：支架高度、材料种类；面层材料品种、规格、颜色；防护材料种类。

工作内容：基层清理；固定支架安装；活动面层安装；刷防护材料；材料运输

3.8.5 踢脚线

踢脚线，项目包括：水泥砂浆踢脚线、石材踢脚线、块料踢脚线、塑料踢脚线、木质踢脚线、金属踢脚线、防静电踢脚线等，构造做法及简图，详见表3-33。

1. 水泥砂浆踢脚线

工程量应分别踢脚线高度，面层厚度、砂浆配合比列项，以平方米计量，工程量按图示设计长度乘以高度以面积计算；以米计量，工程量按设计图示延长米计算。

项目特征：踢脚线高度；底层厚度、砂浆配合比；面层厚度、砂浆配合比。

工作内容：基层清理；底层和面层抹灰；材料运输。

2. 石材踢脚线

工程量应分别踢脚线高度、面层材料品种、规格、颜色列项，以平方米计量，工程量按图示设计长度乘以高度以面积计算；以米计量，工程量按设计图示延长米计算。

项目特征：踢脚线高度；粘贴层厚度、材料种类；面层材料品种、规格、颜色；防护材料种类。

工作内容：基层清理；底层抹灰；面层铺贴、磨边；擦缝；磨光、酸洗、打蜡；刷防护材料；材料运输。

3. 块料踢脚线

工程量应分别踢脚线高度、面层材料品种、规格、颜色列项，以平方米计量，工程量按图示设计长度乘以高度以面积计算；以米计量，工程量按设计图示延长米计算。

项目特征：踢脚线高度；粘贴层厚度、材料种类；面层材料品种、规格、颜色；防护材料种类。

工作内容：基层清理；底层抹灰；面层铺贴、磨边；擦缝；磨光、酸洗、打蜡；刷防护材料；材料运输。

踢脚线构造做法（摘选）　　　　　　　　　　表 3-33

编号	名称、简图	构造做法
踢 3	水泥砂浆踢脚线 （混凝土墙）	1. 8 厚 1：2 水泥砂浆罩面压实抹光 2. 10 厚 1：3 水泥砂浆打底扫毛或划出纹道 3. 水泥砂浆一道甩毛(内掺建筑胶)
踢 5	现浇水磨石踢脚线 （砖墙、混凝土墙）	1. 10 厚 1：2.5 水磨石面层磨光打蜡 2. 水泥浆一道(内掺建筑胶) 3. 8 厚 1：3 水泥砂浆打底扫毛 4. 水泥浆一道甩毛(内掺建筑胶)
踢 19	地砖踢脚线 （砖墙、混凝土墙）	1. 6～8 厚铺地砖踢脚,稀水泥浆擦缝 2. 5 厚 1：2 水泥砂浆(内掺建筑胶)粘接层 3. 8 厚 1：3 水泥砂浆打底扫毛或划出纹道 4. 水泥浆一道甩毛(内掺建筑胶)

4. 塑料板踢脚线

工程量应分别踢脚线高度、面层材料品种、规格、颜色列项，以平方米计量，工程量按图示设计长度乘以高度以面积计算；以米计量，工程量按设计图示延长米计算。

项目特征：踢脚线高度；粘结层厚度、材料种类；面层材料种类、规格、颜色。

工作内容：基层清理；基层铺贴；面层铺贴；材料运输。

5. 木质踢脚线

工程量应分别踢脚线高度、面层材料品种、规格、颜色列项，以平方米计量，工程量按图示设计长度乘以高度以面积计算；以米计量，工程量按设计图示延长米计算。

项目特征：踢脚线高度；基层材料种类、规格；面层材料品种、规格、颜色。

工作内容：基层清理；基层铺贴；面层铺贴；材料运输。

6. 金属踢脚线、防静电踢脚线

工程量应分别踢脚线高度、面层材料品种、规格、颜色列项，以平方米计量，工程量按图示设计长度乘以高度以面积计算；以米计量，工程量按设计图示延长米计算。

项目特征：踢脚线高度；基层材料种类、规格；面层材料品种、规格、颜色。

工作内容：基层清理；基层铺贴；面层铺贴；材料运输。

3.8.6 楼梯面层

1. 石材楼梯面层、块料楼梯面层、拼碎块料面层

工程量应分别面层材料品种、规格、颜色，防滑条材料种类、规格列项，按设计图示尺寸以楼梯（包括踏步、休息平台及≤500mm 的楼梯井）水平投影面积计算。楼梯与楼地面相连时，算至梯口梁内则边沿；无梯口梁者，算至上一层踏步边沿加 300mm。

项目特征：找平层厚度、砂浆配合比；贴结层厚度、材料种类；面层材料品种、规格、颜色；防滑条材料种类、规格；勾缝材料种类；防护层材料种类；酸洗、打蜡要求。

工作内容：基层清理；抹找平层；面层铺贴、磨边；贴嵌防滑条勾缝；刷防护材料；酸洗、打蜡；材料运输。

2. 水泥砂浆楼梯面层

工程量应分别面层厚度、砂浆配合比，防滑条材料种类、规格列项，按设计图示尺寸以楼梯（包括踏步、休息平台及≤500mm 的楼梯井）水平投影面积计算。楼梯与楼地面相连时，算至梯口梁内则边沿；无梯口梁者，算至上一层踏步边沿加 300mm。

项目特征：找平层厚度、砂浆配合比；面层厚度、砂浆配合比；防滑条材料种类、规格。

工作内容：基层清理；抹找平层；抹面层；抹防滑条；材料运输。

3. 现浇水磨石楼梯面层

工程量应分别面层厚度、水泥石子浆配合比，防滑条材料种类、规格，石子种类、规格、颜色，颜料种类、颜色列项，按设计图示尺寸以楼梯（包括踏步、休息平台及≤500mm的楼梯井）水平投影面积计算。楼梯与楼地面相连时，算至梯口梁内则边沿；无梯口梁者，算至上一层踏步边沿加 300mm。

项目特征：找平层厚度、砂浆配合比；面层厚度、水泥石子浆配合比；防滑条材料种类、规格；石子种类、规格、颜色；颜料种类、颜色；磨光、酸洗打蜡要求。

工作内容：基层清理；抹找平层；抹面层；贴嵌防滑条；磨光、酸洗、打蜡；材料运输。

4. 地毯楼梯面层

工程量应分别面层材料品种、规格、颜色，固定配件材料种类、规格列项，按设计图示尺寸以楼梯（包括踏步、休息平台及≤500mm 的楼梯井）水平投影面积计算。楼梯与楼地面相连时，算至梯口梁内则边沿；无梯口梁者，算至上一层踏步边沿加 300mm。

项目特征：基层种类；面层材料品种、规格、颜色；防护材料种类；粘结材料种类；固定配件材料种类、规格。

工作内容：基层清理；铺贴面层；固定配件安装；刷防护材料；材料运输。

5. 木板楼梯面层

工程量应分别基层材料种类、规格，面层材料品种、规格列项，按设计图示尺寸以楼梯（包括踏步、休息平台及≤500mm 的楼梯井）水平投影面积计算。楼梯与楼地面相连时，算至梯口梁内则边沿；无梯口梁者，算至上一层踏步边沿加 300mm。

项目特征：基层材料种类、规格；面层材料品种、规格、颜色；粘结材料种类；防护材料种类。

工作内容：基层清理；基层铺贴；面层铺贴；刷防护材料；材料运输。

6. 橡胶楼梯面层；塑料板楼梯面层

工程量应分别面层材料品种、规格、颜色，压线条种类列项，按设计图示尺寸以楼梯（包括踏步、休息平台及≤500mm 的楼梯井）水平投影面积计算。楼梯与楼地面相连时，算至梯口梁内则边沿；无梯口梁者，算至上一层踏步边沿加 300mm。

项目特征：粘结层厚度、材料种类；面层材料品种、规格、颜色；压线条种类。

工作内容：基层清理；面层铺贴；压缝条装钉；材料运输。

3.8.7 台阶装饰

台阶装饰，项目包括：石材台阶面、块料台阶面、拼碎块料台阶面、水泥砂浆台阶面、现浇水磨石台阶面、剁假石台阶面等。台阶构造做法，详见图 3-62。

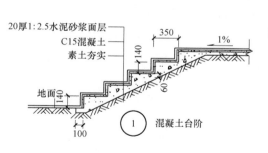

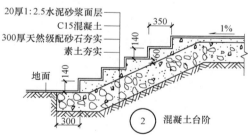

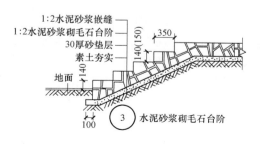

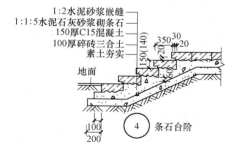

图 3-62 台阶构造图

1. 石材台阶面、块料台阶面、拼碎块料台阶面

工程量应分别面层材料品种、规格，防滑条材料种类、规格列项，按设计图示尺寸以台阶（包括最上层踏步边沿加 300mm）水平投影面积计算。

项目特征：找平层厚度、砂浆配合比；粘结层材料种类；面层材料品种、规格、颜色；勾缝材料种类；防滑条材料种类、规格；防护材料种类。

工作内容：基层清理；抹找平层；面层铺贴；贴嵌防滑条；勾缝；刷防护材料；材料运输。

2. 水泥砂浆台阶面

工程量应分别面层厚度、砂浆配合比；防滑条材料种类列项，按设计图示尺寸以台阶（包括最上层踏步边沿加 300mm）水平投影面积计算。

项目特征：找平层厚度、砂浆配合比；面层厚度、砂浆配合比；防滑条材料种类。

工作内容：基层清理；抹找平层；抹面层；抹防滑条；材料运输。

3. 现浇水磨石台阶面

工程量应分别面层厚度、水泥石子浆配合比，防滑条材料种类、规格，石子种类、规格、颜色列项，按设计图示尺寸以台阶（包括最上层踏步边沿加 300mm）水平投影面积计算。

项目特征：找平层厚度、砂浆配合比；面层厚度、水泥石子浆配合比；防滑条材料种类、规格；石子种类、规格、颜色；颜料种类、颜色；磨光、酸洗、打蜡要求。

工作内容：清理基层；抹找平层；抹面层；贴嵌防滑条；打磨、酸洗、打蜡；材料运输。

4. 剁假石台阶面

工程量应分别面层厚度、砂浆配合比，剁假石要求列项，按设计图示尺寸以台阶（包括最上层踏步边沿加 300mm）水平投影面积计算。

项目特征：找平层厚度、砂浆配合比；面层厚度、砂浆配合比；剁假石要求。

工作内容：清理基层；抹找平层；抹面层；剁假石；材料运输。

3.8.8 楼地面工程量计算方法

1. 计算楼地面整体面积 $S_{地}$

$S_{地}$ 等于相应楼层的建筑面积 $S_{建}$（不含阳台）减去内外主墙的水平投影面积，即：

$$S_{地} = S_{建} - (L_{中} \times 外墙厚 + L_{内} \times 内墙厚) \tag{3-93}$$

2. 计算楼地面分项面层

由于卫生间、厨房、盥洗间的楼地面做法与其他大面积楼地面做法不同，因此，在计算楼地面整体面积之后，要先算出卫生间、厨房、盥洗间的局部小块面积和楼梯投影面积，然后用楼地面整体面积（$S_{地}$）减去该层局部小块面积和楼梯投影面积，算出楼地面主要做法的大面积面层工程量。需要注意的是：在计算底层地面时，不能扣除楼梯投影面积。

3. 统筹计算楼地面分项工程量

楼地面工程和台阶建筑构造做法中，包含了从基层到面层各工序的全部工程内容，为了减少在后续工作中重复翻阅图纸和查看图集，所以，在计算楼地面工程量时应按清单项目的划分要求，将不同面层和不同基层做法的各分项工程分别列项，按建筑构造做法分别计算出面层、垫层、填充层、找平层及防潮层的工程量（并注明块料面层品种及规格，整体面层材料种类、配合比及厚度，垫层材料种类、混凝土等级、厚度，填充层材料种类、厚度，找平层、防潮层材料种类、砂浆配合比及厚度，以便在编制工程量清单时列项及描述项目特征）。

3.8.9 实例计算

【例 3-34】 试计算某小区单层办公房（见图 3-25），楼地面各分项工程量。

【解】 楼地面采用陕 09J01 图集，卫生间采用 200×200 防滑地砖，会议室为水泥砂浆地面。

已知：$L_中 = 49.8\text{m}$ $L_内 = 23.04\text{m}$

$S_底 = 119.43\text{m}^2$ 墙厚 0.24m

1）楼地面整体面积

$$S_地 = 119.43 - (49.8 + 23.04) \times 0.24 = 101.95\text{m}^2$$

2）卫生间地砖地面（编号：地 29）

（1）10 厚地砖面层（防滑砖 200×200）

$$3.06 \times 5.76 = 17.63\text{m}^2$$

（2）30 厚 1：3 干硬性水泥砂浆结合层 17.63m^2

（3）1.5 厚合成高分子涂膜防水层，四周翻起 150 高

$$17.63 + (3.06 + 5.76) \times 2 \times 0.15 = 20.28\text{m}^2$$

（4）1：3 水泥砂浆找坡层，最薄处 20 厚

（5）60 厚 C15 混凝土垫层

$$17.63 \times 0.06 = 1.06\text{m}^3$$

3）水泥砂浆地面（包括平台，编号：地 4）

（1）20 厚 1：2 水泥砂浆面层

$$101.95 - 17.63 + 0.6 \times 19.14 = 95.8\text{m}^2$$

（2）60 厚 C15 混凝土垫层

$$95.8 \times 0.06 = 5.75\text{m}^3$$

（3）150 厚 3：7 灰土垫层

$$95.8 \times 0.15 = 14.37\text{m}^3$$

4）水泥砂浆踢脚线（编号：踢 2，高 150）

$$(3.66 + 5.76) \times 2 \times 4 \times 0.15 - 0.9 \times 4 \times 0.15 = 10.76\text{m}^2$$

5）水泥砂浆台阶面（编号：台 2）

（1）20 厚 1：2.5 水泥砂浆台阶面层（宽 600mm）

$$0.6 \times 19.14 = 11.48\text{m}^2$$

（2）素水泥浆一道（内参建筑胶） 11.48m^2

（3）60 厚 C15 混凝土台阶（厚度不包括踏步三角部分）11.48m^2

（4）300 厚 3：7 灰土垫层（宽出台阶 100mm）

$$0.7 \times 19.14 \times 0.3 = 4.02\text{m}^3$$

6）混凝土散水（编号：散 2）

（1）20 厚 1：2 水泥砂浆散水面层（宽 800mm）

$$(6.24+0.8×2)×2×0.8 +19.14×0.8=27.86m^2$$

（2）素水泥浆一道（内参建筑胶）27.86m²

（3）60 厚 C15 混凝土垫层

$$27.86×0.06=1.67m^3$$

（4）150 厚 3：7 灰土垫层（宽出散水 300mm）

$$(6.24+1.1×2)×2×1.1×0.15 +19.14×1.1×0.15=5.94m^2$$

3.9 屋面及防水、保温工程量计算

3.9.1 瓦、型材及其他屋面

1. 瓦屋面

瓦屋面，包括小青瓦、筒瓦、琉璃瓦等，工程量应分别瓦品种、规格列项，按设计图示尺寸以斜面积计算。不扣除房上烟囱、风帽底座、风道、小气窗、斜沟等所占面积。小气窗的出檐部分不增加面积。

项目特征：瓦品种、规格；粘结层砂浆的配合比。

工作内容：砂浆制作、运输、摊铺、养护；安瓦、作瓦脊。

说明：如果屋面图中设计有夹角或坡度比时，可按水平投影面积乘以表 3-34 中相应的坡度延尺系数计算。

2. 型材屋面

型材屋面，工程量应分别型材品种、规格，金属檩条材料品种、规格列项，按设计图示尺寸以斜面积计算。不扣除房上烟囱、风帽底座、风道、小气窗、斜沟等所占面积。小气窗的出檐部分不增加面积。

项目特征：型材品种、规格；金属檩条材料品种、规格；接缝、嵌缝材料种类。

工作内容：檩条制作、运输、安装；屋面型材安装；接缝、嵌缝。

说明：如果屋面图中设计有夹角或坡度比时，可按水平投影面积乘以表 3-34 中相应的坡度延尺系数计算。

3. 阳光板屋面

阳光板屋面，工程量应分别阳光板品种、规格，骨架材料品种、规格列项，按设计图示尺寸以斜面积计算。不扣除屋面面积≤0.3 平方米孔洞所占面积。

项目特征：阳光板品种、规格；骨架材料品种、规格；接缝、嵌缝材料种类；油漆品种、刷漆遍数。

工作内容：骨架制作、运输、安装、刷防护材料、油漆；阳光板安装；接缝、嵌缝。

4. 玻璃钢屋面

玻璃钢屋面，工程量应分别玻璃钢品种、规格，骨架材料品种、规格列项，按设计图示尺寸以斜面积计算。不扣除屋面面积≤0.3 平方米孔洞所占面积。

项目特征：玻璃钢品种、规格；骨架材料品种、规格；玻璃钢固定方式；接缝、嵌缝材料种类；油漆品种、刷漆遍数。

工作内容：骨架制作、运输、安装、刷防护材料、油漆；玻璃钢制作、安装；接缝、嵌缝。

5. 膜结构屋面

膜结构屋面，工程量应分别膜布品种、规格，支柱（网架）钢材品种、规格，钢丝绳品种、规格列项，按设计图示尺寸以需要覆盖的水平投影面积计算。

项目特征：膜布品种、规格；支柱（网架）钢材品种、规格；钢丝绳品种、规格；锚固基座做法；油漆品种、刷漆遍数。

工作内容：膜布热压胶接；支柱（网架）制作、安装；膜布安装；穿钢丝绳、锚头锚固；锚固基座挖土、回填；刷防护材料，油漆。

说明：①瓦屋面，若是在木基层上铺瓦，项目特征不必描述粘结层砂浆的配合比，瓦屋面铺防水层，按 J.2 屋面防水及其他中相关项目编码列项。

②型材屋面、阳光板屋面、玻璃钢屋面的柱、梁、屋架，按本规范附录 F 金属结构工程、附录 G 木结构工程中相关项目编码列项。

屋面坡度系数表 表 3-34

夹角 θ	坡度比 H/A	坡度延尺系数 C	夹角 θ	坡度比 H/A	坡度延尺系数 C
$45°$	1	1.4142	$21°48'$	0.40	1.077
$36°52'$	0.75	1.2500	$19°17'$	0.35	1.0595
$35°$	0.70	1.2207	$16°42'$	0.30	1.0440
$33°40'$	0.666	1.2015	$14°02'$	0.25	1.0308
$33°01'$	0.65	1.1927	$11°19'$	0.20	1.0198
$30°58'$	0.60	1.1662	$8°32'$	0.15	1.0112
$30°$	0.577	1.1545	$7°8'$	0.125	1.0078
$28°49'$	0.55	1.1413	$5°42'$	0.100	1.0050
$26°34'$	0.50	1.1180	$4°45'$	0.083	1.0034
$24°14'$	0.45	1.0966	$3°49'$	0.066	1.0022

注：表中坡度比、坡度延尺系数 C，为 A 等于 1 时的值。

3.9.2 屋面防水及其他

1. 屋面卷材防水

屋面卷材防水，工程量应分别卷材品种、规格、厚度，防水层数、防水层做法列项，按设计图示尺寸以面积（m²）计算。

① 斜屋顶（不包括平屋顶找坡）按斜面积计算，平屋顶按水平投影面积计算；

② 不扣除房上烟囱、风帽底座、风道、屋面小气窗和斜沟所占面积；

③ 屋面的女儿墙、伸缩缝和天窗等处的弯起部分，图纸无规定时，均按 300mm 计算，并入屋面工程量内。

项目特征：卷材品种、规格、厚度；防水层数、防水层做法；防水膜品种、涂膜厚度、遍数；增强材料种类。

工作内容：基层处理、刷底油、铺油毡卷材、接缝；基层处理、刷基层处理剂、铺布、喷涂防水层。

说明：斜屋顶，如果图中设计有夹角或坡度比时，可按水平投影面积乘以表 3-34 中相应的坡度延尺系数计算。

2. 屋面涂膜防水

屋面涂膜防水，工程量应分别防水膜品种，涂膜厚度、遍数列项，按设计图示尺寸以面积（m²）计算。

① 斜屋顶（不包括平屋顶找坡）按斜面积计算，平屋顶按水平投影面积计算；

② 不扣除房上烟囱、风帽底座、风道、屋面小气窗和斜沟所占面积；

③ 屋面的女儿墙、伸缩缝和天窗等处的弯起部分，并入屋面工程量内。

项目特征：防水膜品种；涂膜厚度、遍数；增强材料种类。

工作内容：基层处理；刷基层处理剂；铺布、喷涂防水。

说明：斜屋顶，如果图中设计有夹角或坡度比时，可按水平投影面积乘以表 3-34 中相应的坡度延尺系数计算

3. 屋面刚性层

屋面刚性层，工程量应分别刚性层厚度，混凝土强度等级，钢筋规格、型号列项，按设计图示尺寸以面积（m²）计算。不扣除房上烟囱、风帽底座、风道等所占面积。

项目特征：刚性层厚度；混凝土强度等级；嵌缝材料种类；钢筋规格、型号。

工作内容：基层处理；混凝土制作、运输、铺筑、养护；钢筋制安。

4. 屋面排水管

屋面排水管，工程量应分别排水管品种、规格，雨水斗品种、规格列项，按设计图示尺寸以长度（m）计算。如设计未标注尺寸，以檐口至设计室外散水上表面垂直距离计算。

项目特征：排水管品种、规格；雨水斗、山墙出水口品种、规格；接缝、嵌缝材料种类；油漆品种、刷漆遍数。

工作内容：排水管及配件安装、固定；雨水斗、山墙出水口、雨水篦子安装；接缝、嵌缝；刷漆。

5. 屋面排（透）气管

屋面排（透）气管，工程量应分别排（透）气管品种、规格列项，按设计图示尺寸以长度（m）计算。

项目特征：排（透）气管品种、规格；接缝、嵌缝材料种类；油漆品种、刷漆遍数。

工作内容：排（透）气管及配件安装、固定；铁件制作、安装；接缝、嵌缝；刷漆。

6. 屋面（廊、阳台）吐水管

屋面（廊、阳台）吐水管，工程量应分别吐水管品种、规格，吐水管长度列项，按设计图示数量（根/个）计算。

项目特征：吐水管品种、规格；接缝、嵌缝材料种类；吐水管长度；油漆品种、刷漆遍数。

工作内容：吐水管及配件安装、固定；接缝、嵌缝；刷漆。

7. 屋面天沟、檐沟

屋面天沟、檐沟，工程量应分别材料品种、规格列项，按设计图示尺寸以展开面（m²）计算。

项目特征：材料品种、规格；接缝、嵌缝材料种类。

工作内容：天沟材料铺设；天沟配件安装；接缝、嵌缝；刷防护材料。

8. 屋面变形缝

屋面变形缝，工程量应分别嵌缝材料种类，止水带材料种类，盖缝材料列项，按设计图示以长度（m）计算。

项目特征：嵌缝材料种类；止水带材料种类；盖缝材料；防护材料种类。

工作内容：清缝；填塞防水材料；止水带安装；盖缝制作、安装；刷防护材料。

说明： ① 屋面刚性层无钢筋，其钢筋项目特征不必描述。

② 屋面找平层按本规范附录 L 楼地面装饰工程"平面砂浆找平层"项目编码列项。

③ 屋面防水搭接及附加层用量不另行计算，在综合单价中考虑。

④ 屋面保温找坡层按本规范附录 K 保温、隔热、防腐工程"保温隔热屋面"编码列项。

3.9.3　屋面保温隔热及找坡

1. 屋面保温隔热层

屋面保温隔热层，工程量应分别保温隔热材料品种、规格，隔气层和找坡材料品种及厚度，按设计图示尺寸以面积计算。不扣除柱、垛所占面积。其中：斜屋顶（不包括屋顶找坡）按图示铺设范围以斜面积计算；平屋顶无女儿墙时，算至外墙皮，有女儿墙时算至女儿墙内侧，如设有天沟时，保温隔热层应扣除天沟的水平面积。

2. 找坡厚度计算

屋面找坡一般采用轻质混凝土或保温隔热材料，找坡厚度最薄处一般为 30mm，对于坡宽相等的矩形两坡水屋面，其找坡层的平均厚度（h_i）为：

$$h_i = \frac{b \times i}{2} + 0.03 \qquad (3\text{-}94)$$

不规则（平面为多边形）屋面的找坡层厚度计算，应以屋脊为分水线，将其划分成几个不同的区域，用公式求出各区域的平均厚度乘以相应面积，算出找坡总体积，然后用找坡总体积除以总面积，算出找坡层的加权平均厚度。

由于不规则屋面的屋脊分水线至各区域檐口或女儿墙内侧的坡宽不同，其最薄处的厚度也不同。因此，设计图中的找坡层最薄处厚度 30mm，不能理解为同一屋面中，所有不同坡宽的找坡层在最薄处都是 30mm 厚，但其中必定有一个区域的找坡层最薄处的厚度为 30mm，那就是坡宽最长的区域（见图 3-63，A 区坡宽 b_1）。

找坡层的厚度确定应满足两个条件：一是所有区域找坡层的最高点，必须以屋脊分水线的坡高为基准点；二是不同坡宽的各区域的坡度必须要一致。如果将图 3-63 中，4 个不同坡宽的找坡层截面，按坡宽的长短顺序叠合在一起，见图 3-64，从图中可以看出，坡宽短的找坡，最薄处的厚度要依序大于坡宽长的找坡最薄处厚度。也就是坡宽短的区域平均厚度，要依序大于坡宽长的区域平均厚度。找坡层平均厚度公式为：

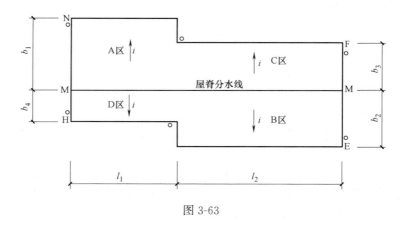

图 3-63

$$h_i = \left(b_1 - \frac{b_i}{2}\right) \times i + 0.03 \qquad (3\text{-}95)$$

式中　h_i——屋面任意区域找坡平均厚度（m）；

　　　b_1——屋面最长坡宽（m）；

　　　b_i——屋面任意区域坡宽（m）；

　　　i——坡度比（%）；

　　0.03——找坡层最薄处厚度（m）。

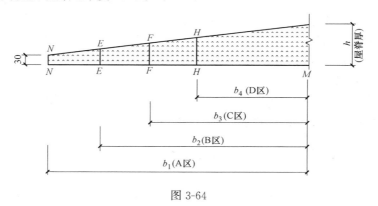

图 3-64

3.9.4　实例计算

【例 3-35】　如果图 3-63 中的坡宽 $b_1 = 7.8\text{m}$ $b_2 = 6.9\text{m}$　$b_3 = 5.7\text{m}$　$b_4 = 4.8\text{m}$ 长度 $L_1 = 15.0\text{m}$　$L_2 = 20.0\text{m}$　坡比 $i = 2\%$　试计算该找坡层面积和平均厚度。

【解】　该屋面分 4 个区域，用公式 3-95 先计算每个区域的平均找坡厚度，然后乘以相应面积计算出找坡层体积，再用找坡总体积除以总面积算出加权平均厚度。

（1）区域找坡层平均厚度：

$$\text{A 区}\quad h_1 = \left(7.8 - \frac{7.8}{2}\right) \times 0.02 + 0.03 = 0.108\text{m}$$

$$\text{B 区}\quad h_2 = \left(7.8 - \frac{6.9}{2}\right) \times 0.02 + 0.03 = 0.117\text{m}$$

$$\text{C 区}\quad h_3 = \left(7.8 - \frac{5.7}{2}\right) \times 0.02 + 0.03 = 0.129\text{m}$$

$$D 区 \quad h_4 = \left(7.8 - \frac{4.8}{2}\right) \times 0.02 + 0.03 = 0.138m$$

（2）找坡层体积：

$$A 区 \quad 7.8 \times 15 \times 0.108 = 12.64m^3$$
$$B 区 \quad 6.9 \times 20 \times 0.117 = 16.15m^3$$
$$C 区 \quad 5.7 \times 20 \times 0.129 = 14.71m^3$$
$$D 区 \quad 4.8 \times 15 \times 0.138 = 9.94m^3$$
$$合计： \quad 53.44m^3$$

（3）找坡层面积：$7.8 \times 15 + 6.9 \times 20 + 5.7 \times 20 + 4.8 \times 15 = 441.0m^2$

（4）找坡平均厚度：$53.44 \div 441 = 0.121m$

（5）区域找坡层厚度验算：

屋脊找坡厚 $h = 7.8 \times 0.02 + 0.03 = 0.186m$

A 区：最薄厚 $NN = 0.03m$

平均厚 $h_1 = (0.03 + 0.186) \div 2 = 0.108m$

B 区：最薄厚 $EE = (7.8 - 6.9) \times 0.02 + 0.03 = 0.048m$

平均厚 $h_2 = (0.048 + 0.186) \div 2 = 0.117m$

C 区：最薄厚 $FF = (7.8 - 5.7) \times 0.02 + 0.03 = 0.072m$

平均厚 $h_3 = (0.072 + 0.186) \div 2 = 0.129m$

D 区：最薄厚 $HH = (7.8 - 4.8) \times 0.02 + 0.03 = 0.09m$

平均厚 $h_4 = (0.09 + 0.186) \div 2 = 0.138m$

经复核，找坡厚度计算正确无误。

【例 3-36】 试计算某小区单层办公平房（图 3-25），屋面各分项工程量。

【解】 查陕 09J01 图集，编号"屋Ⅲ（90）"工程做法为：4mm 厚 APP 卷材防水；20mm 厚 1：3 水泥砂浆找平层；90mm 厚水泥珍珠岩保温板；1：6 水泥焦渣找坡最薄处 30mm 厚。挑檐节点图中，檐沟找坡为 50 号炉渣混凝土，找坡最薄处 30mm 厚；屋面采用 PVC 排水管。

1）保温、隔热屋面

（1）90 厚水泥珍珠岩保温板

$$(19.14 - 0.24 \times 2)(6.24 - 0.24 \times 2 - 0.45) = 99.08m^2$$

（2）屋面 1：6 水泥焦渣找坡 80 厚 $99.08m^2$

（3）天沟、挑檐 50 号炉渣混凝土找坡 80 厚

天沟 $(19.14 - 0.24 \times 2) \times 0.45 = 8.4m^2$

挑檐 $(19.14 - 0.1 \times 2)(0.8 - 0.12 - 0.1) = 10.99m^2$

小计：$19.39m^2$

2）屋面卷材防水

（1）APP 改性沥青卷材（厚 4mm，保护层喷刷苯丙乳液一遍）

$$99.08 + 8.4 + (18.66 + 5.76) \times 2 \times 0.3 = 122.13m^2$$

（2）20 厚 1：3 水泥砂浆找平层

$$99.08 + 19.39 = 118.47m^2$$

3）屋面 PVC 排水管

（1）ϕ100 PVC 排水管　　3.6×2＝7.2m

（2）铸铁落水口　　　　　2 个

（3）镀锌铅丝球　　　　　2 个

3.10　装饰工程量计算

3.10.1　墙、柱面工程

1. 墙面抹灰

1）墙面抹灰计算规定

墙面一般抹灰、装饰抹灰，工程量应分别墙体类型（砖墙、加气混凝土砌块、大模混凝土等，以下同），饰面材料种类列项，按设计图示尺寸以面积（m²）计算。扣除墙裙、门窗洞口及单个＞0.3m² 的孔洞面积，不扣除踢脚线、挂镜线和墙与构件交接处的面积，门窗洞口和孔洞的侧壁及顶面 不增加面积。附墙柱、梁、垛、烟囱侧壁并入相应的墙面面积内。

① 外墙抹灰面积按外墙垂直投影面积计算；

② 外墙裙抹灰面积按其长度乘以高度计算；

③ 内墙抹灰面积按主墙间的净长乘以高度计算（无墙裙的，高度按室内楼地面至天棚底面计算；有墙裙的，高度按墙裙顶至天棚底面计算）；

④ 内墙裙抹灰面按内墙净长乘以高度计算。

项目特征：墙体类型；底层厚度、砂浆配合比；面层厚度、砂浆配合比；装饰面材料种类；分格缝宽度、材料种类。

工作内容：基层清理；砂浆制作、运输；底层抹灰；抹面层；抹装饰面；勾分格缝。

说明： ① 抹石灰砂浆、水泥砂浆、混合砂浆、聚合物水泥砂浆、麻刀石灰浆、石膏灰浆等按墙面一般抹灰列项；墙面水刷石、斩假石、干粘石、假面砖等按墙面装饰抹灰列项。

② 飘窗凸出外墙面增加的抹灰并入外墙工程量内。

③ 有吊顶天棚的内墙抹灰，抹至吊顶以上部分在综合单价中考虑。

2）计算方法

（1）外墙抹灰面积按外墙垂直投影面积计算。其方法是先算出外墙的整体面积（$S_外$），然后再计算外墙的局部装饰面积和外墙裙面积。外墙抹灰主要做法的大面积抹灰量，等于外墙整体面积减去该局部装饰面积和外墙裙所占面积。外墙面整体面积公式如下：

$$S_外＝L_外×外墙抹灰高度－外墙0.3m²以外洞口面积 \qquad (3\text{-}96)$$

外墙抹灰高度：当屋面设有挑檐时，外墙抹灰高度为室外散水至挑檐底的高度；当屋面设女儿墙时，外墙抹灰高度为室外散水至屋面女儿墙顶的高度。

（2）外墙裙抹灰面积按其长度乘以高度计算。计算公式如下：

底层无阳台：$\qquad S_{外墙裙}＝L_外×外墙裙高－相应洞口面积 \qquad (3\text{-}97)$

底层有阳台：$S_{外墙裙}＝(L_外＋底层阳台侧宽)×外墙裙高－相应洞口面积 \qquad (3\text{-}98)$

当建筑物底层设有阳台，从外墙整体面积中扣除外墙裙面积时要注意两个问题：一是有阳台的外墙裙面积中包括了栏板的面积，因而不能按其扣除；二是底层阳台内，窗台以下的外墙，虽然在外墙裙的扣除高度内，但该部分的外墙饰面不同于外墙裙做法，因而不能扣除该部分的面积。有阳台的外墙裙扣除公式如下：

$$S_{扣} ＝ L_{外} \times 外墙裙高 － 底层阳台长 \times 栏板高 － 相应洞口面积 \tag{3-99}$$

（3）内墙抹灰面积按室内抹灰墙体的净长乘以高度计算。其高度确定如下：

无墙裙的，其高度按室内楼地面至天棚底面间的距离计算；有墙裙的，其高度按墙裙顶至天棚底面间的距离计算。

内墙抹灰，包括外墙的内面和内墙的双面抹灰，内墙整体面积 $S_{内}$ 按下式计算：

$$S_{内} ＝ 外墙内面面积 ＋ 内墙双面面积 － T 形接头面积 \tag{3-100}$$

外墙内面面积＝（$L_{中}$ －外墙厚×4）×内墙抹灰高－外墙 $0.3m^2$ 以外洞口面积

内墙双面面积＝（$L_{内}$ ×内墙抹灰高－内墙 $0.3m^2$ 以外洞口面积）×2＋隔墙双面面积

T 形接头面积＝T 形接头个数×内墙厚×内墙抹灰高

计算内墙抹灰时，应先算出内墙整体面积 $S_{内}$，然后再计算局部装饰和内墙裙面积，内墙抹灰面积等于内墙整体面积减去该局部装饰面积和内墙裙面积。

（4）内墙裙抹灰面积按内墙裙净长乘以高度计算。

2. 柱（梁）面抹灰

柱、梁面一般抹灰、装饰抹灰，工程量应分别柱（梁）体类型，饰面材料种类列项，柱面抹灰：按设计图示柱断面周长乘高度以面积（m^2）计算；梁面抹灰：按设计图示梁断面周长乘长度以面积（m^2）计算。

项目特征：柱（梁）体类型；底层厚度、砂浆配合比；面层厚度、砂浆配合比；装饰面材料种类；分格缝宽度、材料种类。

工作内容：基层清理；砂浆制作、运输；底层抹灰；抹面层；勾分格缝。

说明：柱（梁）面抹石灰砂浆、水泥砂浆、混合砂浆、聚合物水泥砂浆、麻刀石灰浆、石膏灰浆等按柱（梁）面一般抹灰编码列项，柱（梁）面水刷石、斩假石、干粘石、假面砖等按柱（梁）面装饰抹灰编码列项。

3. 零星项目抹灰

零星项目一般抹灰、零星项目装饰抹灰，工程量应分别基层类型、部位、饰面材料种类列项，按设计图示尺寸以面积（m^2）计算。

项目特征：基层类型、部位；底层厚度、砂浆配合比；面层厚度、砂浆配合比；装饰面材料种类；分格缝宽度、材料种类。

工作内容：基层清理；砂浆制作、运输；底层抹灰；抹面层；抹装饰面；勾分格缝。

说明：① 零星项目抹石灰砂浆、水泥砂浆、混合砂浆、聚合物水泥砂浆、麻刀石灰浆、石膏灰浆等按零星项目一般抹灰编码列项；零星项目水刷石、斩假石、干粘石、假面砖等按零星项目装饰抹灰编码列项。

② 墙、柱（梁）面≤$0.5m^2$ 的少量分散的抹灰按本表中零星抹灰项目编码列项。

4. 墙面镶贴块料

墙面镶贴块料，包括：石材墙面，拼碎石材墙面，块料墙面。工程量应分别墙体类型，挂贴方式，面层材料品种、规格、品牌列项，按设计图示尺寸以镶贴表面积（m^2）

计算。

项目特征：墙体类型；安装方式；面层材料品种、规格、颜色；缝宽、嵌缝材料种类；防护材料种类；磨光、酸洗、打蜡要求。

工作内容：基层清理；砂浆制作、运输；粘结层铺贴；面层安装；嵌缝；刷防护材料；磨光、酸洗、打蜡。

说明： ① 在描述碎块项目的面层材料特征时可不用描述规格、品牌、颜色。

② 石材、块料与粘接材料的结合面刷防渗材料的种类在防护层材料种类中描述。

③ 安装方式可描述为砂浆或粘接剂粘贴、挂贴、干挂等，不论哪种安装方式，都要详细描述与组价相关的内容。

5. 柱（梁）面镶贴块料

柱面镶贴块料，包括石材柱面，拼碎石材柱面，块料柱面、石材梁面、块料梁面。工程量应分别柱体类型，挂贴方式，面层材料品种、规格、品牌列项，按设计图示尺寸以镶贴表面积（m²）计算。

项目特征：柱截面类型、尺寸；安装方式；面层材料品种、规格、颜色；缝宽、嵌缝材料种类；防护材料种类；磨光、酸洗、打蜡要求。

工作内容：基层清理；砂浆制作、运输；粘结层铺贴；面层安装；嵌缝；刷防护材料；磨光、酸洗、打蜡。

说明： ① 在描述碎块项目的面层材料特征时可不用描述规格、品牌、颜色。

② 石材、块料与粘接材料的结合面刷防渗材料的种类在防护层材料种类中描述。

③ 柱梁面干挂石材的钢骨架按表 M.4 相应项目编码列项。

6. 镶贴零星块料

零星项目镶贴块料，包括：石材零星项目，块料零星项目，拼碎块零星项目。工程量应分别基层类型、部位，挂贴方式，面层材料品种、规格、品牌列项，按设计图示尺寸以镶贴表面积（m²）计算。

项目特征：基层类型、部位；安装方式；面层材料品种、规格、颜色；缝宽、嵌缝材料种类；防护材料种类；磨光、酸洗、打蜡要求。

工作内容：基层清理；砂浆制作、运输；面层安装；嵌缝；刷防护材料；磨光、酸洗、打蜡。

说明： ① 在描述碎块项目的面层材料特征时可不用描述规格、品牌、颜色。

② 石材、块料与粘接材料的结合面刷防渗材料的种类在防护层材料种类中描述。

③ 零星项目干挂石材的钢骨架按本附录表 M.4 相应项目编码列项。

④ 墙柱面≤0.5m² 的少量分散的镶贴块料面层应按零星项目执行。

7. 墙面装饰板

工程量应分别面层材料品种、规格，龙骨材料种类、规格、中距，基层材料种类、规格列项，按设计图示墙净长乘净高以面积（m²）计算。扣除门窗洞口及单个＞0.3 m² 的孔洞所占面积。

项目特征：龙骨材料种类、规格、中距；隔离层材料种类、规格；基层材料种类、规格；面层材料品种、规格、颜色；压条材料种类、规格。

工作内容：基层清理；龙骨制作、运输、安装；钉隔离层；基层铺钉；面层铺贴。

8. 柱（梁）饰面

工程量应分别面层材料品种、规格，龙骨材料种类、规格、中距，基层材料种类、规格列项，按设计图示饰面外围尺寸以面积（m²）计算。柱帽、柱墩并入相应柱饰面工程量内。

项目特征：龙骨材料种类、规格、中距；隔离层材料种类；基层材料种类、规格；面层材料品种、规格、颜色；压条材料种类、规格。

工作内容：清理基层；龙骨制作、运输、安装；钉隔离层；基层铺钉；面层铺贴。

3.10.2 幕墙、隔断工程

1. 带骨架幕墙

工程量应分别骨架材料种类、规格、中距，面层材料品种、规格，面层固定方式列项，按设计图示框外围尺寸以面积（m²）计算。与幕墙同种材质的窗所占面积不扣除。

项目特征：骨架材料种类、规格、中距；面层材料品种、规格、颜色；面层固定方式；隔离带、框边封闭材料品种、规格；嵌缝、塞口材料种类。

工作内容：骨架制作、运输、安装；面层安装；隔离带、框边封闭；嵌缝、塞口；清洗。

2. 全玻（无框玻璃）幕墙

工程量应分别玻璃品种、规格、颜色，固定方式列项，按设计图示尺寸以面积（m²）计算。带肋全玻幕墙按展开面积计算。

项目特征：玻璃品种、规格、颜色；粘结塞口材料种类；固定方式。

工作内容：幕墙安装；嵌缝、塞口；清洗。

3. 木隔断

工程量应分别隔板材料品种、规格，骨架、边框材料种类、规格列项，按设计图示框外围尺寸以面积（m²）计算。不扣除单个≤0.3m²的孔洞所占面积；浴厕门的材质与隔断相同时，门的面积并入隔断面积内。

项目特征：骨架、边框材料种类、规格；隔板材料品种、规格、颜色；嵌缝、塞口材料品种；压条材料种类。

工作内容：骨架及边框制作、运输、安装；隔板制作、运输、安装；嵌缝、塞口；装钉压条。

4. 金属隔断

工程量应分别隔板材料品种、规格；骨架、边框材料种类、规格列项，按设计图示框外围尺寸以面积（m²）计算。不扣除单个≤0.3m²的孔洞所占面积；浴厕门的材质与隔断相同时，门的面积并入隔断面积内。

项目特征：骨架、边框材料种类、规格；隔板材料品种、规格、颜色；嵌缝、塞口材料品种。

工作内容：骨架及边框制作、运输、安装；隔板制作、运输、安装；嵌缝、塞口。

5. 玻璃隔断

工程量应分别边框材料种类、规格，玻璃品种、规格列项，按设计图示框外围尺寸以面积（m²）计算。不扣除单个≤0.3m²的孔洞所占面积。

项目特征：边框材料种类、规格；玻璃品种、规格、颜色；嵌缝、塞口材料品种。

工作内容：边框制作、运输、安装；玻璃制作、运输、安装；嵌缝、塞口。

6. 塑料隔断

工程量应分别边框材料种类、规格，隔板材料品种、规格列项，按设计图示框外围尺寸以面积（m²）计算。不扣除单个≤0.3m²的孔洞所占面积。

项目特征：边框材料种类、规格；隔板材料品种、规格、颜色；嵌缝、塞口材料品种。

工作内容：骨架及边框制作、运输、安装；隔板制作、运输、安装；嵌缝、塞口。

3.10.3 天棚工程

1. 天棚抹灰

天棚抹灰，工程量应分别基层类型（现浇板底、预制板底）、抹灰材料种类、砂浆配合比及厚度列项，按设计图示尺寸以水平投影面积（m²）计算，不扣除间壁墙、垛、柱、附墙烟囱、检查口和管道所占的面积，带梁天棚，梁两侧抹灰面积并入天棚面积内。板式楼梯底面抹灰按斜面积计算，锯齿形楼梯底板抹灰按展开面积计算。

项目特征：基层类型；抹灰厚度、材料种类；砂浆配合比。

工作内容：基层清理；底层抹灰；抹面层。

说明：天棚抹灰做法如果不一致时，应先算出不同抹灰种类、不同砂浆配合比及厚度的局部抹灰面积，然后用楼地面整体面积基数$S_地$（公式3-93），减去以上局部抹灰面积和楼梯、吊顶（无吊顶时不计算此项）的水平投影面积，算出天棚主要工程做法的大面积抹灰工程量。

2. 吊顶天棚

吊顶天棚，工程量应分别吊顶形式，龙骨类型、材料种类、规格、中距，基层材料种类、规格，面层材料品种、规格列项，按设计图示尺寸以水平投影面积（m²）计算。天棚面中的灯槽及跌级、锯齿形、吊挂式、藻井式天棚面积不展开计算。不扣除间壁墙、检查口、附墙烟囱、柱垛和管道所占面积，扣除单个＞0.3m²的孔洞、独立柱及与天棚相连的窗帘盒所占的面积。

项目特征：吊顶形式、吊杆规格、高度；龙骨材料种类、规格、中距；基层材料种类、规格；面层材料品种、规格；压条材料种类、规格；嵌缝材料种类；防护材料种类。

工作内容：基层清理、吊杆安装；龙骨安装；基层板铺贴；面层铺贴；嵌缝；刷防护材料。

3.10.4 油漆工程

1. 木门油漆

以樘计量，工程量按设计图示数量计量；以平方米计量，工程量按设计图示洞口尺寸以面积（m²）计算。

项目特征：门类型；门代号及洞口尺寸；腻子种类；刮腻子遍数；防护材料种类；油漆品种、刷漆遍数。

工作内容：基层清理；刮腻子；刷防护材料、油漆。

说明：木门油漆应区分木大门、单层木门、双层（一玻一纱）木门、双层（单裁口）木门、全玻自由门、半玻自由门、装饰门及有框门或无框门等项目，分别编码列项。

2. 金属门油漆

以樘计量，工程量按设计图示数量计量；以平方米计量，工程量按设计图示洞口尺寸以面积（m²）计算。

项目特征：门类型；门代号及洞口尺寸；腻子种类；刮腻子遍数；防护材料种类；油漆品种、刷漆遍数。

工作内容：除锈、基层清理；刮腻子；刷防护材料、油漆。

说明：金属门油漆应区分平开门、推拉门、钢制防火门列项。

3. 木窗油漆

以樘计量，工程量按设计图示数量计量；以平方米计量，按设计图示洞口尺寸以面积（m²）计算。

项目特征：窗类型；窗代号及洞口尺寸；腻子种类；刮腻子遍数；防护材料种类；油漆品种、刷漆遍数。

工作内容：基层清理；刮腻子；刷防护材料、油漆。

说明：木窗油漆应区分单层木门、双层（一玻一纱）木窗、双层框扇（单裁口）木窗、双层框三层（二玻一纱）木窗、单层组合窗、双层组合窗、木百叶窗、木推拉窗等项目，分别编码列项。

4. 金属窗油漆

以樘计量，工程量按设计图示数量计量；以平方米计量，工程量按设计图示洞口尺寸以面积（m²）计算。

项目特征：窗类型；窗代号及洞口尺寸；腻子种类；刮腻子遍数；防护材料种类；油漆品种、刷漆遍数。

工作内容：除锈、基层清理；刮腻子；刷防护材料、油漆。

说明：金属窗油漆应区分平开窗、推拉窗、固定窗、组合窗、金属隔栅窗分别列项。

5. 金属面油漆

以t计量，工程量按设计图示尺寸以质量计算；以m²计量，工程量按设计展开面积计算。

项目特征：构件名称；腻子种类；刮腻子要求；防护材料种类；油漆品种、刷漆遍数。

工作内容：基层清理；刮腻子；刷防护材料、油漆。

6. 抹灰面油漆

工程量应分别基层类型，油漆品种、刷漆遍数列项，按设计图示尺寸以面积（m²）计算。

项目特征：基层类型；腻子种类；刮腻子遍数；防护材料种类；油漆品种、刷漆遍数。

工作内容：基层清理；刮腻子；刷防护材料、油漆。

3.10.5 喷刷涂料

1. 墙面喷刷涂料

工程量应分别基层类型，涂料品种、喷刷遍数列项，按设计图示尺寸以面积（m²）计算。

135

项目特征：基层类型；喷刷涂料部位；腻子种类；刮腻子要求；涂料品种、喷刷遍数。

工作内容：基层清理；刮腻子；刷、喷涂料。

2. 天棚喷刷涂料

工程量应分别基层类型，涂料品种、喷刷遍数列项，按设计图示尺寸以面积（m^2）计算。

项目特征：基层类型；喷刷涂料部位；腻子种类；刮腻子要求；涂料品种、喷刷遍数。

工作内容：基层清理；刮腻子；刷、喷涂料。

3.10.6 裱糊

1. 墙纸裱糊

工程量应分别基层类型，裱糊部位，面层材料品种、规格、颜色列项，按设计图示尺寸以面积 m^2 计算。

项目特征：基层类型；裱糊部位；腻子种类；刮腻子遍数；粘结材料种类；防护材料种类；面层材料品种、规格、颜色。

工作内容：基层清理；刮腻子；面层铺粘；刷防护材料。

2. 织锦缎裱糊

工程量应分别基层类型，裱糊部位，面层材料品种、规格、颜色列项，按设计图示尺寸以面积 m^2 计算。

项目特征：基层类型；裱糊部位；腻子种类；刮腻子遍数；粘结材料种类；防护材料种类；面层材料品种、规格、颜色。

工作内容：基层清理；刮腻子；面层铺粘；刷防护材料。

3.10.7 实例计算

【例 3-37】 试计算某小区单层办公房（见图 3-25），墙面各项装饰工程量。

【解】 已知（见例 3-13）：$L_中 = 49.8m$　　$L_内 = 23.04m$

$$L_外 = 49.8 + 0.24 \times 4 = 50.76m$$

240 墙洞口面积：$39.78m^2$

120 墙洞口面积：$1.92m^2$

1. 外墙装饰计算

（1）抹灰高度计算（楼板厚按 130mm 计，挑檐板厚按 100mm 计）

240 外墙抹灰高　　$0.3 + 3.6 + 0.6 = 4.5m$

240 内墙抹灰高　　$3.6 - 0.13 = 3.47m$

120 内墙抹灰高　　$3.6 - 0.13 = 3.47m$

（2）外墙整体面积　　$S_外 = 50.76 \times 4.5 - 39.78 = 188.64 \ m^2$

（3）外墙裙干粘石（12 厚 1：3 水泥砂浆打底，6 厚 1：3 水泥砂浆，刮 1 厚建筑胶水泥浆粘结层，干粘石拍平压实）

$$(19.14 - 1.0 \times 4 - 1.5) \times 0.9 + (6.24 \times 2 + 19.14) \times 1.2 = 50.22m^2$$

（4）外墙一般抹灰（12 厚 1：3 水泥砂浆打底，6 厚 1：2.5 水泥抹平）

外墙面　　　　　　　　　　$188.64 - 50.22 = 138.42m^2$

女儿墙内侧　　　　　　　　$18.66 \times 3 + 5.76 \times 2 = 67.5 \mathrm{m}^2$

2. 内墙装饰计算

（1）内墙抹灰整体面积 $S_内$

外墙内面面积　　　$(49.8 - 0.24 \times 4) \times 3.47 - 39.78 = 129.69 \mathrm{m}^2$

240 内墙双面　　　$23.04 \times 3.47 \times 2 = 159.9 \mathrm{m}^2$

120 内墙双面　　　$(3.06 \times 3.47 - 1.92) \times 2 = 17.4 \mathrm{m}^2$

减 T 形接头面积　　$-(8 \times 0.24 \times 3.47 + 2 \times 0.12 \times 3.47) = -7.5 \mathrm{m}^2$

合　计：$299.49 \mathrm{m}^2$

（2）卫生间釉面砖墙裙（10 厚 1：3 水泥砂浆打底，1.5 厚水泥聚合物涂膜防水层，4 厚水泥聚合物砂浆粘接层，贴白色釉面砖）

内墙裙　　$(3.06 \times 4 + 5.76 \times 2) \times 1.5 - (0.8 \times 1.5 \times 2 + 1.5 \times 1.5 + 1.5 \times 0.6) = 30.09 \mathrm{m}^2$

洞口边　　　　$0.1 \times 2 \times 1.5 + 0.05 \times 2 \times 1.5 + 2.7 \times 0.1 = 0.72 \mathrm{m}^2$

合　计：$30.81 \mathrm{m}^2$

（3）内墙面一般抹灰（14 厚 1：3 石膏砂浆打底，2 厚纸筋灰抹面）

　　　　　　　　　$299.49 - 30.81 = 268.68 \mathrm{m}^2$

（4）零星项目一般抹灰（10 厚 1：3 水泥砂浆打底，6 厚 1：2.5 水泥砂浆抹面）

窗台线　　　　　$(1.8 \times 4 + 1.5 \times 5) \times 0.18 = 2.65 \mathrm{m}^2$

挑檐栏板　　　$(19.14 + 0.8 \times 2) \times 0.64 \times 2 = 26.55 \mathrm{m}^2$

女儿墙压顶　　$(18.9 + 5.76) \times 2 \times 0.42 = 20.71 \mathrm{m}^2$

3. 天棚装饰计算

天棚一般抹灰（刷素水泥浆一道，3 厚 1：0.5：1 水泥石灰膏砂浆打底，5 厚 1：0.5：3 水泥石灰膏砂浆，2 厚纸筋灰抹面）

（1）挑檐板底　　　$19.14 \times 0.8 = 15.31 \mathrm{m}^2$

（2）预制板底　　　$3.66 \times 5.76 \times 4 + 3.06 \times 5.76 = 101.95 \mathrm{m}^2$

4. 墙面喷刷涂料

（1）外墙刷白色外墙涂料　　　　　$138.42 \mathrm{m}^2$

（2）挑檐立面白色外墙涂料　　　　$26.55 \mathrm{m}^2$

（3）内墙刷乳胶漆（满刮腻子两遍，白乳胶漆二遍）$268.68 \mathrm{m}^2$

（4）天棚刷乳胶漆（满刮腻子两遍，白乳胶漆二遍）

　　　　　　　　　$101.95 + 15.31 = 117.26 \mathrm{m}^2$

第4章

工程量清单编制的基本方法

4.1 《计价规范》简介

《建设工程工程量清单计价规范 GB 50500—2013》（以下简称《计价规范》）是国家住房和城乡建设部与国家质量监督检验检疫总局联合发布，用于建设工程发承包及实施阶段的计价活动。其目的是为了规范工程造价计价行为，统一建设工程造价文件的编制和计价方法。

《计价规范》是在"08 规范"的基础上经过增补、删减修编而来的，是用于建设工程发承包工程计价的规范。

4.1.1 一般概念

工程量清单计价方法，是建设工程招标投标中，由招标人提供工程量清单，投标人依据工程量清单自主报价，并按照经评审低价中标的工程造价计价方式。

工程量清单，是表现建设工程分部分项工程项目、措施项目、其他项目的名称和相应数量以及规费、税金项目等内容的明细清单。由招标人按照《计量规范》附录中统一的项目编码、项目名称、计量单位、工程量计算规则和施工图纸、标准图集、图纸答疑及工程现场实际进行编制，包括分部分项工程量清单、措施项目清单、其他项目清单、规费、税金项目清单等。工程量清单是工程计价的基础，是编制招标控制价、投标报价、计算工程量、支付工程款、调整合同价款、办理竣工结算以及工程索赔等的重要依据。

工程量清单计价，是指投标人完成由招标人提供的工程量清单所需的全部费用，包括分部分项工程费、措施项目费、其他项目费、规费、税金项目费。工程量清单采用综合单价计价，即包括除规费和税金以外的全部费用。

建设工程发承包及实施阶段的计价活动包括：工程量清单编制、工程量清单招标控制价编制、工程量清单投标报价编制、工程合同价款约定、竣工结算的办理以及工程施工过程中工程计量与工程价款的支付、索赔与现场签证、工程价款的调整和工程计价争议处理等。

建设工程发承包及实施阶段的计价活动应遵循客观、公正、公平的原则。除应遵守本规范外，尚应符合国家现行有关标准的规定。

4.1.2 《计价规范》的特点

1. 全面系统性

《计价规范》各章节的条文内容，对建设工程发承包及实施阶段的计价活动进行全面、系统规定，涵盖了工程量清单编制、招标控制价、投标报价、合同价款约定、工程计量、合同价款调整、合同价款中期支付、竣工结算与支付、合同解除的价款结算与支付、合同价款争议的解决、工程造价鉴定、工程计价资料与档案、工程计价表格等内容。因此，建设工程发承包及实施阶段的计价活动从开始编制工程量清单，直至工程竣工后结算的办理，各阶段都有法规可依，从而减少了纠纷和扯皮现象。

2. 强制性

主要表现在以下三个方面：

（1）《计价规范》是由国家建设行政主管部门按照强制性国家标准以规范的形式颁布，规定全部使用国有资金投资或国有资金投资为主的工程建设项目，必须采用工程量清单计价。对于非国有资金投资的工程建设项目，宜采用工程量清单方式计价。当确定采用工程量清单计价时，则应执行本规范；对于确定不采用工程量清单方式计价的非国有投资工程建设项目，除不执行工程量清单计价的专门性规定外，但规范中规定的工程价款调整、工程计量和价款支付、索赔与现场签证、竣工结算以及工程造价争议处理等内容条文仍应执行。

（2）《计价规范》明确规定，工程量清单是招标文件的组成部分，并规定了招标人在编制工程量清单、招标控制价，以及投标人在编制投标报价和工程价款结算时应遵循的各项规则。强制规定招标人在编制工程量清单时，应按规范附录格式统一项目编码、统一项目名称、统一计量单位、统一工程量计算规则。同时规定投标人在计价时，应按招标人提供的工程量清单填报价格。填写的项目编码、项目名称、项目特征、计量单位、工程量必须与招标人提供的一致。

（3）《计价规范》明确规定，措施项目清单中的安全文明施工费、规费项目清单中的规费、税金项目清单中的税金应按照国家或省级、行业建设主管部门的规定计算，不得作为竞争性费用。

3. 竞争性

工程量清单计价是按"量"、"价"分离的方式计价的，《计价规范》只对"量"的计算作了规定，对综合单价中反映的工料机消耗标准、单价、施工方法与措施未作规定，因此，在工程招标投标中，投标人可以根据企业自身的施工技术和管理水平、工料机三项要素的消耗标准、间接费发生额度以及预期的利润要求，参与投标报价公平竞争。

4. 责任性

《计价规范》明确规定，采用工程量清单方式招标发包，工程量清单必须作为招标文件的组成部分，招标人对编制的工程量清单的准确性和完整性负责。投标人依据工程量清单进行投标报价，对工程量清单不负有核实的义务，更不具有修改和调整的权力。工程量清单作为投标人报价的共同平台，其准确性，要求项目编码、项目名称设置和项目特征描述正确，工程量不算错；其完整性，要求不缺项漏项，均应由招标人负责。如招标人委托工程造价咨询人编制，责任仍应由招标人承担。

4.1.3 《计价规范》的内容

《计价规范》由正文、附录和"条文说明"三部分构成。

1. 正文

正文分16个部分。包括：总则、术语、一般规定、工程量清单编制、招标控制价、投标报价、合同价款约定、工程计量、合同价款调整、合同价款中期支付、竣工结算与支付、合同解除的价款结算与支付、合同价款争议的解决、工程造价鉴定、工程计价资料与档案、工程计价表格等内容，分别就《计价规范》的适用范围、遵循的原则、工程量清单计价应遵循的规则等作了明确规定。

2. 附录

附录主要为工程量清单计价各个阶段使用的表格。

包括：附录 A、附录 B、附录 C、附录 D、附录 E、附录 F、附录 G、附录 H、附录 J、附录 K、附录 L 11 类 35 种表格。

(1) 附录 A：物价变化合同价款调整方法

(2) 附录 B：工程计价文件封面（B. 1-B. 3）

(3) 附录 C：工程计价文件扉页（C. 1-C. 5）

(4) 附录 D：工程计价总说明

(5) 附录 E：工程计价汇总表（E. 1-E. 6）

(6) 附录 F：分部分项工程和措施项目计价表（F. 1-F. 4）

(7) 附录 G：其他项目计价表（G. 1-G. 9）

(8) 附录 H：规费、税金项目计价表

(9) 附录 J：工程计量申请（核准）表

(10) 附录 K：合同价款支付申请（核准）表（K. 1-K. 5）

(11) 附录 L：主要材料、工程设备一览表（L. 1-L. 3）

3. 条文说明

"条文说明"主要是对正文条文款内容的解释说明。

4. 1. 4　《计价规范》的强制性规定

第 3. 1. 1 条，使用国有资金投资的建设工程发承包，必须采用工程量清单计价。

说明：本条规定了执行本规范的范围，国有投资的资金包括国家融资资金、国有资金为主的投资资金。

(1) 国有资金投资的工程建设项目包括：

① 使用各级财政预算资金的项目；

② 使用纳入财政管理的各种政府性专项建设资金的项目；

③ 使用国有企事业单位自有资金，并且国有资产投资者实际拥有控制权的项目。

(2) 国家融资资金投资的工程建设项目包括：

① 使用国家发行债券所筹资金的项目；

② 使用国家对外借款或者担保所筹资金的项目；

③ 使用国家政策性贷款的项目；

④ 国家授权投资主体融资的项目；

⑤ 国家特许的融资项目。

(3) 国有资金为主的工程建设项目是指国有资金占投资总额 50% 以上，或虽不足 50% 但国有投资者实质上拥有控股权的工程建设项目。

第 3. 1. 4 条，工程量清单计价应采用综合单价计价。

说明：实行工程量清单计价应采用综合单价法，不论分部分项工程项目、措施项目、其他项目，还是以单价或以总价形式表现的项目，其综合单价的组成内容应符合本规范第2.0.8条的规定，包括除规费、税金以外的所有金额。

第3.1.5条，措施项目中的安全文明施工费必须按国家或省级、行业建设主管部门的规定计算，不得作为竞争性费用。

说明： 根据《中华人民共和国安全生产法》、《中华人民共和国建筑法》、《建设工程安全生产管理条例》等法律、法规的规定，建设部办公厅印发了《建筑工程安全防护、文明施工措施费及使用管理规定》（建办［2005］89号），将安全文明施工费纳入国家强制性标准管理范围，其费用标准不予竞争。本规范规定措施项目清单中的安全文明施工费应按国家或省级、行业建设主管部门的规定费用标准计价，招标人不得要求投标人对该项费用进行优惠，投标人也不得将该项费用参与市场竞争。

措施项目清单中的安全文明施工费包括《建筑安装工程费用项目组成》中措施费的文明施工费、环境保护费、临时设施费、安全施工费。

第3.1.6条，规费和税金必须按国家或省级、行业建设主管部门的规定计算，不得作为竞争性费用。

第3.4.1条，建设工程发承包，必须在招标文件、合同中明确计价中的风险内容及其范围，不得采用无限风险、所有风险或类似语句规定计价中的风险内容及范围。

说明： 风险是一种客观上存在的、可能会带来损失的、不确定的状态，具有客观性、损失性、不确定性特点。

在工程建设施工发承包中，实行风险共担和合理分摊原则，是建设市场公平交易的具体体现，是维护建设市场正常秩序的措施之一。其具体体现则是应在招标文件或合同中对发承包双方各自应承担的计价风险内容及其范围和幅度进行界定和明确，而不能要求承包人承担所有风险和无限度风险。根据我国工程建设特点，投标人应承担技术风险和管理风险，如管理费和利润；应有限度承担的是市场风险，如材料价格、施工机械使用费；应完全不承担的是法律、法规、规章和政策变化的风险。

本规范定义的风险是综合单价包含的内容。关系职工切身利益的人工费不应纳入风险，材料价格的风险宜控制在5%以内，施工机械使用费的风险可控制在10%以内，超过者予以调整，管理费和利润的风险由投标人全部负责。

（1）由于下列因素出现，影响合同价款调整的，应由发包人承担：

① 国家法律、法规、规章和政策发生变化；

② 省级和行业建设主管部门发布的人工费调整，但承包人对人工费或人工单价的报价高于发布的除外；

③ 由政府定价或政府指导价管理的原材料（如水、电、燃油等）等价格进行了调整。

因承包人原因导致工期延误的，按本规范9.2.1条规定的调整时间，在合同工程原定竣工时间之后，合同价款调增的不予调整，合同价款调减的予以调整。

（2）由于市场物价波动影响合同价款的，应由发承包双方合理分摊。按规范附录L.2或L.3填写《承包人提供主要材料和工程设备一览表》作为合同附件，进行调整；当合同中没有约定，发承包双方发生争议时，应按本规范9.8.1～9.8.3条物价变化一节相关规定调整合同价款。

（3）由于承包人使用机械设备、施工技术以及组织管理水平等自身原因造成施工费用增加的，应由承包人全部承担。

（4）当不可抗力发生，影响合同价款时，应按本规范第 9.10 节的规定执行。

第 4.1.2 条，招标工程量清单必须作为招标文件的组成部分，其准确性和完整性应由招标人负责。

说明：工程施工招标发包可采用多种方式，但采用工程量清单方式招标发包，招标人必须将工程量清单作为招标文件的组成部分，连同招标文件一并发（或售）给投标人。招标人对编制的招标工程量清单的准确性和完整性负责，投标人依据招标工程量清单进行投标报价。

第 4.2.1 条，分部分项工程项目清单必须载明项目编码、项目名称、项目特征、计量单位和工程数量。

说明：本条规定了构成一个分部分项工程项目清单的五个要件——项目编码、项目名称、项目特征、计量单位和工程量，这五个要件在分部分项工程项目清单的组成中缺一不可。

第 4.2.2 条，分部分项工程项目清单必须根据相关工程现行国家计量规范规定的项目编码、项目名称、项目特征、计量单位和工程量计算规则进行编制。

说明：由于现行国家标准将计价与计量规范分设，因此，本条规定分部分项工程项目清单必须根据相关工程现行国家计量规范编制。

第 4.3.1 条，措施项目清单必须根据相关工程现行国家计量规范的规定编制。

说明：由于现行国家计量规范已将措施项目纳入规范中，因此，本条规定措施项目清单必须根据相关工程现行国家计量规范的规定编制。

4.1.5 《计价规范》的术语释义

1. 工程量清单

载明建设工程分部分项工程项目、措施项目、其他项目的名称和相应数量以及规费、税金项目等内容的明细清单。

2. 招标工程量清单

招标人依据国家标准、招标文件、设计文件以及施工现场实际情况编制的，随招标文件发布供投标报价的工程量清单，包括其说明和表格。

3. 已标价工程量清单

构成合同文件组成部分的投标文件中已标明价格，经算术性错误修正（如有）且承包人已确认的工程量清单，包括其说明和表格。

4. 分部分项工程

分部工程是单项或单位工程的组成部分，是按结构部位、路段长度及施工特点或施工任务将单项或单位工程划分为若干分部的工程；分项工程是分部工程的组成部分，是按不同施工方法、材料、工序及路段长度等将分部工程划分为若干个分项或项目的工程。

5. 措施项目

为完成工程项目施工，发生于该工程施工准备和施工过程中的技术、生活、安全、环境保护等方面的项目。

6. 项目编码

分部分项工程和措施项目清单名称的阿拉伯数字标识。

7. 项目特征

构成分部分项工程项目、措施项目自身价值的本质特征。

8. 综合单价

完成一个规定清单项目所需的人工费、材料和工程设备费、施工机具使用费和企业管理费、利润以及一定范围内的风险费用。

9. 风险费用

隐含于已标价工程量清单综合单价中，用于化解发承包双方在工程合同中约定内容和范围内的市场价格波动风险的费用。

10. 工程成本

承包人为实施合同工程并达到质量标准，在确保安全施工的前提下，必须消耗或使用的人工、材料、工程设备、施工机械台班及其管理等方面发生的费用和按规定缴纳的规费和税金。

说明："工程成本"，工程建设的目标是承包人按照设计图纸、施工验收规范和有关强制性标准，依据合同约定进行施工，完成合同工程并到达合同约定的质量标准。为实现这一目标，承包人在施工中必须消耗或使用相应的人工、材料和工程设备、施工机械台班并为其施工管理发生费用，还有按法规规定缴纳的各种规费和税金。所有这些，构成承包人施工的工程成本。

11. 单价合同

发承包双方约定以工程量清单及其综合单价进行合同价款计算、调整和确认的建设工程施工合同。

说明：实行工程量清单计价的工程，一般应采用单价合同方式，即合同中的工程量清单项目综合单价在合同约定的条件内固定不变，超过合同约定条件时，依据合同约定进行调整；工程量清单项目及工程量依据承包人实际完成且应予计量的工程量确定。

12. 总价合同

发承包双方约定以施工图及其预算和有关条件进行合同价款计算、调整和确认的建设工程施工合同。

说明："总价合同"是以施工图纸、规范为基础，在工程任务内容明确、发包人的要求条件清楚、计价依据和要求确定的条件下，发承包双方依据承包人编制的施工图预算商谈确定合同价款。

13. 成本加酬金合同

发承包双方约定以施工工程成本再加合同约定酬金进行合同价款计算、调整和确认的建设工程施工合同。

说明："成本加酬金合同"是承包人不承担任何价格变化和工程量变化的风险，不利于发包人对工程造价的控制。通常在如下情况下，双方选择成本加酬金合同：

（1）工程特别复杂，工程技术、结构方案不能预先确定，或者尽管可以确定工程技术和结构方案，但不可能进行竞争性的招标活动并以总价合同或单价合同的形式确定承包人；

（2）时间特别紧迫，来不及进行详细的计划和商谈，如抢险、救灾工程。

成本加酬金合同有多种形式，主要有成本加固定费用合同、成本加固定比例费用合同、成本加奖金合同等。

14. 工程造价信息

工程造价管理机构根据调查和测算发布的建设工程人工、材料、工程设备、施工机械台班的价格信息，以及各类工程的造价指数、指标。

说明： "工程造价信息"是工程造价管理机构通过搜集、整理、测算并发布工程建设的人工、材料、工程设备、施工机械台班的价格信息，以及各类工程的造价指数、指标，其目的是为政府有关部门和社会提供公共服务，为建筑市场各方主体计价提供造价信息的专业服务，实现资源共享。

工程造价中的价格信息是国有资金投资项目编制招标控制价的依据之一，是物价变化调整价格的基础，也是投标人进行投标报价的参考。

15. 工程造价指数

反映一定时期的工程造价相对于某一固定时期的工程造价变化程度的比值或比率。包括按单位或单项工程划分的造价指数，按工程造价构成要素划分的人工、材料、机械等价格指数。

16. 工程变更

合同工程实施过程中由发包人提出或由承包人提出经发包人批准的合同工程任何一项工作的增、减、取消或施工工艺、顺序、时间的改变；设计图纸的修改；施工条件的改变；招标工程量清单的错、漏从而引起合同条件的改变或工程量的增减变化。

说明： "工程变更"，建设工程合同是基于合同签订时静态的发承包范围、设计标准、施工条件为前提的，由于工程建设的不确定性，这种静态前提往往会被各种变更所打破。在合同工程实施过程中，工程变更可分为设计图纸发生修改，招标工程量清单存在错、漏，对施工工艺、顺序和时间的改变，为完成合同工程所需要追加的额外工作等。

17. 工程量偏差

承包人按照合同工程的图纸（含经发包人批准由承包人提供的图纸）实施，按照现行国家计量规范规定的工程量计算规则计算得到的完成合同工程项目应予计量的工程量与相应的招标工程量清单项目列出的工程量之间出现的量差。

说明： "工程量偏差"是由于招标工程量清单出现疏漏，或合同履行过程中出现设计变更等影响，按照相关工程现行国家计量规范规定的工程量计算规则计算的应予计量的工程量与相应的招标工程量清单项目的工程量之间的差额。

18. 暂列金额

招标人在工程量清单中暂定并包括在合同价款中的一笔款项。用于工程合同签订时尚未确定或者不可预见的所需材料、工程设备、服务的采购，施工中可能发生的工程变更、合同约定调整因素出现时的合同价款调整以及发生的索赔、现场签证确认等的费用。

19. 暂估价

招标人在工程量清单中提供的用于支付必然发生但暂时不能确定价格的材料、工程设备的单价以及专业工程的金额。

20. 计日工

在施工过程中，承包人完成发包人提出的工程合同范围以外的零星项目或工作，按合同中约定的单价计价的一种方式。

21. 总承包服务费

总承包人为配合协调发包人进行的专业工程发包，对发包人自行采购的材料、工程设备等进行保管以及施工现场管理、竣工资料汇总整理等服务所需的费用。

说明："总承包服务费"是在工程建设的施工阶段实行施工总承包时，当招标人在法律、法规允许的范围内对专业工程进行发包和自行采购供应部分材料、工程设备时，要求总承包人提供相关服务（如分包人使用总包人的脚手架、水电接驳等）和施工现场管理等所需的费用。

22. 安全文明施工费

在合同履行过程中，承包人按照国家法律、法规、标准等规定，为保证安全施工、文明施工，保护现场内外环境和搭拆临时设施等所采用的措施而发生的费用。

23. 索赔

在工程合同履行过程中，合同当事人一方因非己方的原因而遭受损失，按合同约定或法律法规规定应由对方承担责任，从而向对方提出补偿的要求。

24. 现场签证

发包人现场代表（或其授权的监理人、工程造价咨询人）与承包人现场代表就施工过程中涉及的责任事件所作的签认证明。

说明："现场签证"专指在工程建设的施工过程中，发承包双方的现场代表（或其委托人）对施工过程中由于发包人的责任致使承包人在工程施工中于合同内容外发生了额外的费用或其他与合同约定事项不符的情况，由承包人通过书面形式向发包人提出并予以签字确认的证明。

25. 提前竣工（赶工）费

承包人应发包人的要求而采取加快工程进度措施，使合同工程工期缩短，由此产生的应由发包人支付的费用。

说明："提前竣工（赶工）费"是对发包人要求缩短相应工程定额工期或要求合同工程工期缩短产生的应由发包人给予承包人一定补偿支付的费用。

26. 误期赔偿费

承包人未按照合同工程的计划进度施工，导致实际工期超过合同工期（包括经发包人批准的延长工期），承包人应向发包人赔偿损失的费用。

说明："误期赔偿费"是承包人未履行合同义务导致实际工期超过合同工期从而向发包人赔偿的费用。

27. 不可抗力

发承包双方在工程合同签订时不能预见的，对其发生的后果不能避免，并且不能克服的自然灾害和社会性突发事件。

说明："不可抗力"指自然灾害和社会性突发事件的发生必然对工程建设造成损失，但这种事件的发生是发承包双方谁都不能预见、克服的，其对工程建设造成的损失也是不可避免的。

不可抗力包括战争、骚乱、暴动、社会性突发事件和非发承包双方责任或原因造成的罢工、停工、爆炸、火灾等，以及风、雨、雪、洪、震等自然灾害。风、雨、雪、洪、震等发生后是否构成不可抗力事件应依据当地有关行政主管部门的规定或在合同中约定。

28. 工程设备

指构成或计划构成永久工程一部分的机电设备、金属结构设备、仪器装置及其他类似的设备和装置。

说明："工程设备"采用《标准施工招标文件》(国家发展和改革委员会等 9 部委第 56 令)中通用合同条款的定义,包括《建设工程计价设备材料划分标准》GB/T 50531—2009 定义的建筑设备。

29. 缺陷责任期

指承包人对已交付使用的合同工程承担合同约定的缺陷修复责任的期限。

说明："缺陷责任期"根据《标准施工招标文件》(国家发展和改革委员会等 9 部委第 56 令)中通用合同条款的相关规定整理。

30. 质量保证金

发承包双方在工程合同中约定,从应付合同价款中预留,用以保证承包人在缺陷责任期内履行缺陷修复义务的金额。

31. 费用

承包人为履行合同所发生或将要发生的所有合理开支,包括管理费和应分摊的其他费用,但不包括利润。

32. 利润

承包人完成合同工程获得的盈利。

33. 企业定额

施工企业根据本企业的施工技术、机械装备和管理水平而编制的人工、材料和施工机械台班等消耗标准。

说明："企业定额"专指施工企业定额。是施工企业根据自身拥有的施工技术、机械装备和管理水平编制的完成一个工程量清单项目使用的人工、材料、机械台班等的消耗标准,是施工企业投标报价的依据之一。

34. 规费

根据国家法律、法规规定,由省级政府或省级有关权力部门规定施工企业必须缴纳的,应计入建筑安装工程造价的费用。

35. 税金

国家税法规定的应计入建筑安装工程造价内的营业税、城市维护建设税、教育费附加和地方教育附加。

36. 发包人

具有工程发包主体资格和支付工程价款能力的当事人以及取得该当事人资格的合法继承人,本规范有时又称招标人。

说明："发包人"有时也称建设单位或业主,在工程招标发包中,又被称为招标人。

37. 承包人

被发包人接受的具有工程施工承包主体资格的当事人以及取得该当事人资格的合法继承人,本规范有时又称投标人。

说明："承包人"有时也称施工企业,在工程招标发包中,投标时又被称为投标人,中标后称为中标人。

38. 工程造价咨询人

取得工程造价咨询资质等级证书，接受委托从事建设工程造价咨询活动的当事人以及取得该当事人资格的合法继承人。

说明："工程造价咨询人"是指按照《工程造价咨询企业管理办法》（建设部令第149号）的规定，取得工程造价咨询资质，在其资质许可范围内接受委托，提供工程造价咨询服务的企业。

39. 造价工程师

取得造价工程师注册证书，在一个单位注册、从事建设工程造价活动的专业人员。

说明："造价工程师"是指按照《注册造价工程师管理办法》（建设部令第150号），经全国统一考试合格，取得造价工程师执业资格证书，经批准注册在一个单位从事工程造价活动的专业技术人员。

40. 造价员

取得全国建设工程造价员资格证书，在一个单位注册、从事建设工程造价活动的专业人员。

说明："造价员"是指通过考试，取得全国建设工程造价员资格证书，在一个单位从事工程造价活动的专业人员。

41. 单价项目

工程量清单中以单价计价的项目，即根据合同工程图纸（含设计变更）和相关工程现行国家计量规范规定的工程量计算规则进行计量，与已标价工程量清单相应综合单价进行价款计算的项目。

说明："单价项目"是指工程量清单中以工程数量乘以综合单价计价的项目，如国家现行计量规范规定的分部分项工程项目、可以计算工程量的措施项目。

42. 总价项目

工程量清单中以总价计价的项目，即此类项目在相关工程现行国家计量规范中无工程量计算规则，以总价（或计算基础乘费率）计算的项目。

说明："总价项目"是指工程量清单中以总价（或计算基础乘费率）计价的项目，此类项目在国家现行计量规范中无工程量计算规则，不能计算工程量，如安全文明施工费、夜间施工增加费，以及总承包服务费、规费等。

43. 工程计量

发承包双方根据合同约定，对承包人完成合同工程的数量进行的计算和确认。

44. 工程结算

发承包双方根据合同约定，对合同工程在实施中、终止时、已完工后进行的合同价款计算、调整和确认。包括期中结算、终止结算、竣工结算。

说明："工程结算"分为期中结算、终止结算和竣工结算。期中结算又称中间结算，包括月度、季度、年度结算和形象进度结算。终止结算是合同解除后的结算。竣工结算是指工程竣工验收合格，发承包双方依据合同约定办理的工程结算，是期中结算的汇总。竣工结算包括单位工程竣工结算、单项工程竣工结算和建设项目竣工结算。单项工程竣工结算由单位工程竣工结算组成，建设项目竣工结算由单项工程竣工结算组成。

45. 招标控制价

招标人根据国家或省级、行业建设主管部门颁发的有关计价依据和办法，以及拟定的招标文件和招标工程量清单，结合工程具体情况编制的招标工程的最高投标限价。

46. 投标价

投标人投标时响应招标文件要求所报出的对已标价工程量清单汇总后标明的总价。

说明： "投标价"是在工程招标发包过程中，由投标人按照招标文件的要求，根据工程特点，并结合自身的施工技术、装备和管理水平，依据有关计价规定自主确定的工程造价，是投标人希望达成工程承包交易的期望价格。投标价不能高于招标人设定的招标控制价。

47. 签约合同价（合同价款）

发承包双方在工程合同中约定的工程造价，即包括了分部分项工程费、措施项目费、其他项目费、规费和税金的合同总金额。

说明： "签约合同价"是在工程发承包交易过程中，由发承包双方以合同形式确定的工程承包价格。采用招标发包的工程，其合同价应为投标人的中标价。

48. 预付款

在开工前，发包人按照合同约定，预先支付给承包人用于购买合同工程施工所需的材料、工程设备，以及组织施工机械和人员进场等的款项。

49. 进度款

在合同工程施工过程中，发包人按照合同约定对付款周期内承包人完成的合同价款给予支付的款项，也是合同价款期中结算支付。

50. 合同价款调整

在合同价款调整因素出现后，发承包双方根据合同约定，对合同价款进行变动的提出、计算和确认。

说明： "合同价款调整"是指施工过程中出现合同约定的价款调整事项，发承包双方提出和确认的行为。

51. 竣工结算价

发承包双方依据国家有关法律、法规和标准规定，按照合同约定确定的，包括在履行合同过程中按合同约定进行的合同价款调整，是承包人按合同约定完成了全部承包工作后，发包人应付给承包人的合同总金额。

说明： "竣工结算价"是在承包人完成施工合同约定的全部工程内容，发包人依法组织竣工验收合格后，由发承包双方按照合同约定的工程造价条款，即已签约合同价、合同价款调整（包括工程变更、索赔和现场签证）等事项确定的最终工程造价。

52. 工程造价鉴定

工程造价咨询人接受人民法院、仲裁机关委托，对施工合同纠纷案件中的工程造价争议，运用专门知识进行鉴别、判断和评定，并提供鉴定意见的活动。也称为工程造价司法鉴定。

4.2 《计量规范》简介

《房屋建筑与装饰工程工程量计算规范》GB 50854—2013（简称《计量规范》），是国家住房和城乡建设部与国家质量监督检验检疫总局联合发布，用于规范房屋建筑与装饰工程造价计量行为，统一房屋建筑与装饰工程工程量计算规则与工程量清单的编制方法。

《计量规范》是从"08规范"附录中独立出来，是专门规范房屋建筑与装饰工程造价计量行为和编制工程量清单的规范。在附录中设置了各分部分项工程的项目编码、项目名称、项目特征、计量单位、工程量计算规则、工作内容等。房屋建筑与装饰工程计价，必须按本规范规定的工程量计算规则进行工程计量，并按规范的规定描述项目特征、计算综合单价。

从"08规范"中，同时还独立了6种不同专业的计量规范。另外增补了两项专业计量规范，分别为"仿古建筑工程"、"安装工程"、"市政工程"、"园林绿化工程"、"矿山工程"、"构筑物工程"、"城市轨道交通工程"、"爆破工程"等，分别用于不同专业的工程计量和工程量清单编制。

《计量规范》附录中的清单项目编码，仍按"08规范"设置的方式保持不变。每个项目清单的编码都是唯一的，没有重复。

《计量规范》在清单项目设置上以符合工程实际、满足计价需要为前提，力求增加新技术、新工艺、新材料的项目，删除技术规范已经淘汰的项目。

《计量规范》在项目特征设置上，对凡是体现项目自身价值的都作出规定，不以工作内容已有，而不在项目特征中作出要求。

《计量规范》在计量单位规定上，以方便计量为前提，注意与现行工程定额的规定衔接。如有两个及两个以上计量单位均可满足某一工程项目计量要求的，均予以标注，由清单编制人根据工程实际情况选用。

《计量规范》设置的工程量计算规则以统一为原则，对使用两个及两个以上计量单位的，分别规定了不同计量单位的工程量计算规则，例如：零星砖砌项目，以"m^3"计量，按设计图示尺寸截面面积乘以长度计算；以"m^2"计量，按设计图示尺寸水平投影面积计算；以"m"计量，按设计图示尺寸中心线长度计算；以"个"计量，按设计图示数量计算。

4.2.1 《计量规范》的内容

《计量规范》内容包括：正文、附录、条文说明三个部分。正文包括：总则、术语、工程计量、工程量清单编制，共29项条款。

附录部分包括：附录A土石方工程；附录B地基与边坡支护工程；附录C桩基工程；附录D砌筑工程；附录E混凝土及钢筋混凝土工程；附录F金属结构工程；附录G木结构工程；附录H门窗工程；附录J屋面及防水工程；附录K保温、隔热、防腐工程；附录L楼地面装饰工程；附录M墙、柱面装饰与隔断、幕墙工程；附录N天棚工程；附录P油漆、涂料、裱糊工程；附录Q其他装饰工程；附录R拆除工程；附录S措施项目等17个附录。

4.2.2 《计量规范》的强制性规定

第1.0.3条，房屋建筑与装饰工程计价，必须按本规范规定的工程量计算规则进行工程计量。

说明：本条为强制性条文，无论是国有资金投资还是非国有资金投资的工程建设项目其工程计量必须执行本规范。

第4.2.1条，工程量清单应根据附录规定的项目编码、项目名称、项目特征、计量单位和工程量计算规则进行编制。

说明：本条为强制性条文，规定了构成一个分部分项工程量清单的五个要件——项目编码、项目名称、项目特征、计量单位和工程量，这五个要件在分部分项工程量清单的组成中缺一不可。

第4.2.2条，工程量清单的项目编码，应采用前十二位阿拉伯数字表示，一至九位应按附录的规定设置，十至十二位应根据拟建工程的工程量清单项目名称和项目特征设置，同一招标工程的项目编码不得有重码。

说明：本条为强制性条文，规定了工程量清单编码的表示方式，十二位阿拉伯数字及其设置规定。

各位数字的含义是：一、二位为专业工程代码（01—房屋建筑与装饰工程；02—仿古建筑工程；03—通用安装工程；04—市政工程；05—园林绿化工程；06—矿山工程；07—构筑物工程；08—城市轨道交通工程；09—爆破工程。以后进人国标的专业工程代码以此类推）；三、四位为附录分类顺序码；五、六位为分部工程顺序码；七、八、九位为分项工程项目名称顺序码；十至十二位为清单项目名称顺序码。

当同一标段（或合同段）的一份工程量清单中含有多个单位工程且工程量清单是以单位工程为编制对象时，在编制工程量清单时应特别注意对项目编码十至十二位的设置不得有重码的规定。例如一个标段（或合同段）的工程量清单中含有三个单位工程，每一单位工程中都有项目特征相同的实心砖墙砌体，在工程量清单中又需反映三个不同单位工程的实心砖墙砌体工程量时，则第一个单位工程的实心砖墙的项目编码应为010401003001，第二个单位工程的实心砖墙的项目编码应为010401003002，第三个单位工程的实心砖墙的项目编码应为010401003003，并分别列出各单位工程实心砖墙的工程量。

第4.2.3条，工程量清单的项目名称应按附录的项目名称结合拟建工程的实际确定。

说明：本条为强制性条文，规定了分部分项工程量清单项目的名称应按附录中的项目名称，结合拟建工程的实际确定。

第4.2.4条，工程量清单项目特征应按附录中规定的项目特征，结合拟建工程项目的实际予以描述。

说明：本条为强制性条文。工程量清单的项目特征是确定一个清单项目综合单价不可缺少的重要依据，在编制工程量清单时，必须对项目特征进行准确和全面的描述。项目特征描述的内容应按附录中的规定，结合拟建工程的实际，满足确定综合单价的需要。

第4.2.5条，工程量清单中所列工程量应按附录中规定的工程量计算规则计算。

说明：本条为强制性条文，规定了工程计量中工程量应按附录中规定的工程量计算规则计算。

第4.2.6条，工程量清单的计量单位应按附录中规定的计量单位确定。

说明：本条为强制性条文，规定了工程量清单的计量单位应按附录中规定的计量单位确定。

第4.3.1条，措施项目中列出了项目编码、项目名称、项目特征、计量单位、工程量计算规则的项目，编制工程量清单时，应按照本规范4.2分部分项工程的规定执行。

说明：本条为强制性条文，规定了措施项目编制工程量清单也同分部分项工程一样，必须列出项目编码、项目名称、项目特征、计量单位。同时明确了措施项目的计量，项目编码、项目名称、项目特征、计量单位、工程量计算规则，按本规范第4.2节的有关规定执行。

4.2.3 《计量规范》的术语释义

1. 工程量计算

指建设工程项目以工程设计图纸、施工组织设计或施工方案及有关技术经济文件为依据，按照相关工程国家标准的计算规则、计量单位等规定，进行工程数量的计算活动，在工程建设中简称工程计量。

2. 房屋建筑

在固定地点，为使用者或占用物提供庇护覆盖进行生活、生产或其他活动的实体，可分为工业建筑与民用建筑。

3. 工业建筑

提供生产用的各种建筑物，如车间、厂区建筑、动力站、与厂房相连的"生活间"、厂区内的"库房和运输设施"等。

4. 民用建筑

非生产性的居住建筑和公共建筑，如住宅、办公楼、幼儿园、学校、食堂、影剧院、商店、体育馆、旅馆、医院、展览馆等。

4.3 工程量清单编制规定及要求

4.3.1 有关规定

1. 计算工程量的依据

（1）《计量规范》GB 50854—2013；

（2）施工设计图纸、标准图集及其说明；

（3）经审定的施工组织设计或施工方案、答疑纪要；

（4）其他有关技术经济文件。

2. 工程量保留小数点位数的规定

分项工程计算工程量时，每一项目工程数量汇总的有效位数应遵守下列规定：

（1）以"t"为单位，应保留小数点后三位数字，第四位小数四舍五入。

（2）以"m"、"m²"、"m³"、"kg"为单位，应保留小数点后两位数字，第三位小数四舍五入。

（3）以"个"、"件"、"根"、"组"、"系统"为单位，应取整数。

3.《计量规范》附录中有关"工作内容"的规定

本规范各项目仅列出了主要工作内容，除另有规定和说明者外，应视为已经包括完成该项目所列或未列的全部工作内容。施工过程中现场发生的机械移动、材料运输等辅助内容虽然未列出，也应包括。本规范以成品考虑的项目，如采用现场预制的，应包括制作的工作内容。

4.《计量规范》附录中未列，项目涉及其他专业工程

房屋建筑与装饰工程涉及电气、给排水、消防等安装工程的项目，按照现行国家标准

《通用安装工程工程量计算规范》GB 50856 的相应项目执行；涉及仿古建筑工程的项目，按现行国家标准《仿古建筑工程工程量计算规范》GB 50855 的相应项目执行；涉及室外地（路）面、室外给排水等工程的项目，按现行国家标准《市政工程工程量计算规范》GB 50857 的相应项目执行；采用爆破法施工的石方工程按照现行国家标准《爆破工程工程量计算规范》GB 50862 的相应项目执行。

4.3.2 工程量清单编制依据

（1）《计价规范》和《计量规范》；

（2）国家或省级、行业建设主管部门颁发的计价依据和办法；

（3）建设工程设计文件；

（4）与建设工程项目有关的标准、规范、技术资料；

（5）招标文件及其补充通知；

（6）施工现场情况、工程特点及常规施工方案；

（7）其他相关资料。

4.3.3 分部分项工程量清单

分部分项工程量清单包括五个要件，即：项目编码、项目名称、项目特征、计量单位和工程量，这五个要件在分部分项工程量清单的组成中缺一不可。

1. 项目编码设置规定

项目编码以十二位阿拉伯数字表示，前九位为全国统一编码，应按《计量规范》附录中的相应编码设置，不得变动，后三位是清单项目顺序码，由清单编制人根据设置的清单项目，自"001"起顺序编制。若同一工程中有相同项目特征的工程项目时，项目应分别编码，不得重复。一个编码只能对应一个相应的清单项目和工程数量。项目编码凡附录中的缺项，编制人可作补充，补充项目应填写在工程量清单相应分部工程之后。

2. 工程名称的设置原则

分部分项工程量清单的项目名称应按《计量规范》附录的项目名称结合拟建工程的实际确定。归并或综合较大的项目应区分项目名称，分别编码列项。例如：门窗工程中特殊门应区分冷藏门、冷冻间门、保温门、变电室门、隔音门、防射线门、人防门、金库门等。

3. 工程量的计算原则

分部分项工程量清单中所列工程量应按《计量规范》附录中规定的工程量计算规则计算。

4. 计量单位的确定原则

分部分项工程量清单的计量单位应按《计量规范》附录中规定的计量单位确定。当计量单位有两个或两个以上时，应根据所编工程量清单项目的特征要求，选择最适宜表现该项目特征并方便计量的单位。

5. 项目特征描述的意义及要求

1）项目特征描述的意义

项目特征是设置清单项目的基础和的依据。项目特征通常应根据不同的工程部位、施工工艺、类别、材料的品种及规格进行描述。对于项目特征和工程内容不同的，应分别列项编制相应的分部分项工程量清单项目。分部分项工程量清单的项目特征是确定一个清单项目综合单价的重要依据，在编制的工程量清单中必须对其项目特征进行准确和全面的描述。如果招标人提供的工程量清单对项目特征描述不具体，特征不清、界限不明，使投标人无法准确理解工程量清单项目的构成要素，导致评标时难以合理的评定中标价；结算时，发、承包双方容易引起争议，影响工程量清单计价的进程。因此，在工程量清单中准确地描述工程量清单项目特征是有效推进工程量清单计价的关键所在。

项目特征描述的意义如下：

（1）项目特征是区分清单项目的依据。工程量清单项目特征是用来表述分部分项清单项目的实质内容，用于区分《计量规范》中同一清单条目下各个具体的清单项目。没有项目特征的准确描述，对于相同或相似的清单项目名称，就无从区分。

（2）项目特征是确定综合单价的前提。由于工程量清单项目的特征决定了工程实体的实质内容，必然直接决定了工程实体的自身价值。因此，工程量清单项目特征描述得准确与否，直接关系到工程量清单项目综合单价组价的准确性。

（3）项目特征是履行合同义务的基础。实行工程量清单计价，工程量清单及其综合单价是施工合同的组成部分，因此，如果工程量清单项目特征描述不清或者漏项、错误，会造成该项目合同价的更改，从而引起发、承包双方分歧或纠纷。

2）项目特征描述的要求

（1）项目特征必须描述的内容：

① 涉及正确计量的内容必须描述。如门窗洞口尺寸或框外围尺寸，新规范虽然增加了按"m²"计量，如采用"樘"计量，上述描述仍是必需的。

② 涉及结构要求的内容必须描述：如混凝土构件的混凝土的强度等级，是使用 C20 还是 C30 或 C40 等，因混凝土强度等级不同，其价格也不同，必须描述。

③ 涉及材质要求的内容必须描述：如油漆的品种：是调和漆、还是硝基清漆等；管材的材质：是碳钢管，还是塑料管、不锈钢管等；还需要对管材的规格、型号进行描述。

④ 涉及安装方式的内容必须描述：如管道工程中的钢管的连接方式是螺纹连接还是焊接；塑料管是粘接连接还是热熔连接等就必须描述。

（2）项目特征可不详细描述的内容：

① 无法准确描述的可不详细描述：如土壤类别，由于我国幅员辽阔，南北东西差异较大，特别是对于南方来说，在同一地点，由于表层土与表层土以下的土壤，其类别是不相同的，要求清单编制人准确判定某类土壤的所占比例是困难的，在这种情况下，可考虑将土壤类别描述为综合，注明由投标人根据地勘资料自行确定土壤类别，决定报价。

② 施工图纸、标准图集标注明确的，可不再详细描述：对这些项目可描述为见××图集××页号及节点大样等。由于施工图纸、标准图集是发、承包双方都应遵守的技术文件，这样描述，可以有效减少在施工过程中对项目理解的不一致。同时，对不少工程项目，真要将项目特征一一描述清楚，也是一件费力的事情，如果能采用这一方法描述，就可以收到事半功倍的效果。

③ 还有一些项目可不详细描述，但清单编制人在项目特征描述中应注明由投标人自定，如土方工程中的"取土运距"、"弃土运距"等。首先要清单编制人决定在多远取土或取、弃土运往多远是困难的；其次，由投标人根据在建工程施工情况统筹安排，自主决定取、弃土方的运距可以充分体现竞争的要求。

3）项目特征描述的方式

项目特征描述的方式大致可划分为"问答式"与"简化式"两种。

（1）问答式主要是工程量清单编写者直接采用工程计价软件上提供的规范，在要求描述的项目特征上采用答题的方式进行描述。这种方式的优点是全面、详细，缺点是显得繁琐。

（2）简化式则与问答式相反，对需要描述的项目特征内容采用口语化的方式直接表述，简洁明了。

两种表述方式的区分见表 4-1。

分部分项工程和单价措施项目清单与计价表　　　　　　表 4-1

工程名称：××工程

序号	项目编码	项目名称	项目特征	
			问答式	简化式
1	010101003001	挖沟槽土方	1. 土壤类别：三类 2. 挖土深度：4.0m 3. 弃土运距：运输距离为10km	三类土、深度4m、弃土运距＜10km（或投标人自行考虑）
2	010401001001	砖基础	1. 砖品种、规格、强度等级：页岩标砖MU15 240×115×53（mm） 2. 砂浆强度等级：M10 水泥砂浆 3. 防潮层种类及厚度：20mm厚1：2水泥砂浆（防水粉5％）	M10 水泥砂浆、MU15 页岩标砖砌条形基础，20mm厚1：2水泥砂浆（防水粉5％）防潮层
3	010401003001	实心主体砖墙	1. 砖品种、规格、强度等级：页岩标砖MU10 240×115×53（mm） 2. 砂浆强度等级、配合比：M7.5 混合砂浆	M7.5 混合砂浆、MU10 页岩标砖
4	010502002001	现浇混凝土构造柱	1. 混凝土种类：现场搅拌 2. 混凝土强度等级：C20	C20 预拌混凝土
5	011201001001	墙面一般抹灰	1. 墙体类型：砖墙 2. 底层厚度、砂浆配合比：素水泥砂浆一遍，15mm厚1：1：6水泥石灰砂浆 3. 面层厚度、砂浆配合比：5mm厚1：0.5：3水泥石灰砂浆	砖墙素水泥砂浆一遍，1：1：6水泥石灰砂浆底层厚15mm，1：0.5：3水泥石灰砂浆面层；厚5mm
6	011406001001	抹灰墙面乳胶漆	1. 基层类型：抹灰面 2. 腻子种类：普通成品腻子膏 3. 刮腻子遍数：两遍 4. 油漆品种、刷漆遍数：乳胶漆、底漆一遍、面漆两遍	成品腻子满刮两遍，乳胶漆一底两面

表-08

6. 混凝土构件模板列项的规定

（1）现浇混凝土工程项目"工作内容"中包括模板工程的内容，同时又在措施项目中单列了现浇混凝土模板工程项目。对此，招标人应根据工程实际情况选用。若招标人在措施项目清单中未编列现浇混凝土模板项目清单，即表示现浇混凝土模板项目不单列，现浇混凝土工程项目的综合单价中应包括模板工程费用。

（2）预制混凝土构件按现场制作编制项目，"工作内容"中包括模板工程，不再另列。若采用成品预制混凝土构件时，构件成品价（包括模板、钢筋、混凝土等所有费用）应计入综合单价中。

7. 补充项目的设置原则

编制工程量清单出现《计量规范》附录中未包括的项目，编制人应作补充，并报省级或行业工程造价管理机构备案。

工程建设中新材料、新技术、新工艺等不断涌现，本规范附录所列的工程量清单项目不可能包含所有项目。在编制工程量清单时，当出现本规范附录中未包括的清单项目时，编制人应作补充。在编制补充项目时应注意以下三个方面：

（1）补充项目的编码应按本规范的规定确定。具体做法如下：补充项目的编码由本规范的代码 01 与 B 和三位阿拉伯数字组成，并应从 01B001 起顺序编制，同一招标工程的项目不得重码。

（2）在工程量清单中应附补充项目的项目名称、项目特征、计量单位、工程量计算规则和工作内容。

（3）将编制的补充项目报省级或行业工程造价机构备案。

补充项目举例，见表4-2。

附录 M 墙、柱面装饰与隔断、幕墙工程

M. 11 隔墙（编码：011211）　　　　　　　　　　　　　表 4-2

项目编码	项目名称	项目特征	计量单位	工程量计算规则	工作内容
01B001	成品 GRC 隔墙	1. 隔墙材料品种、规格 2. 隔墙厚度 3. 嵌缝、塞口材料品种	m²	按设计图示尺寸以面积计算，扣除门窗洞口及单个 0.3m² 的孔洞所占面积	1. 骨架及边框安装 2. 隔板安装 3. 嵌缝、塞口

4.3.4　措施项目清单

措施项目是为完成工程项目施工，发生于该工程施工准备和施工过程中的技术、生活、安全、环境保护等方面的非工程实体项目。

1. 措施项目名称及工作内容

措施项目，分单价措施项目和总价措施项目，单价措施项目，即能计算工程量的措施项目，总价措施项目，即不能计算工程量，而是以"项"为计量单位，用基数乘以费率算出总价的措施项目。措施项目清单应根据拟建工程的实际情况列项。

1）单价措施项目包括：脚手架工程；混凝土模板及支撑；垂直运输；超高施工增加；大型机械设备进出场及安拆；施工排水、降水等。

单价措施项目，同分部分项工程一样，编制工程量清单时必须列出项目编码、项目名称、描述项目特征、填写计量单位和工程量。

2）总价措施项目包括：安全文明施工；夜间施工；非夜间施工照明；二次搬运；冬雨季施工；地上、地下设施、建筑物的临时保护设施；已完工程及设备保护等。

（1）安全文明施工，工作内容及包含的范围：

① 环境保护包含范围：现场施工机械设备降低噪声、防扰民措施费用；水泥和其他易飞扬细颗粒建筑材料密闭存放或采取覆盖措施等费用；工程防扬尘洒水费用；土石方、建渣外运车辆冲洗、防洒漏等费用；现场污染源的控制、生活垃圾清理外运、场地排水排污措施的费用；其他环境保护措施费用。

② 文明施工包含范围："五牌一图"的费用；现场围挡的墙面美化（包括内外粉刷、刷白、标语等）、压顶装饰费用；现场厕所便槽刷白、贴面砖，水泥砂浆地面或地砖费用，建筑物内临时便溺设施费用；其他施工现场临时设施的装饰装修、美化措施费用；现场生活卫生设施费用；符合卫生要求的饮水设备、淋浴、消毒等设施费用；生活用洁净燃料费用；防煤气中毒、防蚊虫叮咬等措施费用；施工现场操作场地的硬化费用；现场绿化费用、治安综合治理费用；现场配备医药保健器材、物品费用和急救人员培训费用；用于现场工人的防暑降温费、电风扇、空调等设备及用电费用；其他文明施工措施费用。

③ 安全施工包含范围：安全资料、特殊作业专项方案的编制，安全施工标志的购置及安全宣传的费用；"三宝"（安全帽、安全带、安全网）、"四口"（楼梯口、电梯井口、通道口、预留洞口）、"五临边"（阳台围边、楼板围边、屋面围边、槽坑围边、卸料平台两侧），水平防护架、垂直防护架、外架封闭等防护的费用；施工安全用电的费用，包括配电箱三级配电、两级保护装置要求、外电防护措施；起重机、塔吊等起重设备（含井架、门架）及外用电梯的安全防护措施（含警示标志）费用及卸料平台的临边防护、层间安全门、防护棚等设施费用；建筑工地起重机械的检验检测费用；施工机具防护棚及其围栏的安全保护设施费用；施工安全防护通道的费用；工人的安全防护用品、用具购置费用；消防设施与消防器材的配置费用；电气保护、安全照明设施费；其他安全防护措施费用。

④ 临时设施包含范围：施工现场采用彩色、定型钢板，砖、混凝土砌块等围挡的安砌、维修、拆除费或摊销费；施工现场临时建筑物、构筑物的搭设、维修、拆除或摊销的费用；如临时宿舍、办公室，食堂、厨房、厕所、诊疗所、临时文化福利用房、临时仓库、加工场、搅拌台、临时简易水塔、水池等。施工现场临时设施的搭设、维修、拆除或摊销的费用。如临时供水管道、临时供电管线、小型临时设施等；施工现场规定范围内临时简易道路铺设，临时排水沟、排水设施安砌、维修、拆除的费用；其他临时设施费搭设、维修、拆除或摊销的费用。

（2）夜间施工，工作内容及包含的范围：

① 夜间固定照明灯具和临时可移动照明灯具的设置、拆除；

② 夜间施工时，施工现场交通标志、安全标牌、警示灯等的设置、移动、拆除；

③ 包括夜间照明设备摊销及照明用电、施工人员夜班补助、夜间施工劳动效率降低等费用。

（3）非夜间施工照明，工作内容及包含的范围：

为保证工程施工正常进行，在如地下室等特殊施工部位施工时所采用的照明设备的安拆、维护、摊销及照明用电等费用。

（4）二次搬运，工作内容及包含的范围：

包括由于施工场地条件限制而发生的材料、成品、半成品等一次运输不能到达堆放地点，必须进行二次或多次搬运的费用。

（5）冬雨季施工，工作内容及包含的范围：

① 冬雨（风）季施工时增加的临时设施（防寒保温、防雨、防风设施）的搭设、拆除；

② 冬雨（风）季施工时，对砌体、混凝土等采用的特殊加温、保温和养护措施；

③ 冬雨（风）季施工时，施工现场的防滑处理、对影响施工的雨雪的清除，包括冬雨（风）季施工时增加的临时设施的摊销、施工人员的劳动保护用品、冬雨（风）季施工劳动效率降低等费用。

（6）地上、地下设施、建筑物的临时保护设施，工作内容及包含的范围：

在工程施工过程中，对已建成的地上、地下设施和建筑物进行的遮盖、封闭、隔离等必要保护措施所发生的费用。

（7）已完工程及设备保护，工作内容及包含的范围：

对已完工程及设备采取的覆盖、包裹、封闭、隔离等必要保护措施所发生的费用。

2. 措施项目清单编制

1）单价措施项目清单

单价措施项目清单，与编制分部分项工程量清单相同，根据《计量规范》附录S相关计算规则，计算工程量，然后按规定在"分部分项工程和单价措施项目清单与计价表"（表-08）中填写项目编码、项目名称、计量单位、工程量和描述项目特征。

例如：综合脚手架（表4-3）

分部分项工程和单价措施项目清单与计价表　　　　　　　　　　　　　表 4-3

工程名称：××工程

序号	项目编码	项目名称	项目特征描述	计量单位	工程量	金额（元）	
						综合单价	合价
1	011701001001	综合脚手架	1. 建筑结构形式:框剪 2. 檐口高度:60m	m²	18000		

2）总价措施项目清单

措施项目中的"安全文明施工费"必须按国家或省级、行业建设主管部门的规定计算，不得作为竞争性费用。招标人不得要求投标人对该项费用进行优惠，投标人也不得将该项费用参与市场竞争。

总价措施项目中仅列出项目编码、项目名称，未列出项目特征、计量单位和工程量计算规则，编制工程量清单时，应按《计量规范》附录S措施项目规定的项目编码、项目名称确定，不必描述项目特征和确定计量单位。

例如：安全文明施工、夜间施工（表4-4）。

4.3.5　其他项目清单

1. 其他项目清单包含的内容：

（1）暂列金额；

总价措施项目清单与计价表 　　　　　　　　表 4-4

工程名称：××工程

序号	项目编码	项目名称	计算基础	费率（%）	金额（元）	调整费率（%）	调整后金额（元）	备注
1	011707001001	安全文明施工	定额基价					
2	011707002001	夜间施工	定额人工费					

（2）暂估价：包括材料暂估单价、工程设备暂估单价、专业工程暂估价；

（3）计日工；

（4）总承包服务费。

工程建设标准的高低、工程的复杂程度、施工工期的长短等都直接影响其他项目清单的具体内容，本条仅提供 4 项内容作为列项参考，其不足部分，编制人可根据工程的具体情况进行补充。

2. 其他项目清单的作用及意义

1）暂列金额

（1）暂列金额的性质：包括在合同价之内，但并不直接属承包人所有，而是由发包人暂定并掌握使用的一笔款项。

（2）暂列金额的用途：由发包人用于在施工合同协议签订时，尚未确定或者不可预见的在施工过程中所需材料、设备、服务的采购，以及施工过程中合同约定的各种工程价款调整因素出现时的工程价款调整以及索赔、现场签证确认的费用。

设置"暂列金额"主要是为了控制投资成本。而工程建设自身的规律决定，设计需要根据工程进展不断地进行优化和调整，发包人的需求可能会随工程建设进展出现变化，工程建设过程还存在其他诸多不确定性因素。消化这些因素必然会影响合同价格的调整，暂列金额正是因这类不可避免的价格调整而设立，以便合理确定工程造价的控制目标。暂列金额列入合同价中，并不代表就属于承包人（中标人）所有，在工程施工过程中，只有按照合同约定程序实际发生后，才能成为中标人的应得金额，纳入合同结算价款中。设立暂列金额并不能保证合同结算价格就不会再出现超过合同价格的情况，是否超出合同价格完全取决于工程量清单编制人对暂列金额预测的准确性，以及工程建设过程是否出现了其他事先未预测到的事件。

为保证工程施工建设的顺利实施，应针对施工过程中可能出现的各种不确定因素对工程造价的影响，在编制招标工程量清单时应估算一笔暂列金额。暂列金额可根据工程的复杂程度、设计深度、工程环境条件（包括地质、水文、气候条件等）进行估算，一般可按分部分项工程费和措施项目费的 10%～15% 为参考。

2）暂估价

暂估价包括"材料暂估价"和"专业工程暂估价"。是指招标阶段直至签订合同协议时，招标人在招标文件中提供的用于支付必然要发生但暂时不能确定价格的材料以及需另行发包的专业工程金额。在工程招标中，采用这一种价格形式，对一些无法确定价格的材料（设备）或专业工程分包提出了具有操作性的解决办法。

暂估价中的材料、工程设备暂估单价应根据工程造价信息或参照市场价格估算，列出明细表；专业工程暂估价应分不同专业，按有关计价规定估算，列出明细表。

3）计日工

计日工是为了解决现场发生的零星工作的计价而设立的。计日工适用的所谓零星工作一般是指合同约定之外的或者因变更而产生的、工程量清单中没有相应项目的额外工作，尤其是那些时间不允许事先商定价格的额外工作。计日工为额外工作和变更的计价提供了一个方便快捷的途径。在编制其他项目清单时，计日工表中一定要给出暂定数量，并且需要根据经验，估算一个比较贴近实际的数量，尽可能把项目列全，以方便投标人编制投标报价。

4）总承包服务费

总承包服务费是为了解决招标人在法律、法规允许的条件下进行专业工程发包以及自行采购供应材料、设备时，要求总承包人对发包的专业工程提供协调和配合服务（如分包人使用总包人的脚手架、水电接驳等）；对供应的材料、设备提供收、发和保管服务以及对施工现场进行统一管理；对竣工资料进行统一汇总整理等发生并向总承包人支付的费用。招标人应当预计该项费用并按投标人的投标报价向投标人支付该项费用。

4.3.6 规费、税金项目清单

规费是政府和有关权力部门根据国家法律、法规规定施工企业必须缴纳的费用。税金是国家按照税法预先规定的标准，强制地、无偿地要求纳税人缴纳的费用，二者都是工程造价的组成部分。

规费和税金必须按国家或省级、行业建设主管部门的规定计算，不得作为竞争性费用。

1. 规费项目包含的内容

（1）社会保险费：包括养老保险费、失业保险费、医疗保险费、工伤保险费、生育保险费；

（2）住房公积金；

（3）工程排污费。

2. 规费的计取规定

根据建设部、财政部印发的《建筑安装工程费用项目组成》（建标［2003］206号）的规定，规费是政府和有关权力部门规定必须缴纳的费用，是工程造价的组成部分。政府和有关权力部门可根据形势发展的需要，对规费项目进行调整。因此，在计算规费时应根据省级政府和省级有关权力部门的规定计算。

1）社会保险费。

《中华人民共和国社会保险法》第二条规定："国家建立基本养老保险、基本医疗保险、工伤保险、失业保险、生育保险等社会保险制度，保障公民在年老、疾病、工伤、失业、生育等情况下依法从国家和社会获得物质帮助的权利。"

（1）养老保险费。《中华人民共和国社会保险法》第十条规定："职工应当参加基本养老保险，由用人单位和职工共同缴纳基本养老保险费。"

《中华人民共和国劳动法》第七十二条规定：用人单位和劳动者必须依法参加社会保险，缴纳社会保险费。为此，国务院《关于建立统一的企业职工基本养老保险制度的决定》（国发〔1997〕26 号）第三条规定：企业缴纳基本养老保险费（以下简称企业缴费）的比例，一般不得超过企业工资总额的 20%（包括划入个人账户的部分），具体比例由省、自治区、直辖市人民政府确定。

（2）医疗保险费。《中华人民共和国社会保险法》第二十三条规定："职工应当参加职工医疗保险，由用人单位和职工按照国家规定共同缴纳基本医疗保险费。"国务院《关于建立城镇职工基本医疗保险制度的决定》（国发〔1998〕44 号）第二条规定：基本医疗保险费由用人单位和职工个人共同缴纳。用人单位缴费应控制在职工工资总额的 6%左右，职工一般为本人工资收入的 2%。随着经济发展，用人单位和职工缴费率可作相应调整。

（3）失业保险费。《中华人民共和国社会保险法》第四十四条规定："职工应当参加失业保险，由用人单位和职工按照国家规定共同缴纳失业保险费。"

《失业保险条例》（国务院令第 258 号）第六条规定：城镇企业事业单位按照本单位工资总额的百分之二缴纳失业保险费。城镇企业事业单位职工按照本人工资的百分之一缴纳失业保险费。城镇企业事业单位招用的农民合同制工人本人不缴纳失业保险费。

（4）工伤保险费。《中华人民共和国社会保险法》第三十三条规定："职工应当参加工伤保险，由用人单位缴纳工伤保险费，职工不缴纳工伤保险费。"

《中华人民共和国建筑法》第四十八条规定："建筑施工企业应当依法为职工参加工伤保险缴纳工伤保险费。鼓励企业为从事危险作业的职工办理意外伤害保险，支付保险费。"

《工伤保险条例》（国务院令第 375 号）第十条规定：用人单位应按时缴纳工伤保险费。职工个人不缴纳工伤保险费。

（5）生育保险费。《中华人民共和国社会保险法》第五十三条规定："职工应当参加生育保险，由用人单位按照国家规定缴纳生育保险费，职工不缴纳生育保险费。"

2）住房公积金。

《住房公积金管理条例》（国务院令第 262 号）第十八条规定：职工和单位住房公积金的缴存比例均不得低于职工上一年度月平均工资的 5%；有条件的城市，可以适当提高缴存比例。具体缴存比例由住房公积全管理委员会拟订，给本级人民政府审核后，报省、自治区、直辖市人民政府批准。

3）工程排污费。

《中华人民共和国水污染防治法》第二十四条规定：直接向水体排放污染物的企业事业单位和个体工商户，应当按照排放水污染物的种类、数量和排污费征收标准缴纳排污费。

3. 税金项目包含的内容

（1）营业税；

（2）城市维护建设税；

（3）教育费附加；

（4）地方教育附加。

目前国家税法规定应计入建筑安装工程造价内的税种包括营业税、城市建设维护税、教育费附加和地方教育附加。当国家税法发生变化或地方政府及税务部门依据职权对税种进行调整时，应对税金项目清单进行相应调整。

4.4 工程量清单编制的基本方法

4.4.1 工程量清单格式

工程量清单格式由以下表格内容组成：

1. 附录 B.1 招标工程量清单封面（封-1）
2. 附录 C.1 招标工程量清单扉页（扉-1）
3. 附录 D 工程计价总说明（表-01）
4. 附录 F.1 分部分项工程和单价措施项目清单与计价表（表-08）
5. 附录 F.4 总价措施项目清单与计价表（表-11）
6. 附录 G.1 其他项目清单与计价汇总表（表-12）
7. 附录 G.2 暂列金额明细表（表-12-1）
8. 附录 G.3 材料（工程设备）暂估单价及调整表（表-12-2）
9. 附录 G.4 专业工程暂估价及结算价表（表-12-3）
10. 附录 G.5 计日工表（表-12-4）
11. 附录 G.6 总承包服务费计价表（表-12-5）
12. 附录 H 规费、税金项目计价表（表-13）
13. 附录 L.1 发包人提供材料和工程设备一览表（表-20）

工程量清单格式表样如下：

附录 B.1 招标工程量清单封面

_____工程

招标工程量清单

招标人：_____
（单位盖章）

造价咨询人：_____
（单位盖章）

年　　　月　　　日

封-1

附录 C.1　招标工程量清单扉页

_____工程

招标工程量清单

招标人：_____
（单位盖章）

工程造价
咨 询 人：_____
（单位资质专用章）

法定代表人
或其授权人：_____
（签字或盖章）

法定代表人
或其授权人：_____
（签字或盖章）

编 制 人：_____
（造价人员签字盖专用章）

复核人：_____
（造价工程师签字盖专用章）

编 制 时 间：　年　月　日

复 核 时 间：　年　月　日

附录 D　工程计价总说明

总　说　明

工程名称：　　　　　　　　　　　　　　　　　　　　　　　　　　第　页　共　页

表-01

164

附录 F.1 分部分项工程和单价措施项目清单与计价表

工程名称： 标段： 第 页 共 页

序号	项目编码	项目名称	项目特征	计量单位	工程量	金额（元）		
						综合单价	合价	其中
								暂估价
本页小计								
合计								

注：为计取规费等的使用，可在表中增设其中："定额人工费"。

表-08

165

附录 F.4　总价措施项目清单与计价表

工程名称：　　　　　　　　　　标段：　　　　　　　　　　第　页　共　页

序号	项目编码	项目名称	计算基础	费率（%）	金额（元）	调整费率（%）	调整后金额(元)	备注
		安全文明施工费						
		夜间施工增加费						
		二次搬运费						
		冬雨季施工增加费						
		已完工程及设备保护费						

编制人（造价人员）：　　　　　　　　　　　　复核人（造价工程师）：

注：1　"计算基础"中安全文明施工费可为"定额基价"、"定额人工费"或"定额人工费＋定额机械费"，其他
　　项目可为"定额人工费"或"定额人工费＋定额机械费"。
　　2　按施工方案计算的措施费，若无"计算基础"和"费率"的数值，也可只填"金额"数值，但应在备注
　　栏说明施工方案出处或计算方法。

表-11

附录 G.1 其他项目清单与计价汇总表

工程名称： 标段： 第 页 共 页

序号	项 目 名 称	金额（元）	结算金额（元）	备 注
1	暂列金额			明细详见表-12-1
2	暂估价			
2.1	材料(工程设备)暂估价/结算价	—	—	明细详见表-12-2
2.2	专业工程暂估价/结算价			明细详见表-12-3
3	计日工			明细详见表-12-4
4	总承包服务费			明细详见表-12-5

注：材料（工程设备）暂估单价进入清单项目综合单价，此处不汇总。

表-12

附录 G.2 暂列金额明细表

工程名称：　　　　　　　　　　　　标段：　　　　　　　　　第 页 共 页

序号	项 目 名 称	计量单位	暂定金额 （元）	备 注
合　计				

注：此表由招标人填写，如不能详列，也可只列暂定金额总额，投标人应将上述暂列金额计入投标总价中。

表-12-1

附录 G. 3　材料（工程设备）暂估单价及调整表

工程名称：　　　　　　　　　　标段：　　　　　　　第 页 共 页

序号	材料(工程设备) 名称、规格、型号	计量 单位	数量		单价(元)		合价(元)		差额±(元)		备注
			暂估	确认	暂估	确认	暂估	确认	单价	合价	

注：此表由招标人填写（暂估单价），并在备注栏说明暂估单价的材料、工程设备拟用在那些清单项目上，投标
　　人应将上述材料、工程设备暂估单价计入工程量清单综合单价报价中。

表-12-2

169

附录 G. 4 专业工程暂估价及结算价表

工程名称： 标段： 第 页 共 页

序号	工程名称	工程内容	暂估金额（元）	结算金额（元）	差额±（元）	备注
合计						

注：此表"暂估金额"由招标人填写，投标人应将"暂估金额"计入投标总价中。结算时按合同约定结算金额填写。

表-12-3

170

附录 G.5　计 日 工 表

工程名称：　　　　　　　　　标段：　　　　　　　　　第 页 共 页

编号	项目名称	单位	暂定数量	实际数量	综合单价(元)	合价(元)	
						暂定	实际
一	人　工						
1							
2							
3							
	人　工　小　计						
二	材　料						
1							
2							
3							
4							
5							
	材　料　小　计						
三	施 工 机 械						
1							
2							
3							
	施 工 机 械 小 计						
	四、企 业 管 理 费 和 利 润						
	总　计						

注：此表项目名称，暂定数量由招标人填写，编制招标控制价时，单价由招标人按有关计价规定确定；投标时，单价由投标人自主报价，按暂定数量计算合价计入投标总价中。结算时，按承发包双方确定的实际数量计算合价。

表-12-4

附录 G.6 总承包服务费计价表

工程名称：　　　　　　　　　标段：　　　　　　　　　第 页 共 页

序号	项 目 名 称	项目价值(元)	服务内容	计算基础	费率(%)	金额(元)
1	发包人发包专业工程					
2	发包人提供材料					
	合　价	—	—		—	

注：此表项目名称，服务内容由招标人填写，编制招标控制价时，费率及金额由招标人按有关计价规定确定；投标时，费率及金额由投标人自主报价，计入投标总价中。

表-12-5

附录 H 规费、税金项目计价表

工程名称： 标段： 第 页 共 页

序号	项目名称	计 算 基 础	计算 基数	计算费率 （％）	金额 （元）
1	规 费	定额人工费			
1.1	社会保险费	定额人工费			
（1）	养老保险费	定额人工费			
（2）	失业保险费	定额人工费			
（3）	医疗保险费	定额人工费			
（4）	工伤保险费	定额人工费			
（5）	生育保险费	定额人工费			
1.2	住房公积金	定额人工费			
1.3	工程排污费	按工程所在地环境保护部 门收取标准，按实计入			
2	税金	分部分项工程费＋措施项目费 ＋其他项目费＋规费－按规定 不计税的工程设备金额			
合 价					

编制人（造价人员）： 复核人（造价工程师）：

表-13

173

附录 L.1　发包人提供材料和工程设备一览表

工程名称：　　　　　　　　标段：　　　　　　　　第　页　共　页

序号	材料(工程设备)名称、规格、型号	单位	数量	单价（元）	交货方式	送达地点	备注

注：此表由招标人填写，供投标人在投标报价、确定总承包服务费时参考。

表-20

4.4.2　编制工程量清单

（本节所有工程量清单编制示例，均以某中学教学楼工程为例列项）

1. 清单封面填写

（1）招标人自行编制工程量清单时，由招标人单位注册的造价人员编制。招标人盖单位公章，法定代表人或其授权人签字或盖章；编制人是造价工程师的，由其签字盖执业专用章；编制人是造价员的，在编制人栏签字盖专用章，应由造价工程师复核，并在复核人栏签字盖执业专用章（见表4-5）。

（2）招标人委托工程造价咨询人编制工程量清单时，由工程造价咨询人单位注册的造价人员编制。工程造价咨询人盖单位资质专用章，法定代表人或其授权人签字或盖章；编制人是造价工程师的，由其签字盖执业专用章；编制人是造价员的，在编制人栏签字盖专用章，应由造价工程师复核，并在复核人栏签字盖执业专用章（见表4-6）。

2. 编写总说明

1）总说明应填写的内容：

（1）工程概况：建设规模、工程特征、计划工期、施工现场实际情况、自然地理条件、环境保护要求等。

（2）工程发包、和分包范围。

（3）工程量清单编制依据。

（4）使用材料设备、施工的特殊要求等。

（5）其他需要说明的问题。

2）总说明的表述

（1）工程概况。其中建设规模是指建筑面积；工程特征应说明基础及结构类型、建筑层数、高度、门窗类型及各部位装饰、装修做法；计划工期是指按工期定额计算的施工天数；施工现场实际情况是指施工场地的地表状况；自然地理条件，是指建筑场地所处地理位置的气候及交通运输条件；环境保护要求，是针对施工噪音及材料运输可能对周围环境造成的影响和污染，提出的防护要求。

总说明示例见表4-7。

表 4-5（招标人编制清单的封面）

×× 中 学 教 学 楼 工 程

工 程 量 清 单

×× 中学
单位公章

招 标 人：＿＿＿＿＿＿＿＿＿＿

（单位盖章）

工 程 造 价

咨 询 人：＿＿＿＿＿＿＿＿＿＿

（单位资质专用章）

法定代表人　×× 中学
法定代表人

或其授权人：＿＿＿＿＿＿＿＿

（签字或盖章）

法定代表人

或其授权人：＿＿＿＿＿＿＿＿

（签字或盖章）

×× 签字
盖造价工程师或造价员专用章

编 制 人：＿＿＿＿＿＿＿＿＿＿

（造价人员签字盖专用章）

×× 签字
盖造价工程师专用章

复 核 人：＿＿＿＿＿＿＿＿＿＿

（造价工程师签字盖专用章）

编制时间：×× 年 × 月 × 日

复核时间：×× 年 × 月 × 日

表 4-6（招标人委托造价咨询人编制清单的封面）

×× 中 学 教 学 楼 工 程

工 程 量 清 单

<table>
<tr>
<td align="center">××中学
单位公章</td>
<td align="center">工 程 造 价 ××工程造价咨询企业
资质专用章</td>
</tr>
<tr>
<td align="center">招 标 人：＿＿＿＿＿＿＿＿＿＿
（单位盖章）</td>
<td align="center">咨 询 人：＿＿＿＿＿＿＿＿＿＿
（单位资质专用章）</td>
</tr>
<tr>
<td align="center">法定代表人
××中学
法定代表人
或其授权人：＿＿＿＿＿＿＿＿＿＿
（签字或盖章）</td>
<td align="center">法定代表人
××工程造价咨询企业
法定代表人
或其授权人：＿＿＿＿＿＿＿＿＿＿
（签字或盖章）</td>
</tr>
<tr>
<td align="center">××签字
盖造价工程师或造价员专用章
编 制 人：＿＿＿＿＿＿＿＿＿＿
（造价人员签字盖专用章）</td>
<td align="center">××签字
盖造价工程师专用章
复 核 人：＿＿＿＿＿＿＿＿＿＿
（造价工程师签字盖专用章）</td>
</tr>
<tr>
<td align="center">编制时间：××年×月×日</td>
<td align="center">复核时间：××年×月×日</td>
</tr>
</table>

表 4-7（总说明）

总 说 明

工程名称：××中学教学楼　　　　　　　　　　　标段：　　　　第 1 页　共 1 页

---

　　1. 工程概况：本工程为砖混结构，采用混凝土灌注桩，建筑层数为六层，建筑面积 10940m²，计划工期为 200 日历天。施工现场距教学楼最近处为 20m，施工中应注意采取相应的防噪措施。

　　2. 工程招标范围：本次招标范围为施工图范围内的建筑工程和安装工程。

　　3. 工程量清单编制依据：

　　(1)教学楼施工图；

　　(2)《建设工程工程量清单计价规范》GB 50500—2013；

　　(3)《房屋建筑与装饰工程工程量计算规范》GB 50854—2013；

　　(4)拟定的招标文件；

　　(5)相关的规范、标准图集和技术资料。

　　4. 其他需要说明的问题：

　　(1)招标人供应现浇构件的全部钢筋，单价暂定为 4000 元/t。承包人应在施工现场对招标人供应的钢筋进行验收、保管和使用发放。

　　招标人供应钢筋的价款，由招标人按每次发生的金额支付给承包人，再由承包人支付给供应商。

　　(2)消防工程另进行专业发包。总承包人应配合专业工程承包人完成以下工作：

　　①为消防工程承包人提供施工工作面并对施工现场进行统一管理，对竣工资料进行统一整理汇总；

　　②为消防工程承包人提供垂直运输机械和焊接电源接入点，并承担垂直运输费和电费。

表-01

（2）工程发包及分包范围。工程发包范围是指单项工程的发包范围，一般填写：施工图范围内的建筑工程和安装工程。工程分包是指特殊工程项目的分包，如招标人分包"铝合金玻璃幕墙"和"消火栓箱"等。

（3）工程量清单编制依据。主要包括：《计量规范》、施工图、选用的标准图集、答疑纪要、现场情况及常规施工方案等。

（4）使用材料设备、施工的特殊要求。指发包人根据工程的重要性、使用功能及装饰装修标准提出，诸如对水泥的品牌、钢材的生产厂家、大理石（花岗石）的出产地、品牌、卫生洁具品牌等的要求；施工要求，一般是指建设项目中对单项工程的施工顺序等的要求。

（5）工程中如果有部分材料由发包人自行采购，应将所采购材料的名称、规格型号、数量予以说明。

3. 分部分项工程量和单价措施项目清单与计价表

该清单编制示例，详见表4-8。填表时，在"工程名称"栏应填写详细具体的工程称谓，对于房屋建筑而言，并无标段划分，可不填写"标段"栏，但相对于管道敷设、道路施工、则往往以标段划分，此时，应填写"标段"栏，其他各表涉及此类设置，道理相同。

（1）"项目编码"栏应按《计量规范》附录规定另加3位顺序码填写。

当同一标段（或合同段）的一份工程量清单中含有多个单位工程且工程量清单是以单位工程为编制对象时，在编制工程量清单时应特别注意项目编码十至十二位的设置不得有重码的规定。

（2）"项目名称"栏应按《计量规范》附录规定根据拟建工程实际确定填写。

（3）"项目特征"栏应按《计量规范》附录规定根据拟建工程实际予以描述。

在编制工程量清单时，必须对项目特征进行准确和全面的描述。项目特征描述的内容应按附录中的规定，结合拟建工程的实际，能满足确定综合单价的需要。

（4）"计量单位"应按《计量规范》附录规定填写。

当计量单位有两个或两个以上时，应根据所编工程量清单项目的特征要求，选择最适宜表现该项目特征并方便计量和组成综合单价的计量单位。

（5）"工程量"应按《计量规范》附录规定的工程量计算规则计算填写。

填写"分部分项工程量清单和单价措施项目与计价表"时，应提前将各分部分项工程量及单价措施项目工程量计算清楚，并按项目特征的划分规定设置项目名称，将同一工程中相同项目特征的工程量归类汇总，然后填表列项。

分部分项工程和单价措施项目清单与计价表

表 4-8

工程名称：××中学教学楼　　　　　　　　标段：　　　　　　　第 1 页　共 3 页

序号	项目编码	项目名称	项目特征	计量单位	工程量	综合单价	合价	暂估价
								金额（元）其中
			0101 土石方工程					
1	010101003001	挖沟槽土方	三类土，垫层底宽 2m，挖土深度＜4m，弃土运距＜10km	m³	1432			
			（其他略）					
			分部小计					
			0103 桩基工程					
2	010302003001	泥浆护壁混凝土灌注桩	桩长 10m，护壁段长 9m，共 42 根桩直径 1000mm，扩大头直径 1100mm，桩混凝土为 C25，护壁混凝土为 C20	m	420			
			（其他略）					
			分部小计					
			0104 砌筑工程					
3	010401001001	条形砖基础	M10 水泥砂浆，MU15 页岩砖 240×115×53（mm）	m³	239			
4	010401003001	实心砖墙	M7.5 混合砂浆，MU15 页岩砖 240×115×53（mm），墙厚度 240mm	m³	2037			
			（其他略）					
			分部小计					
			0105 混凝土及钢筋混凝土工程					
5	010503001001	基础梁	C30 预拌混凝土，梁底标高－1.55m	m³	208			
6	010515001001	现浇构件钢筋	钢筋 Q235，Φ14	t	200			
			（其他略）					
			分部小计					
			0106 金属结构工程					
7	010606008001	钢爬梯	U 型，型钢品种、规格详见××图	t	0.258			
			分部小计					
			本页小计					
			合计					

注：为计取规费等的使用，可在表中增设其中："定额人工费"。

表-08

分部分项工程和单价措施项目清单与计价表

工程名称：××中学教学楼　　　　　　　　标段：　　　　　　　　

序号	项目编码	项目名称	项目特征	计量单位	工程量	金额（元）			
						综合单价	合价	其中	
								暂估价	
			0108 门窗工程						
8	010807001001	塑钢窗	80 系列 LC0915 塑钢平开窗带纱 5mm 白玻	m²	900				
			（其他略）						
			分部小计						
			0109 屋面及防水工程						
9	010902003001	屋面刚性防水	C20 细石混凝土，厚 40mm，建筑油膏嵌缝	m²	1853				
			（其他略）						
			分部小计						
			0110 保温、隔热、防腐工程						
10	011001001001	保温隔热屋面	沥青珍珠岩块 500×500×150（mm），1：3 水泥砂浆护面，厚 25mm	m²	1853				
			（其他略）						
			分部小计						
			0111 楼地面装饰工程						
11	011101001001	水泥砂浆楼地面	1：3 水泥砂浆找平层，厚 20mm，1：2 水泥砂浆面层，厚 25mm	m²	6500				
			（其他略）						
			分部小计						
			0112 墙、柱面装饰与隔断、幕墙工程						
12	011201001001	外墙面抹灰	页岩砖墙面，1：3 水泥砂浆底层，厚 15mm，1：2.5 水泥砂浆面层，厚 6mm	m²	4050				
13	011202001001	柱面抹灰	混凝土柱面，1：3 水泥砂浆底层，厚 15mm，1：2.5 水泥砂浆面层，厚 6mm	m²	850				
			（其他略）						
			分部小计						
			本页小计						
			合计						

注：为计取规费等的使用，可在表中增设其中："定额人工费"。

表-08

181

分部分项工程和单价措施项目清单与计价表　　　　续表 4-8

工程名称：××中学教学楼　　　　　　标段：　　　　　　第 3 页　共 3 页

序号	项目编码	项目名称	项目特征	计量单位	工程量	综合单价	合价	暂估价
						金额（元）		其中
		0113　天棚工程						
14	011301001001	混凝土天棚抹灰	基层刷水泥浆一道加 107 胶，1：0.5：2.5 水泥石灰砂浆底层，厚12mm，1：0.3：3 水泥石灰砂浆厚4mm	m²	7000			
		（其他略）						
		分部小计						
		0114 油漆、涂料、裱糊工程						
15	011407001001	外墙乳胶漆	基层抹灰面满刮成品耐水腻子三遍磨平，乳胶漆一底二面	m²	4050			
		（其他略）						
		分部小计						
		0117 措施项目						
16	011701001001	综合脚手架	砖混、檐高 22m	m²	10940			
		（其他略）						
		分部小计						
		本页小计						
		合计						

注：为计取规费等的使用，可在表中增设其中："定额人工费"。

表-08

4. 总价措施项目清单与计价表

该表适用于以"项"为计量单位，不能计算工程量的总价措施项目计价。

编制该清单时，招标人只按表中格式列出项目，并可根据工程实际情况进行增减。该清单表编制示例，详见表4-9。

总价措施项目清单与计价表　　　　表 4-9

工程名称：××中学教学楼　　　　　　标段：　　　　　　第 1 页　共 1 页

序号	项目编码	项目名称	计算基础	费率（%）	金额（元）	调整费率(%)	调整金额（元）	备注
		安全文明施工费						
		夜间施工增加费						
		二次搬运费						
		冬雨季施工增加费						
		已完工程及设备保护费						

编制人（造价人员）：　　　　　　　复核人（造价工程师）：

注：1　"计算基础"中安全文明施工费可为"定额基价"、"定额人工费"或"定额人工费＋定额机械费"，其他项目可为"定额人工费"或"定额人工费＋定额机械费"。
2　按施工方案计算的措施费，若无"计算基础"和"费率"的数值，也可只填"金额"数值，但应在备注栏说明施工方案出处或计算方法。

表-11

5. 其他项目计价表

（1）其他项目清单与计价汇总表

填表之前，应先填写"暂列金额明细表"（表-12-1）、"材料（工程设备）暂估单价及调整表"（表-12-2）、"专业工程暂估价及结算表"（表-12-3）、"计日工表"（表-12-4）、"总承包服务费计价表"（表-12-5）等5项表格，然后汇总，编制示例详见表4-10。

其他项目清单与计价汇总表 表 4-10

工程名称：××中学教学楼　　　　　　　　　　标段：　　　　　　　　第1页　共1页

序号	项目名称	金额（元）	结算金额（元）	备注
1	暂列金额			明细详见表-12-1
2	暂估价			
2.1	材料（工程设备）暂估价/结算价	—	—	明细详见表-12-2
2.2	专业工程暂估价/结算价			明细详见表-12-3
3	计日工			明细详见表-12-4
4	总承包服务费			明细详见表-12-5

注：材料（工程设备）暂估单价进入清单项目综合单价，此处不汇总。

表-12

（2）暂列金额明细表

"暂列金额"由招标人根据工程规模大小，建筑标准的高低，复杂程度，地基状况，以及招标人预期该工程在施工过程中有可能会变更设计等因素合理预计。

编制该清单时，要求招标人能将暂列金额与拟用项目列出明细，如确实不能详列也可以只列暂定金额总额。投标人只需要直接将该清单中所列的暂列金额纳入投标总价。该清单"暂列金额明细表"编制示例，详见表4-11。

暂列金额明细表 表 4-11

工程名称：××中学教学楼　　　　　　　　　　标段：　　　　　　　　第1页　共1页

序号	项目名称	计量单位	暂定金额（元）	备注
1	自行车棚工程	项	100000	
2	工程量偏差和设计变更	项	100000	
3	政策性调整和材料价格变动	项	100000	
4	其他	项	50000	
	合　计		350000	

注：此表由招标人填写，如不能详列，也可只列暂定金额总额，投标人应将上述暂列金额计入投标总价中。

表-12-1

上述的暂列金额，尽管包含在投标总价中（也将包含在中标人的合同总价中），但并不属于承包人所有和支配，是否属于承包人所有受合同约定的开支程序的制约。如果在合同履行过程中，自行车棚工程确定要实施，由发包人和承包人按照合同约定的共同招标操作程序和原则选择专业分包人负责完成，才能决定该项目的最终价款。

编制投标价时，"暂列金额"应按照其他项目清单中列出的金额填写，不得变动。办理竣工结算时，合同价款中的"暂列金额"在用于各项价款调整、索赔与现场签证后，若有余额归发包人，若出现差额，则由发包人补足并反映在相应项目的工程价款中。

（3）材料（工程设备）暂估单价及调整表

该清单填表时，每一类暂估价应列出相应的拟用项目，即按照材料设备的名称分别列出，以便投标人组价时纳入到项目综合单价中。另外，填表时应将暂估价数量和拟用项目在该表备注栏给予补充说明。

编制该清单时，材料暂估单价应按工程造价管理机构发布的工程造价信息中的材料单价计算，工程造价信息未发布的材料单价，其单价参考市场价格估算。

该清单"材料（工程）暂估单价及调整表"（表-12-2）编制示例，详见表 4-12。

表中列明的材料设备的暂估价仅指此类材料、工程设备本身运至施工现场内工地地面价，但不包括这些材料设备的安装以及安装所必需的辅助材料以及发生在现场内的验收、存储、保管、开箱、二次搬运、从存放地点运至安装地点以及其他任何必要的辅助工作（以下简称"暂估价项目的安装及辅助工作"）所发生的费用。与暂估价项目的安装及辅助工作所发生的费用应该包括在投标价格中并且固定包死。

材料（工程设备）暂估单价及调整表　　　　　　　　　表 4-12

工程名称：××中学教学楼　　　　　　　　　标段：　　　　　　　　　第 1 页共 1 页

序号	材料(工程设备)名称、规格、型号	计量单位	数量		单价(元)		合价(元)		差额±(元)		备注
			暂估	确认	暂估	确认	暂估	确认	单价	合价	
1	钢筋（规格见施工图）	t	200		4000		800000				用于现浇钢筋混凝土项目
2	低压开关（CGD190380/220V）	台	1		45000		45000				用于低压开关柜安装项目
	合计						845000				

注：此表由招标人填写（暂估单价），并在备注栏说明暂估单价的材料、工程设备拟用在那些清单项目上，投标人应将上述材料、工程设备暂估单价计入工程量清单综合单价报价中。

表-12-2

编制投标价时，材料暂估价应按招标人在其他项目清单中列出的单价计入综合单价。办理竣工结算时，若暂估价中的材料是招标采购的，其材料单价按中标价在综合单价中调整；若暂估价中的材料为非招标采购的，其单价按发、承包承包双方最终确认的材料单价在综合单价中调整。

（4）专业工程暂估价及结算价表

编制该清单时，专业工程暂估价应由招标人参考市场价或根据有关规定合理估算。并在该表内填写工程名称、工程内容、暂估金额。

该清单"专业工程暂估价表"编制示例，详见表 4-13。表中的专业工程暂估价为综合暂估价，应当包括除规费、税金外的管理费、利润等。

编制投标价时，专业工程暂估价应按招标人在其他项目清单中列出的金额计入投标总价中。办理竣工结算时，若暂估价中的专业工程是招标分包的，其专业工程分包费按中标价计算；若暂估价中的专业工程为非招标分包的，其专业工程分包费按发、承包双方与分包人最终结算确认的金额计算。

（5）计日工表

编制该清单时，计日工表尽可能把预计要发生的项目列全，并根根据规模的大小，复杂程度，工程特点等由招标人根据经验估算一个比较贴近实际的数量填写。该清单"计日工表"的列项示例，详见表4-14。

专业工程暂估价及结算价表

表4-13

工程名称：××中学教学楼　　　　　　　　标段：　　　　　　第1页　共1页

序号	工程名称	工程内容	暂估金额(元)	结算金额(元)	差额±(元)	备注
1	消防工程	合同图纸中标明的以及消防工程规范和技术说明中规定的各系统中的设备、管道、阀门、线缆等的供应、安装和调试工作	200000			
合计			200000			

注：此表"暂估金额"由招标人填写，投标人应将"暂估金额"计入投标总价中。结算时按合同约定结算金额填写。

表-12-3

计日工表

表4-14

工程名称：××中学教学楼　　　　　　　　标段：　　　　　　第1页　共2页

编号	项目名称	单位	暂定数量	实际数量	综合单价(元)	合价(元) 暂定	合价(元) 实际
一	人工						
1	普工	工日	150				
2	技工	工日	80				
3							
	人工小计						
二	材料						
1	钢筋(规格见施工图)	t	1.5				
2	水泥42.5	t	3.6				
3	中砂	m³	26				
4	砾石(5mm～40mm)	m³	9				
5	页岩砖(240mm×115mm×53mm)	千匹	2				
	材料小计						

计 日 工 表

工程名称：××中学教学楼　　　　　　　　　　标段：

编号	项目名称	单位	暂定数量	实际数量	综合单价(元)	合价(元)	
						暂定	实际
三	施 工 机 械						
1	自升式塔吊起重机	台班	8				
2	灰浆搅拌机(400L)	台班	4				
3							
	施 工 机 械 小 计						
四、企 业 管 理 费 和 利 润							
	总　计						

注：此表项目名称，暂定数量由招标人填写，编制招标控制价时，单价由招标人按有关计价规定确定；投标时，单价由投标人自主报价，按暂定数量计算合价计入投标总价中。结算时，按承发包双方确定的实际数量计算合价。

表-12-4

编制投标价时，计日工应按照其他项目清单列出的项目和估算的数量，自主确定各项综合单价并计算费用。办理竣工结算时，计日工的费用应按发包人实际签证确认的数量和合同约定的相应项目综合单价计算。

（6）总承包服务费计价表

编制该清单时，招标人应将拟定进行专业分包的专业工程、自行采购的材料设备等决定清楚，填写项目名称、服务内容，以便投标人决定报价。该清单"总承包服务费计价表"列项示例，详见表 4-15。

总承包服务费计价表

表 4-15

工程名称：××中学教学楼　　　　　　　　　　标段：　　　　　　　　　　第 1 页 共 1 页

序号	项目名称	项目价值(元)	服务内容	计算基础	费率(%)	金额(元)
1	发包人发包专业工程	200000	1. 按专业工程承包人的要求提供施工工作面并对施工现场进行统一管理，对竣工资料进行统一整理汇总 2. 为专业工程承包人提供垂直运输机械和焊接电源接入点，并承担垂直运输费和电费			
2	发包人提供材料	845000	对发包人供应的材料进行验收及保管和使用发放			
	合　价	—	—		—	

注：此表项目名称，服务内容由招标人填写，编制招标控制价时，费率及金额由招标人按有关计价规定确定；投标时，费率及金额由投标人自主报价，计入投标总价中。

表-12-4

编制投标价时，总承包服务费应依据招标人在招标文件中列出的分包专业工程内容和供应材料、设备情况，按照招标人提出的协调、配合与服务要求和施工现场管理需要自主确定。办理竣工结算时，总承包服务费应依据合同约定金额计算，如发生调整的，以发、承包双方确认调整的金额计算。

6. 规费、税金项目计价表

编制该清单时，招标人应按按国家或省级、行业建设行政主管部门的有关规定列出规费和税金的项目和费率，列项示例，详见表4-16。

规费、税金项目计价表　　　　　　　　　　　　　　　表4-16

工程名称：××中学教学楼　　　　　　　　　标段：　　　　　　　第1页　共1页

序号	项 目 名 称	计 算 基 础	计算基数	计算费率（%）	金额（元）
1	规费	定额人工费			
1.1	社会保险费	定额人工费			
(1)	养老保险费	定额人工费			
(2)	失业保险费	定额人工费			
(3)	医疗保险费	定额人工费			
(4)	工伤保险费	定额人工费			
(5)	生育保险费	定额人工费			
1.2	住房公积金	定额人工费			
1.3	工程排污费	按工程所在地环境保护部门收取标准，按实计入			
2	税金	分部分项工程费＋措施项目费＋其他项目费＋规费一按规定不计税的工程设备金额			
合　价					

编制人（造价人员）：　　　　　　　　　　　复核人（造价工程师）：

7. 发包人提供材料和工程设备一览表

此表由招标人填写，供投标人在投标报价、确定总承包服务费时参考。是招标人向承包人提供材料的依据。详见表4-17。

发包人提供材料和工程设备一览表　　　　　　　　　表4-17

工程名称：××中学教学楼　　　　　　　　　标段：　　　　　　　第1页　共1页

序号	材料(工程设备)名称、规格、型号	单位	数量	单价（元）	交货方式	送达地点	备注
1	钢筋(见施工图现浇构件)	t	200	4000		工地仓库	

注：此表由招标人填写，供投标人在投标报价、确定总承包服务费时参考。

附录

工程量计算手册

编制及使用说明

1. 本手册包括两大类表：第一类为 A 类表，即工程量数表。第二类为 B 类表，它是针对不同构件的计算特点，精心设计的工程量计算专用表。

A 类表中，表 A1～表 A8，是依据现行施工质量验收规范 GB 50204—2002、建筑物抗震构造详图 04G329-3 图集，以及构件的常用节点编制的，主要用于挖基础土方、砖基础工程量，以及圈梁、构造柱、墙体拉结筋等非定型构件的钢筋工程量计算。表 A9～表 A14 为定型构件混凝土、钢筋量表，该表是依据陕西省《09 系列结构标准设计图集》编制的。工程中凡是采用该标准图集设计的楼梯、阳台、挑檐、雨篷、过梁、预应力空心板等构件，其工程量可直接利用该表查取相应数值计算。

B 类表中的表 B4-01 与表 B4-02，虽然都是现浇构件钢筋工程量计算用表，但这两种表的用途有所不同：表 B4-01 是专用于现浇构件钢筋按查表方式计算的用表，而表 B4-02，则是专用于现浇构件钢筋按图示长度及筋号计算的用表。

2. 钢筋型号，ϕ 示 HPB235 级钢筋，Φ 示 HRB335 级钢筋，Φ 示 HRB400 级钢筋，ϕ^b 示冷拔丝，ϕ^r 示冷轧带肋钢筋。钢筋分规格汇总时，若需将直径为 $\phi6$ 的钢筋换算成直径为 $\phi6.5$ 的钢筋，其重量乘以系数"1.171"。

3. "构造柱墙体拉结筋标准量表"（表 A6-01）使用方法：

表中数值为延米柱高的拉结筋标准用量，若窗间墙与窗边墙（轴线至窗边）的长度，在 240 墙厚时分别小于 2240mm 和 1120mm，在 370 墙厚时分别小于 2370mm 和 1185mm 时，表中的拉结筋用量要调减计算。调减后的拉结筋实际用量，等于表中的标准用量，减去洞口边需要截断的钢筋长度量。

【例 1】 表 A6-01 中节点①，240 厚的窗边墙长为 1120mm，其拉结筋标准用量为 7.81m，若工程中所对应的窗边墙长为 900mm，调减后，延米柱高拉结筋实际用量为：

$$7.81-(1.12-0.9)\times3.2=7.11m$$

【例 2】 表 A6-01 中节点②，240 厚窗间墙长为 2240mm，其拉结筋标准用量为 10.75m，若工程中实际窗间墙长为 1800mm，调减后，延米柱高拉结筋实际用量为：

$$10.75-(2.24-1.8)\times3.2=9.34m$$

拉结筋层数计算：拉结筋沿墙体高度，每间隔 500mm 设置 2ϕ6 钢筋。

$$拉结筋层数 = \frac{(层高-圈梁高)}{间距} - 1$$

经过对 2.8m、3.0m、3.3m 和 3.6m 四种不同层高拉结筋层数进行测算，平均每 10m 墙（柱）高拉结筋按 16 层计算。

4. 表 A8-01～表 A8-06 为 6～8 度抗震设防的圈梁延米长钢筋量表，及相对应的节点附加钢筋量表。计算圈梁钢筋时，根据不同截面尺寸及配筋设计，查取表中相应的钢筋含量，乘以截面分段长度计算。

圈梁的拐角及锚固接头个数计算：每个 T 形节点，计算一个锚固接头，每个 L 形节点计算一个拐角接头。2.8m 层高的圈梁，每个加强洞口计算一个锚固接头，每个阳台两端各计算一个锚固接头。

一、A 类表　工程量数表

表 A1　混凝土井桩分段体积表

混凝土井桩分段体积表　　　　　　　　　　　　　　　　　　　　　　表 A1

桩　简　图	桩直径 D (mm)	桩体分段体积				
		圆柱体 Ⅰ段（m³/米）	圆台体 Ⅱ段（m³/个）		球缺体 Ⅲ段（m³/个）	
		$h_1=1000$	$h_2=800$	$h_2=1000$	$h_3=200$	$h_3=250$
	800	0.502	0.636	0.795	0.117	0.149
	900	0.636	0.768	0.960	0.137	0.174
	1000	0.785	0.923	1.141	0.158	0.201
	1100	0.950	1.070	1.337	0.181	0.229
	1200	1.130	1.239	1.549	0.205	0.259
	1300	1.327	1.421	1.777	0.231	0.292
	1400	1.539	1.616	2.020	0.259	0.326
	1500	1.766	1.823	2.279	0.288	0.362
	1600	2.010	2.043	2.554	0.318	0.401
	1700	2.269	2.275	2.844	0.350	0.441
	1800	2.543	2.520	3.150	0.384	0.483
	1900	2.834	2.778	3.472	0.419	0.521
	2000	3.140	3.048	3.810	0.456	0.573

混凝土井桩图

说明：

1. 桩体各部位尺寸按一般常规设定，工程量计算时按各分段高度查取表中相应数值计算。

2. 【例】某桩基为人工挖孔灌注桩，数量及尺寸如下，试计算其混凝土工程量。

$$D=1200mm \qquad 30 根$$
$$h_1=6800mm$$
$$h_2=800mm$$
$$h_3=200mm$$

【解】查表计算：

$$V=(1.13×6.8+1.239+0.205)×30$$
$$=273.84m^3$$

表 A2　砖基大放脚折加高度表

说明：

　　本表包括三个分表：

　　表 A2-01：等高式砖基大放脚折加高度表

　　表 A2-02：间隔式砖基大放脚折加高度表

　　表 A2-03：等高式砖柱基四边放脚体积表

等高式砖基大放脚折加高度表　　　　　　表 A2-01

错台层数＼墙厚（cm）	折加高度（m）						大放脚面积（m²）
	11.5	24	36.5	49	61.5	74	
一	0.137	0.066	0.043	0.032	0.026	0.021	0.01575
二	0.411	0.197	0.129	0.096	0.077	0.064	0.04724
三	0.821	0.394	0.259	0.193	0.154	0.128	0.09449
四	1.369	0.656	0.431	0.321	0.256	0.213	0.15748
五	2.054	0.984	0.647	0.482	0.384	0.319	0.23622
六	2.876	1.378	0.906	0.675	0.538	0.447	0.33071
七	—	1.837	1.208	0.900	0.717	0.596	0.44094
八	—	2.362	1.553	1.157	0.922	0.766	0.56693
九	—	2.953	1.942	1.466	1.152	0.958	0.70866
十	—	3.609	2.373	1.768	1.408	1.170	0.86614

间隔式砖基大放脚折加高度表　　　　　　表 A2-02

错台层数＼墙厚（cm）	折加高度（m）						大放脚面积（m²）
	11.5	24	36.5	49	61.5	74	
一	0.137	0.066	0.043	0.032	0.026	0.021	0.01575
二	0.342	0.164	0.108	0.080	0.064	0.053	0.03937
三	0.685	0.328	0.216	0.161	0.128	0.106	0.07874
四	1.095	0.525	0.345	0.257	0.205	0.170	0.12598
五	1.643	0.788	0.518	0.386	0.307	0.255	0.18900
六	2.259	1.083	0.712	0.530	0.423	0.351	0.25984
七	—	1.444	0.949	0.707	0.563	0.468	0.34646
八	—	1.837	1.208	0.899	0.717	0.596	0.44094
九	—	2.297	1.510	1.125	0.896	0.745	0.55118
十	—	2.789	1.834	1.366	1.088	0.904	0.66929

等高式砖柱基四边大放脚体积表（m³/根）　　　　表 A2-03

砖柱截面(m) 错台层数	0.24×0.24	0.24×0.365	0.365×0.365	0.365×0.49	0.49×0.49	0.49×0.615	0.615×0.74	0.74×0.74
一	0.010	0.011	0.013	0.015	0.017	0.019	0.023	0.025
二	0.033	0.038	0.044	0.050	0.056	0.062	0.074	0.080
三	0.073	0.085	0.097	0.108	0.120	0.132	0.156	0.167
四	0.135	0.154	0.174	0.194	0.213	0.233	0.272	0.292
五	0.222	0.251	0.281	0.310	0.340	0.369	0.428	0.458
六	0.338	0.379	0.421	0.462	0.503	0.545	0.627	0.669
七	0.487	0.542	0.597	0.653	0.708	0.763	0.873	0.928
八	0.674	0.745	0.815	0.886	0.957	1.028	1.170	1.241

1. 表中数值按下式计算：

$$\Delta V = \frac{n(n+1)\left[24(a+b)+2n+1\right]}{3048}$$

2. 砖柱基工程量等于砖柱截面乘以柱高，再加上表中四边大放脚体积 ΔV。

即：

$$V = a \cdot b \cdot h + \Delta V$$

式中　V——砖柱基体积（m³）；

　　　ΔV——砖柱基四边大放脚体积（m³）；

　a、b——砖柱截面长宽（m）；

　　　h——砖柱基高（m）；

　　　n——砖柱基大放脚层数。

表 A3 钢筋理论质量及搭接长度表

说明：

本表依据《混凝土结构工程施工质量验收规范》（GB 50204-2002）编制。

表 A3-01：钢筋理论质量表

表 A3-02：纵向受拉钢筋最小绑扎搭接长度表

表 A3-03：纵向受拉钢筋最小绑扎搭接长度系数表

钢筋单位理论质量表　　　　　　　　　　　　　表 A3-01

公称直径(mm)	4	5	6	6.5	8	10	12	14	16
每米质量(kg/m)	0.099	0.154	0.222	0.26	0.395	0.617	0.888	1.21	1.58
公称直径(mm)	18	20	22	25	28	32	36	40	50
每米质量(kg/m)	2.00	2.47	2.98	3.85	4.83	6.31	7.99	9.87	15.42

纵向受拉钢筋最小绑扎搭接长度表　　　　　　　　表 A3-02

钢筋类型		一、二级抗震结构				三级抗震结构				一般结构			
		混凝土强度等级				混凝土强度等级				混凝土强度等级			
		C15	C20～C25	C30～C35	≥C40	C15	C20～C25	C30～C35	≥C40	C15	C20～C25	C30～C35	≥C40
直径≤25钢筋	HPB235级(φ)	52d (64.5d)	40d (52.5d)	35d (47.5d)	29d (41.5d)	47d (59.5d)	37d (49.5d)	32d (44.5d)	26d (38.5d)	45d (57.5d)	35d (47.5d)	30d (42.5d)	25d (37.5d)
	HRB335级(Φ)	63d	52d	40d	35d	58d	47d	37d	32d	55d	45d	35d	30d
	HRB400级(Φ)	—	63d	46d	40d	—	58d	42d	37d		55d	40d	35d
直径>25钢筋	HRB335级(Φ)	69d	57d	44d	39d	64d	52d	41d	35d	61d	50d	39d	33d
	HRB400(Φ)	—	69d	51d	44d	—	64d	46d	41d		61d	44d	39d

注：1. 对环氧树脂涂层的带肋钢筋，其最小搭接长度应按相应数值乘以系数 1.25 取用；

2. 混凝土凝固过程中受力钢筋易受扰动时（如滑模施工），其最小搭接长度应按相应数值乘以系数 1.1 取用；

3. 对末端采用机械锚固措施的带肋钢筋，其最小搭接长度可按相应数值乘以系数 0.7 取用；

4. 当带肋钢筋的混凝土保护层厚度大于搭接钢筋直径的 3 倍且配有箍筋时，其最小搭接长度可按相应数值乘以系数 0.8 取用；

5. 纵向受压钢筋搭接时，其最小搭接长度可按相应数值乘以系数 0.7 取用；

6. 两根直径不同的钢筋搭接长度，以较细钢筋的直径计算。在任何情况下，受拉钢筋的搭接长度不应小于 300mm，受压钢筋的搭接长度不应小于 200mm。

纵向受拉钢筋最小绑扎搭接长度系数表　　　　　　表 A3-03

钢筋类型		一、二级抗震结构				三级抗震结构				一般结构			
		混凝土强度等级				混凝土强度等级				混凝土强度等级			
		C15	C20～C25	C30～C35	≥C40	C15	C20～C25	C30～C35	≥C40	C15	C20～C25	C30～C35	≥C40
HPB235级	Φ6	1.048	1.047	1.047	1.047	1.047	1.047	1.047	1.047	1.047	1.047	1.047	1.047
	Φ8	1.065	1.053	1.050	1.050	1.059	1.050	1.050	1.050	1.058	1.050	1.050	1.050
	Φ10	1.081	1.066	1.059	1.053	1.074	1.062	1.056	1.053	1.072	1.059	1.053	1.053
	Φ12	1.097	1.079	1.071	1.062	1.089	1.074	1.067	1.058	1.086	1.071	1.064	1.056

钢筋类型		一、二级抗震结构				三级抗震结构				一般结构			
		混凝土强度等级				混凝土强度等级				混凝土强度等级			
		C15	C20~C25	C30~C35	≥C40	C15	C20~C25	C30~C35	≥C40	C15	C20~C25	C30~C35	≥C40
HPB 235级	Φ14	1.113	1.092	1.083	1.073	1.104	1.087	1.078	1.067	1.101	1.083	1.074	1.066
	Φ16	1.129	1.105	1.095	1.083	1.119	1.099	1.089	1.077	1.115	1.095	1.085	1.075
	Φ18	1.145	1.118	1.107	1.093	1.134	1.112	1.100	1.087	1.129	1.107	1.096	1.084
	Φ20	1.161	1.131	1.119	1.104	1.149	1.124	1.111	1.096	1.144	1.119	1.106	1.094
HRB 335级	Φ10	1.079	1.065	1.050	1.044	1.073	1.059	1.046	1.040	1.069	1.056	1.044	1.038
	Φ12	1.095	1.078	1.060	1.053	1.087	1.071	1.056	1.048	1.083	1.068	1.053	1.045
	Φ14	1.11	1.091	1.070	1.061	1.102	1.082	1.065	1.056	1.096	1.079	1.061	1.053
	Φ16	1.126	1.104	1.080	1.070	1.116	1.094	1.074	1.064	1.110	1.090	1.070	1.060
	Φ18	1.142	1.117	1.090	1.079	1.131	1.106	1.083	1.072	1.124	1.101	1.079	1.068
	Φ20	1.158	1.130	1.100	1.088	1.145	1.118	1.093	1.080	1.138	1.113	1.088	1.075
	Φ22	1.173	1.143	1.110	1.096	1.160	1.129	1.102	1.088	1.151	1.124	1.096	1.083
	Φ25	1.197	1.163	1.125	1.109	1.181	1.147	1.116	1.100	1.172	1.141	1.109	1.094
	Φ28	1.324	1.267	1.206	1.180	1.298	1.242	1.190	1.165	1.283	1.231	1.180	1.154
	Φ32	1.370	1.306	1.235	1.206	1.341	1.276	1.218	1.188	1.323	1.265	1.206	1.176
	Φ36	1.417	1.344	1.265	1.231	1.384	1.311	1.245	1.212	1.364	1.298	1.231	1.198
HRB 400级	Φ10	—	1.079	1.058	1.050	—	1.073	1.053	1.046	—	1.069	1.050	1.044
	Φ12	—	1.095	1.069	1.060	—	1.087	1.063	1.056	—	1.083	1.060	1.053
	Φ14	—	1.110	1.081	1.070	—	1.102	1.074	1.065	—	1.096	1.070	1.061
	Φ16	—	1.126	1.092	1.080	—	1.116	1.084	1.074	—	1.110	1.080	1.070
	Φ18	—	1.142	1.104	1.090	—	1.131	1.095	1.083	—	1.124	1.090	1.079
	Φ20	—	1.158	1.115	1.100	—	1.145	1.105	1.093	—	1.138	1.100	1.088
	Φ22	—	1.173	1.127	1.110	—	1.160	1.116	1.102	—	1.151	1.110	1.096
	Φ25	—	1.197	1.144	1.125	—	1.181	1.131	1.116	—	1.172	1.125	1.106
	Φ28	—	1.324	1.237	1.206	—	1.298	1.216	1.190	—	1.283	1.206	1.180
	Φ32	—	1.370	1.270	1.235	—	1.341	1.247	1.218	—	1.323	1.235	1.206
	Φ36	—	1.417	1.304	1.265	—	1.384	1.278	1.245	—	1.364	1.265	1.231

表 A4　井桩承台网片钢筋每块量表

井桩直径	网片筋长度（m）					
	Φ8@150	Φ8@200	Φ10@150	Φ10@200	Φ12@150	Φ12@200
$D=900$	9.38	7.27	9.55	7.42	9.73	7.57
$D=1000$	11.59	8.66	11.81	8.82	12.02	8.96
$D=1100$	13.48	10.57	13.69	10.74	13.91	10.93
$D=1200$	16.23	12.26	16.48	12.44	16.73	12.62
$D=1300$	19.08	14.49	19.37	14.70	19.64	14.90
$D=1400$	21.57	16.48	21.85	16.70	21.11	16.90
$D=1500$	24.99	19.04	25.28	19.27	25.59	19.52
$D=1600$	28.49	21.34	28.82	21.58	29.15	21.82
$D=1700$	31.57	24.20	31.89	24.47	32.22	24.74
$D=1800$	35.62	26.81	35.97	27.09	36.35	27.36
$D=1900$	39.76	30.00	40.15	30.30	40.54	30.60
$D=2000$	43.43	32.91	43.81	33.21	44.21	33.52

井桩承台网片钢筋每块量表　　　　　　　　　　表 A4

注：表中网片筋间距为@150 和@200 两种，若网片设计间距在二者之间，或间距大于@200 时，则用插入法计算。

【例】一井桩直径为 1.4m，钢筋网片为 Φ10@180，试计算该网片筋长度。

【解】表 A4 中没有 Φ10@180 设计间距，因此要用插入法计算。

查表：直径为 1.4m，间距为 Φ10@150 及 Φ10@200 的网片钢筋长度分别为 21.85m 和 16.70m，用插入法计算得：

$$16.7+\frac{(21.85-16.7)(0.2-0.18)}{0.2-0.15}=18.76\text{m}$$

或：

$$21.85-\frac{(21.85-16.7)(0.18-0.15)}{0.2-0.15}=18.76\text{m}$$

表 A5　箍筋长度表

说明：

　　本表包括两个分表：

　　表 A5-01：一般梁柱箍筋长度表

　　表 A5-02：方柱复合箍筋长度表

一般梁柱箍筋长度表（主筋保护层 25mm）　　　　　　表 A5-01

箍筋形式		箍筋公式	箍筋长度（m）				
			Φ 4	Φ 6	Φ 8	Φ 10	Φ 12
135°弯钩	抗震结构	$2(b+h)-8d_0$ $+26d$	$2(b+h)-9$cm	$2(b+h)-4$cm	$2(b+h)+1$cm	$2(b+h)+6$cm	$2(b+h)+11$cm
	一般结构	$2(b+h)-8d_0$ $+16d$	$2(b+h)-13$cm	$2(b+h)-10$cm	$2(b+h)-7$cm	$2(b+h)-4$cm	$2(b+h)-1$cm
90°弯钩	抗震结构	—	—	—	—	—	—
	一般结构	$2(b+h)-8d_0$ $+14d$	$2(b+h)-14$cm	$2(b+h)-12$cm	$2(b+h)-9$cm	$2(b+h)-6$cm	$2(b+h)-3$cm
	圈梁异形箍	$2(b+1.5h)$ $-12d_0+16d$	$2(b+1.5h)$ -24cm	$2(b+1.5h)$ -20cm	$2(b+1.5h)$ -17cm	$2(b+1.5h)$ -14cm	$2(b+1.5h)$ -11cm
	四肢箍筋	$2.67(b+1.5h)$ $-13d_0+50d$	$2.67(b+1.5h)$ -13cm	$2.67(b+1.5h)$ -3cm	$2.67(b+1.5h)$ -8cm	$2.67(b+1.5h)$ $+18$cm	$2.67(b+1.5h)$ $+28$cm
	圆形箍筋	$\pi(D-2d_0)$ $+29d$	$\pi D-4$cm	$\pi D+2$cm	$\pi D+8$cm	$\pi D+13$cm	$\pi D+19$cm

　　注：b 示梁宽，h 示梁高，D 示圆柱直径，d_0 示保护层厚，d 示钢筋直径。

方柱复合箍筋长度表（主筋保护层25mm）　　　　表 A5-02

方柱箍筋简图		方柱箍筋公式	箍筋长度（m）									
			400×400柱		500×500柱		600×600柱		700×700柱		800×800柱	
			Φ6	Φ8	Φ6	Φ8	Φ8	Φ10	Φ8	Φ10	Φ8	Φ10
方柱外箍	方柱外箍	$4(b-2d_0)+26d$	1.556	1.608	1.956	2.008	2.408	2.460	2.808	2.860	3.208	3.260
十字直条内箍	内箍	$2(b-2d_0)+29d$	0.874	0.932	1.074	1.132	1.332	1.390	—	—	—	—
	合箍	$6(b-2d_0)+55d$	2.430	2.540	3.030	3.140	3.740	3.85	—	—	—	—
四角内箍	内箍	$2.83(b-2d_0)+24d$	1.135	1.183	1.418	1.466	1.749	1.797	—	—	—	—
	合箍	$6.83(b-2d_0)+50d$	2.691	2.791	3.374	3.474	4.157	4.257	—	—	—	—
井字直条内箍	内箍	$4(b-2d_0)+58d$	—	—	2.148	2.264	2.664	2.780	3.064	3.180	3.464	3.58
	合箍	$8(b-2d_0)+84d$	—	—	4.104	4.272	5.072	5.240	5.872	6.04	6.672	6.84
矩形小井字内箍	内箍	$5.33(b-2d_0)+48d$	—	—	2.687	2.783	3.316	3.412	3.849	3.945	4.382	4.478
	合箍	$9.33(b-2d_0)+74d$	—	—	4.643	4.791	5.724	5.872	6.657	6.805	7.590	7.738
八角内箍	内箍	$3.22(b-2d_0)+27d$	—	—	1.611	1.665	1.987	2.041	2.309	2.363	2.631	2.685
	合箍	$7.22(b-2d_0)+53d$	—	—	3.567	3.673	4.395	4.501	5.117	5.223	5.839	5.945
矩形大井字内箍	内箍	$6(b-2d_0)+49d$	—	—	2.994	3.092	3.692	3.790	4.292	4.390	4.892	4.990
	合箍	$10(b-2d_0)+75d$	—	—	4.950	5.100	6.100	6.250	7.100	7.250	8.100	8.250

注：b 示柱宽，d 示保护层厚，d 示钢筋直径。

表 A6　墙体拉结筋标准量表

说明：

本表依据 04G329-3 结构抗震构造详图编制，其中包括构造柱墙体拉结筋和墙角及后砌隔墙拉结筋标准量表。

表 A6-01：构造柱墙体拉结筋标准量表

表 A6-02：墙角及后砌隔墙拉结筋标准量表

构造柱墙体拉结筋标准量表　　　　　　　　　　　表 A6-01

节点详图	Φ6 拉结筋(m/米·柱高)				构造柱截面边长（m）		
	240×240	370×240	370×370	调减 1m	240×240	370×240	370×370
①	7.81	8.22	8.64		0.30	0.29	0.425
②	10.75	10.96	10.96		0.33	0.32	0.455
③	14.85	15.26	15.68	3.20	0.36	0.34	0.485
④	7.42	7.42	7.84		0.30	0.30	0.425

墙角及后砌隔墙拉结筋标准量表

节点详图	Φ6 钢筋（m/米墙高）			备注
	240 主墙	370 主墙	混凝土柱	
墙角拉筋节点 ①	7.94	8.64	—	
墙角拉筋节点 ②	5.12	5.73	—	
后砌隔墙拉筋节点 ③	2.75	3.17	—	1. 本表依据 04G329-3 图集编制，无柱墙角拉筋节点详见第 5 页全，后砌隔墙拉筋节点详见第 85 页全。
后砌隔墙拉筋节点 ④	4.22	4.64	—	2. 节点①若遇门窗洞边距山墙内皮尺等小于 1.0m 者，每米差值减去钢筋 3.2m。
隔墙与混凝土柱拉筋节点 ⑤	—	—	4.99	3. 本表节点用于 6～8°抗震设防配筋
隔墙与混凝土柱拉筋节点 ⑥	—	—	7.49	

表 A7　构造柱延米高钢筋量表

构造柱延米高钢筋量表　　　　　　　　　　　　　　　　　　　表 A7

构造柱 节点图	部位	基础、主体构造柱筋（m）				女儿墙构造柱筋（m）					
		4Φ12 (Φ6@250)		4Φ14 (Φ6@200)		4Φ10 (Φ4@200)		4Φ12 (Φ6@250)		4Φ14 (Φ6@200)	
		Φ6	Φ12	Φ6	Φ14	Φ4	Φ10	Φ6	Φ12	Φ6	Φ14
	主体段	6.14	4.97	6.74	5.13						
	基础段	5.98	6.38	7.36	6.76						
	主体段	9.60	4.97	10.56	5.13	4.35	7.52	4.60	4.77	5.50	4.77
	基础段	9.36	6.38	11.52	6.76						
	主体段	7.87	4.97	8.65	5.13						
	基础段	7.67	6.38	9.44	6.76						

说明：

1. 女儿墙构造柱 4Φ12 及 4Φ14 主筋为主体构造柱延伸。

2. 女儿墙构造柱 4Φ10 配筋，按国标 04G329-3 页 83，2—2 剖面计算。

3. 构造柱混凝土强度等级为 C20，表中钢筋包括锚固及搭接长度在内。

4. 顶层构造柱，4Φ12 主筋每根柱调减 2.30m，4Φ14 主筋每根柱调减 2.80m。

表 A8　圈梁延米长钢筋量表

说明：

　　本表依据04G329-3结构抗震构造详图编制，共含六种分表：

　　表 A8-01：圈梁延米长钢筋量表

　　表 A8-02：抗扭圈梁延米长钢筋量表

　　表 A8-03：圈梁（主筋4Φ10）节点附加钢筋量表

　　表 A8-04：圈梁（主筋4Φ12）节点附加钢筋量表

　　表 A8-05：圈梁（主筋4Φ10）节点附加钢筋量表

　　表 A8-06：圈梁（主筋4Φ12）节点附加钢筋量表

圈梁延米长钢筋量表　　　　　　　　　　　　　　　　　表 A8-01

圈梁简图	箍筋间距	Φ6箍筋长度(m)		主筋长度(m)			
		240墙	370墙	4Φ10	4Φ12	4Φ10	4Φ12
A型（120）	Φ6@150	4.54	6.27				
	Φ6@200	3.40	4.70				
	Φ6@250	2.72	3.76				
B型（150）	Φ6@150	4.93	6.67				
	Φ6@200	3.70	5.00				
	Φ6@250	2.96	4.00				
C型（180）	Φ6@150	5.36	7.10				
	Φ6@200	4.00	5.30				
	Φ6@250	3.20	4.24	4.00 (4.24)	4.00 (4.28)	4.00 (4.22)	4.00 (4.27)
D型（250）	Φ6@150	6.27	8.00				
	Φ6@200	4.70	6.00				
	Φ6@250	3.76	4.80				
E型（310）	Φ6@150	7.10	8.84				
	Φ6@200	5.30	6.60				
	Φ6@250	4.24	5.28				
F型（380）	Φ6@150	8.04	9.78				
	Φ6@200	6.00	7.30				
	Φ6@250	4.80	5.84				

续表

圈梁简图	箍筋间距	Φ6箍筋长度(m)		主筋长度(m)			
		240墙	370墙	5Φ10	5Φ12	5Φ10	5Φ12
G型	Φ6@150	7.97	9.72	5.00 (5.30)	5.00 (5.36)	5.00 (5.28)	5.00 (5.34)
	Φ6@200	5.95	7.25				
	Φ6@250	4.76	5.80				
H型	Φ6@150	9.38	11.12				
	Φ6@200	7.00	8.30				
	Φ6@250	5.60	6.64				

注：括号内数字含每8m增加的钢筋搭接长度；圈梁混凝土强度等级为C20。

抗扭圈梁延米长钢筋量表　　　　表 A8-02

简图	箍筋间距(mm)	箍筋长(m)			主筋长(m)			
		Φ6	Φ8	Φ10	8Φ12	8Φ14	8Φ16	8Φ18
380×240	@120	10.00	10.42	10.83	8.00 (8.66)	8.00 (8.77)	8.00 (8.88)	8.00 (8.99)
	@150	8.40	8.75	9.10				
	@200	6.80	7.08	7.37				
380×370	@120	12.00	12.42	12.83				
	@150	10.08	10.43	10.78				
	@200	8.16	8.44	8.73				
500×240	@120	12.17	12.58	13.00				
	@150	10.22	10.57	10.92				
	@200	8.27	8.56	8.84				
500×370	@120	14.17	14.58	15.00				
	@150	11.90	12.25	12.60				
	@200	9.63	9.92	10.20				

注：括号内数字含每8m增加的钢筋搭接长度。

圈梁（主筋4Φ10）节点附加钢筋量表　　表 A8-03

圈梁宽度(mm)	板底圈梁(m/个)					高低圈梁(m/个)							
	拐角附加筋				T形接头	拐角附加筋				T形接头			
	有构柱	无构柱				有构柱	无构柱			有构柱	无构柱		
	Φ10	Φ6	Φ10	Φ12	4Φ10	Φ10	Φ6	Φ10	Φ12	4Φ10	Φ6	Φ10	Φ12
240mm	1.92	2.10	2.52	2.35	1.44	2.16	3.14	3.88	2.04	1.44	1.80	3.08	2.36
370mm	1.40	2.84	2.52	3.06		1.58	3.88	4.08	2.76		1.80	3.34	2.62

圈梁（主筋4Φ12）节点附加钢筋量表　　表 A8-04

圈梁宽度(mm)	板底圈梁(m/个)				高低圈梁(m/个)							
	拐角附加筋			T形接头	拐角附加筋				T形接头			
	有构柱	无构柱			有构柱	无构柱			有构柱	无构柱		
	Φ12	Φ6	Φ12	4Φ12	Φ12	Φ6	Φ12	Φ12	4Φ12	Φ6	Φ12	Φ12
240mm	2.40	2.10	5.56	1.68	2.70	3.14	4.70	2.04	1.68	1.80	3.36	2.36
370mm	1.88	2.84	6.36		2.12	3.88	5.0	2.76		1.80	3.62	2.62

圈梁（主筋4Φ10）节点附加钢筋量表　　表 A8-05

圈梁宽度(mm)	板底圈梁(m/个)				高低圈梁(m/个)							
	拐角附加筋			T形接头	拐角附加筋				T形接头			
	有构柱	无构柱			有构柱	无构柱			有构柱	无构柱		
	Φ10	Φ6	Φ10	4Φ10	Φ10	Φ6	Φ10	4Φ12	Φ6	Φ10	Φ12	
240mm	2.08	2.10	3.58	1.52	2.08	3.76	6.24	1.52	1.90	2.86	1.84	
370mm	1.56	2.84	3.78		1.56	4.84	6.59		2.16	3.16	2.10	

圈梁（主筋4Φ12）节点附加钢筋量表　　表 A8-06

圈梁宽度	板底圈梁(m/个)				高低圈梁(m/个)					
	拐角附加筋			T形接头	拐角附加筋			T形接头		
	有构柱	无构柱			有构柱	无构柱		有构柱	无构柱	
	Φ12	Φ8	Φ12	4Φ12	Φ12	Φ6	Φ12	4Φ12	Φ6	Φ12
240mm	3.20	2.10	4.32	1.84	3.20	3.76	6.62	1.84	1.90	5.06
370mm	2.20	2.84	4.56		2.20	4.84	7.21		2.16	6.06

表A9　过梁混凝土、钢筋量表

说明：

本表依据 陕09G05《钢筋混凝土过梁》图集编制。

普通砖墙过梁，表编号：表A9-01

多孔砖墙过梁，表编号：表A9-02

过梁混凝土、钢筋量表（普通砖墙）　　　　　　　　　　　　　表 A9-01

过梁型号	配筋大样	梁长(mm)	体积(m³)	钢筋用量(kg)								
				$\phi^b 4$	Φ6	Φ8	Φ10	Φ12	Φ12	Φ14	Φ16	合计
SGLA12061	A	1100	0.008	0.06	0.51							0.57
SGLA12071	A	1200	0.009	0.06	0.56							0.62
SGLA12081	A	1300	0.009	0.07	0.60							0.67
SGLA12091	A	1400	0.01	0.07	0.64							0.71
SGLA12101	A	1500	0.022	0.08	0.69							0.77
SGLA12121	A	1700	0.024	0.09	0.78							0.87
SGLA12151	A	2000	0.029	0.10		1.64						1.74
SGLA12181	A	2300	0.033	0.12			2.96					3.08
SGLA24061	A	1100	0.016	0.15	0.51							0.66
SGLA24062	A		0.032	0.15		0.92						1.07
SGLA24063	A		0.032	0.15		0.92						1.07
SGLA24064	A		0.032	0.15		0.92						1.07
SGLA24065	A		0.032	0.15		0.92						1.07
SGLA24066	C		0.032		1.69	1.39						3.08
SGLA24071	A	1200	0.017	0.15	0.56							0.71
SGLA24072	A		0.035	0.15		1.0						1.15
SGLA24073	A		0.035	0.15		1.0						1.15
SGLA24074	A		0.035	0.15		1.0						1.15
SGLA24075	A		0.035	0.15		1.5						1.65
SGLA24076	C		0.035		1.74	0.5	1.60					3.84
SGLA24081	A	1300	0.019	0.17	0.60							0.77
SGLA24082	A		0.037	0.17		1.08						1.25
SGLA24083	A		0.037	0.17		1.08						1.25
SGLA24084	A		0.037	0.17	0.30	1.08						1.55
SGLA24085	C		0.037		1.95			2.54				4.49
SGLA24086	C		0.037		2.12	0.54		2.54				5.20
SGLA24091	A	1400	0.04	0.17		1.16						1.33
SGLA24092	A		0.04	0.17		1.16						1.33
SGLA24093	A		0.04	0.17		1.16						1.33
SGLA24094	A		0.04	0.17		1.74						1.91
SGLA24095	C		0.04		1.99		2.78					4.77
SGLA24096	C		0.04		2.33			4.08				6.41

过梁混凝土、钢筋量表（普通砖墙）

过梁型号	配筋大样	梁长（mm）	体积（m³）	钢筋用量（kg）								
				Φᵇ4	Φ6	Φ8	Φ10	Φ12	Φ12	Φ14	Φ16	合计
SGLA24101	A	1500	0.043	0.19		1.24						1.43
SGLA24102	A		0.043	0.19		1.24						1.43
SGLA24103	A		0.043	0.19		1.24						1.43
SGLA24104	C		0.043		2.21			2.89				5.10
SGLA24105	C		0.043		2.54			4.34				6.88
SGLA24106	C		0.065		2.37		2.96					5.33
SGLA24121	A	1700	0.049	0.21		1.40						1.61
SGLA24122	A		0.049	0.21		1.40						1.61
SGLA24123	A		0.049	0.21			2.22					2.43
SGLA24124	C		0.073		2.64	0.70	2.26					5.60
SGLA24125	C		0.073		2.64	0.70		3.25				6.59
SGLA24126	C		0.073		2.64			4.88				7.52
SGLA24151	A	2000	0.058	0.25			2.59					2.84
SGLA24152	A		0.058	0.25		0.82	2.59					3.66
SGLA24153	C		0.086		2.93	0.82	2.59					6.34
SGLA24154	C		0.086		3.15		5.67					8.82
SGLA24155	C		0.086		3.15				5.67			8.82
SGLA24156	C		0.115		3.89					5.19		9.08
SGLA24181	A	2300	0.066	0.29		0.94	2.96					4.19
SGLA24182	C		0.099		3.65	0.94	2.96					7.55
SGLA24183	C		0.099		3.65		1.48	4.32				9.45
SGLA24184	C		0.099		3.65				6.47			10.12
SGLA24185	C		0.132		4.03				6.47			10.5
SGLA24186	C		0.132		4.45				2.16	5.92		12.53
SGLA24211	C	2600	0.112		4.16		5.0					9.16
SGLA24212	C		0.112		4.16		1.67	4.85				10.68
SGLA24213	C		0.112		4.16				6.64			10.8
SGLA24214	C		0.150		4.59			7.27				11.86
SGLA24215	C		0.150		5.01				9.97			14.98
SGLA24216	C		0.187		5.49				9.97			15.46

过梁混凝土、钢筋量表(普通砖墙)

过梁型号	配筋大样	梁长（mm）	体积（m³）	钢筋用量(kg)								
				Φᵇ4	Φ6	Φ8	Φ10	Φ12	Φ12	Φ14	Φ16	合计
SGLA24241	C	2900	0.125		4.67		5.55					10.22
SGLA24242	C		0.167		5.15		1.85	5.38				12.38
SGLA24243	C		0.167		5.15					7.37		12.52
SGLA24244	C		0.167		5.15					11.1		16.25
SGLA24245	C		0.209		5.63					3.68	10.4	19.71
SGLA24246	C		0.209		6.11					3.68	13.2	22.99
SGLA37061	A	1100	0.049	0.27	0.26	0.92						1.45
SGLA37062	A		0.049	0.27	0.26	0.92						1.45
SGLA37063	A		0.049	0.27	0.26	0.92						1.45
SGLA37064	A		0.049	0.27	0.26	0.92						1.45
SGLA37065	C		0.049		2.51	1.39						3.90
SGLA37066	C		0.049		2.51	1.39						3.90
SGLA37071	A	1200	0.053	0.30	0.28	1.0						1.58
SGLA37072	A		0.053	0.30	0.28	1.0						1.58
SGLA37073	A		0.053	0.30	0.28	1.0						1.58
SGLA37074	A		0.053	0.30	0.28	1.0						1.58
SGLA37075	C		0.053		2.8	1.5						4.30
SGLA37076	C		0.053		2.8		2.41					5.21
SGLA37081	A	1300	0.058	0.30	0.30	1.08						1.68
SGLA37082	A		0.058	0.30	0.30	1.08						1.68
SGLA37083	A		0.058	0.30	0.30	1.08						1.68
SGLA37084	A		0.058		0.30	1.64						1.94
SGLA37085	C		0.058		2.86		2.59					5.45
SGLA37086	C		0.058		2.86	0.54		2.54				5.94
SGLA37091	A	1400	0.062	0.34	0.32	1.16						1.82
SGLA37092	A		0.062	0.34	0.32	1.16						1.82
SGLA37093	A		0.062	0.34	0.32	1.16						1.82
SGLA37094	C		0.062		3.14		2.78					5.92
SGLA37095	C		0.062		3.14	0.58		2.72				6.44
SGLA37096	C		0.062		3.14			4.07				7.21

过梁混凝土、钢筋量表(普通砖墙) 续表 A9-01

过梁型号	配筋大样	梁长(mm)	体积(m³)	钢筋用量(kg)								
				Φᵇ4	Φ6	Φ8	Φ10	Φ12	Φ12	Φ14	Φ16	合计
SGLA37101	A	1500	0.067	0.34	0.34	1.24						1.92
SGLA37102	A		0.067	0.34	0.34	1.24						1.92
SGLA37103	A		0.067	0.34		1.86						2.20
SGLA37104	C		0.067		3.2		2.96					6.16
SGLA37105	C		0.067		3.2			4.34				7.54
SGLA37106	C		0.10		3.47		2.96					6.43
SGLA37121	A	1700	0.075	0.40	0.39	1.40						2.19
SGLA37122	A		0.075	0.40		2.10						2.50
SGLA37123	A		0.075	0.40			3.33					3.73
SGLA37124	C		0.113		4.10	0.7	2.22					7.02
SGLA37125	C		0.113		4.10		0.70	3.25				8.05
SGLA37126	C		0.113		4.10			4.88				8.98
SGLA37151	A	2000	0.089	0.44		2.45						2.89
SGLA37152	A		0.089	0.44			3.89					4.33
SGLA37153	C		0.133		4.54	0.82	2.59					7.95
SGLA37154	C		0.133		4.54			5.67				10.21
SGLA37155	C		0.133		4.54				5.67			10.21
SGLA37156	C		0.178		4.89				5.67			10.56
SGLA37181	C	2300	0.153		5.23	2.81						8.04
SGLA37182	C		0.153		5.23		4.44					9.67
SGLA37183	C		0.153		5.23		1.48	4.32				11.03
SGLA37184	C		0.153		5.23				6.47			11.70
SGLA37185	C		0.204		5.63				6.47			12.10
SGLA37186	C		0.204		6.17					8.88		15.05
SGLA37211	C	2600	0.173		5.92		5.0					10.92
SGLA37212	C		0.173		5.92			7.27				13.19
SGLA37213	C		0.231		6.37			7.27				13.64
SGLA37214	C		0.231		6.37				7.27			13.64
SGLA37215	C		0.231		6.91					10.0		16.91
SGLA37216	C		0.289		7.42					10.0		17.42

过梁混凝土、钢筋量表(普通砖墙)　　续表 A9-01

过梁型号	配筋大样	梁长(mm)	体积(m³)	钢筋用量(kg)								
				Φ⁰4	Φ6	Φ8	Φ10	Φ12	Φ12	Φ14	Φ16	合计
SGLA37241	C	2900	0.193		6.60			8.07				14.67
SGLA37242	C		0.258		7.11			8.07				15.18
SGLA37243	C		0.258		7.11				8.07			15.18
SGLA37244	C		0.258		7.11					11.1		18.21
SGLA37245	C		0.322		7.62					11.1		18.72
SGLA37246	C		0.322		8.51						15.6	24.11
SGLB37061	B	1100	0.041	0.09	1.11	0.92						2.12
SGLB37062	B		0.041	0.09	1.11	0.92						2.12
SGLB37063	B		0.041	0.09	1.11	0.92						2.12
SGLB37064	B		0.041	0.09	1.11	0.92						2.12
SGLB37065	D		0.041	2.42		1.39						3.81
SGLB37066	D		0.041	2.42		1.39						3.81
SGLB37071	B	1200	0.045	0.09	1.33	1.0						2.42
SGLB37072	B		0.045	0.09	1.33	1.0						2.42
SGLB37073	B		0.045	0.09	1.33	1.0						2.42
SGLB37074	B		0.045	0.09	1.33	1.0						2.42
SGLB37075	D		0.045		2.76	1.5						4.26
SGLB37076	D		0.045		2.76		2.41					5.17
SGLB37081	B	1300	0.048	0.09	1.40	1.08						2.57
SGLB37082	B		0.048	0.09	1.40	1.08						2.57
SGLB37083	B		0.048	0.09	1.40	1.08						2.57
SGLB37084	B		0.048	0.09	1.10	1.62						2.81
SGLB37085	D		0.048		2.83		2.59					5.42
SGLB37086	D		0.048		2.83	0.54		2.54				5.91
SGLB37091	B	1400	0.052	0.09	1.61	1.16						2.86
SGLB37092	B		0.052	0.09	1.61	1.16						2.86
SGLB37093	B		0.052	0.09	1.61	1.16						2.86
SGLB37094	D		0.052		3.17		2.78					5.95
SGLB37095	D		0.052		3.17	0.58		2.72				6.47
SGLB37096	D		0.052		3.17			4.08				7.25

过梁混凝土、钢筋量表（普通砖墙） 续表 A9-01

过梁型号	配筋大样	梁长(mm)	体积(m³)	钢筋用量(kg)								
				Φᵇ4	Φ6	Φ8	Φ10	Φ12	Φ12	Φ14	Φ16	合计
SGLB37101	B	1500	0.056	0.09	1.68	1.24						3.01
SGLB37102	B		0.056	0.09	1.68	1.24						3.01
SGLB37103	B		0.056	0.09	1.34	1.86						3.29
SGLB37104	D		0.056		3.23		2.96					6.19
SGLB37105	D		0.056		3.23			4.34				7.57
SGLB37106	D		0.078		3.40		2.96					6.36
SGLB37121	B	1700	0.063	0.09	2.12	1.40						3.61
SGLB37122	B		0.063	0.09	1.73	2.10						3.92
SGLB37123	B		0.063	0.09	1.73		3.33					5.15
SGLB37124	D		0.089		4.10	0.70	2.22					7.02
SGLB37125	D		0.089		4.10	0.70		3.25				8.05
SGLB37126	D		0.089		4.10			4.88				8.98
SGLB37151	B	2000	0.074	0.09	2.01	2.45						4.55
SGLB37152	B		0.074	0.09	2.01		3.89					5.99
SGLB37153	D		0.104		4.60	0.82	2.59					8.01

过梁型号	配筋大样	梁长(mm)	体积(m³)	钢筋用量(kg)								
				Φ6	Φ8	Φ10	Φ12	Φ12	Φ14	Φ16	Φ18	合计
SGLB37154	D	2000	0.104	4.60			5.67					10.27
SGLB37155	D		0.104	4.60				5.67				10.27
SGLB37156	D		0.104	4.94				5.67				10.61
SGLB37181	D	2300	0.120	5.37	2.81							8.18
SGLB37182	D		0.120	5.37		4.44						9.81
SGLB37183	D		0.120	5.37		1.48	4.32					11.17
SGLB37184	D		0.120	5.37			6.47					11.84
SGLB37185	D		0.155	5.37			6.47					12.24
SGLB37186	D		0.155	6.40					8.88			15.28
SGLB37211	D	2600	0.136	6.15		5.0						11.15
SGLB37212	D		0.136	6.15		1.67	4.85					12.67
SGLB37213	D		0.175	6.15			7.27					13.42
SGLB37214	D		0.175	6.60				2.42	6.64			15.66
SGLB37215	D		0.175	7.23					3.32	12.0		22.55
SGLB37216	D		0.214	7.74				2.42	9.42			19.58

过梁混凝土、钢筋量表（普通砖墙）　　　　　　　　　　续表 **A9-01**

过梁型号	配筋大样	梁长(mm)	体积(m³)	钢筋用量(kg)								
				Φ6	Φ8	Φ10	Φ12	Φ12	Φ14	Φ16	Φ18	合计
SGLB37241	D		0.151	6.93		1.85	5.38					14.16
SGLB37242	D		0.195	7.43		1.85	5.38					14.66
SGLB37243	D	2900	0.195	7.43				8.07				15.50
SGLB37244	D		0.195	7.43					3.68	10.4		21.51
SGLB37245	D		0.238	7.94					3.68		13.2	24.82
SGLB37246	D		0.238	8.97						5.18	13.2	27.35

过梁混凝土、钢筋量表（多孔砖墙）　　　　　　　　　　表 **A9-02**

过梁型号	配筋大样	梁长(mm)	体积(m³)	钢筋用量(kg)								
				Φ4	Φ6	Φ8	Φ10	Φ12	Φ12	Φ14	Φ16	合计
KGLA12061	A	1100	0.012	0.06	0.51							0.57
KGLA12071	A	1200	0.013	0.06	0.56							0.62
KGLA12081	A	1300	0.014	0.07	0.60							0.67
KGLA12091	A	1400	0.015	0.07	0.64							0.71
KGLA12101	A	1500	0.016	0.08	0.69							0.77
KGLA12121	A	1700	0.018	0.09	0.78							0.87
KGLA12151	C	2000	0.043		2.51	1.64						4.15
KGLA12181	C	2300	0.05		2.91		2.96					5.87
KGLA24061	A		0.024	0.15	0.51							0.66
KGLA24062	A		0.024	0.15	0.51							0.66
KGLA24063	A		0.024	0.15	0.51							0.66
KGLA24064	A	1100	0.024	0.15		0.92						1.07
KGLA24065	A		0.024	0.15			1.48					1.63
KGLA24066	C		0.048		1.82	0.92						2.74
KGLA24071	A		0.026	0.15	0.56							0.71
KGLA24072	A		0.026	0.15	0.56							0.71
KGLA24073	A	1200	0.026	0.15		1.0						1.15
KGLA24074	A		0.026	0.15			1.60					1.75
KGLA24075	C		0.052		1.86	1.0						2.86
KGLA24076	C		0.052		1.86	1.0						2.86

过梁混凝土、钢筋量表（多孔砖墙）

过梁型号	配筋大样	梁长(mm)	体积(m³)	钢筋用量(kg)								
				Φᵇ4	Φ6	Φ8	Φ10	Φ12	Φ12	Φ14	Φ16	合计
KGLA24081	A	1300	0.028	0.17	0.60							0.77
KGLA24082	A		0.028	0.17	0.60							0.77
KGLA24083	A		0.028	0.17		1.08						1.25
KGLA24084	A		0.028	0.17				2.54				2.71
KGLA24085	C		0.056		2.09	1.62						3.71
KGLA24086	C		0.056		2.09	1.62						3.71
KGLA24091	A	1400	0.03	0.17	0.64							0.81
KGLA24092	A		0.03	0.17		1.16						1.33
KGLA24093	A		0.03	0.17			1.85					2.02
KGLA24094	C		0.06		2.14	1.16						3.30
KGLA24095	C		0.06		2.14	1.74						3.88
KGLA24096	C		0.06		2.14	0.58	1.85					4.57
KGLA24101	A	1500	0.032	0.19	0.69							0.88
KGLA24102	A		0.032	0.19		1.24						1.43
KGLA24103	A		0.032	0.19			1.97					2.16
KGLA24104	C		0.065		2.37		1.97					4.34
KGLA24105	C		0.065		2.37	0.62	1.97					4.96
KGLA24106	C		0.065		2.37		2.96					5.33
KGLA24121	A	1700	0.037	0.21	0.78							0.99
KGLA24122	A		0.037	0.21			2.22					2.43
KGLA24123	C		0.037		2.64	1.40						4.04
KGLA24124	C		0.073		2.64	0.71	2.22					5.57
KGLA24125	C		0.073		2.64		3.33					5.97
KGLA24126	C		0.073		2.64			4.88				7.52
KGLA24151	C	2000	0.086		3.15	1.64						4.79
KGLA24152	C		0.086		3.15		2.59					5.74
KGLA24153	C		0.086		3.15	0.82	2.59					6.56
KGLA24154	C		0.086		3.15		1.30	3.78				8.23
KGLA24155	C		0.086		3.15					5.19		8.34
KGLA24156	C		0.086		3.52						7.52	11.04

过梁混凝土、钢筋量表（多孔砖墙）　　　　　　续表 A9-02

过梁型号	配筋大样	梁长(mm)	体积(m³)	钢筋用量(kg)								
				Φᵇ4	Φ6	Φ8	Φ10	Φ12	Φ12	Φ14	Φ16	合计
KGLA24181	C	2300	0.099		3.65		2.96					6.61
KGLA24182	C		0.099		3.65	0.94	2.96					7.55
KGLA24183	C		0.099		3.65		4.44					8.09
KGLA24184	C		0.099		3.65				6.47			10.12
KGLA24185	C		0.149		4.21					5.92		10.13
KGLA24186	C		0.149		4.21						8.47	12.68
KGLA24211	C	2600	0.112		4.16		3.33					7.49
KGLA24212	C		0.112		4.16		5.0					9.16
KGLA24213	C		0.112		4.16					6.64		10.80
KGLA24214	C		0.168		4.80					6.64		11.44
KGLA24215	C		0.168		4.80				2.42	6.64		13.86
KGLA24216	C		0.168		5.25					3.32	9.42	17.99
KGLA24241	C	2900	0.125		4.67			5.38				10.05
KGLA24242	C		0.125		4.67					7.37		12.04
KGLA24243	C		0.188		5.39		1.85	5.38				12.62
KGLA24244	C		0.188		5.39				2.69	7.39		15.47
KGLA24245	C		0.188		5.62					3.68	10.4	19.70
KGLA24246	C		0.188		5.84					5.18	13.2	24.22
KGLA37061	A	1100	0.037	0.27	0.77							1.04
KGLA37062	A		0.037	0.27	0.77							1.04
KGLA37063	A		0.037	0.27	0.77							1.04
KGLA37064	A		0.037	0.27		1.39						1.66
KGLA37065	A		0.037	0.27		1.39						1.66
KGLA37066	C		0.073		2.79	1.39						4.18
KGLA37071	A	1200	0.04	0.30	0.83							1.13
KGLA37072	A		0.04	0.30	0.83							1.13
KGLA37073	A		0.04	0.30	0.83							1.13
KGLA37074	A		0.04	0.30		1.50						1.80
KGLA37075	C		0.08		3.10	1.50						4.60
KGLA37076	C		0.08		3.10	1.50						4.60

<h3 style="text-align:center">过梁混凝土、钢筋量表（多孔砖墙）</h3>

续表 A9-02

过梁型号	配筋大样	梁长（mm）	体积（m³）	钢筋用量（kg）								
				Φᵇ4	Φ6	Φ8	Φ10	Φ12	Φ12	Φ14	Φ16	合计
KGLA37081	A	1300	0.043	0.30	0.90							1.20
KGLA37082	A		0.043	0.30	0.90							1.20
KGLA37083	A		0.043	0.30		1.62						1.92
KGLA37084	A		0.043	0.30			2.59					2.89
KGLA37085	C		0.087		3.10	1.62						4.72
KGLA37086	C		0.087		3.10	1.62						4.72
KGLA37091	A	1400	0.047	0.34	0.97							1.31
KGLA37092	A		0.047	0.34	0.97							1.31
KGLA37093	A		0.047	0.34		1.74						2.08
KGLA37094	C		0.093		3.41	1.74						5.15
KGLA37095	C		0.093		3.41	1.74						5.15
KGLA37096	C		0.093		3.41		2.78					6.19
KGLA37101	A	1500	0.05	0.34	1.03							1.37
KGLA37102	A		0.05	0.34		1.86						2.20
KGLA37103	C		0.10		3.47	1.86						5.33
KGLA37104	C		0.10		3.47	1.86						5.33
KGLA37105	C		0.10		3.47		2.96					6.43
KGLA37106	C		0.10		3.47		2.96					6.43
KGLA37121	A	1700	0.057	0.40	1.17							1.57
KGLA37122	A		0.057	0.40		3.33						3.73
KGLA37123	C		0.113		4.10	2.10						6.20
KGLA37124	C		0.113		4.10		3.33					7.43
KGLA37125	C		0.113		4.10		1.11	3.25				8.46
KGLA37126	C		0.113		4.10			4.88				8.98
KGLA37151	C	2000	0.133		4.54	2.45						6.99
KGLA37152	C		0.133		4.54	2.45						6.99
KGLA37153	C		0.133		4.54		3.89					8.43
KGLA37154	C		0.133		4.54			5.67				10.21
KGLA37155	C		0.133		4.54				5.67			10.21
KGLA37156	C		0.133		5.03					7.79		12.82

213

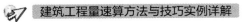

过梁混凝土、钢筋量表（多孔砖墙）　　　　　　续表 A9-02

过梁型号	配筋大样	梁长(mm)	体积(m³)	钢筋用量(kg)								
				Φ4	Φ6	Φ8	Φ10	Φ12	Ⅎ12	Ⅎ14	Ⅎ16	合计
KGLA37181	C	2300	0.153		5.23	2.81						8.04
KGLA37182	C		0.153		4.25		4.44					8.69
KGLA37183	C		0.153		4.25		1.48	4.32				10.05
KGLA37184	C		0.153		4.25				6.47			10.72
KGLA37185	C		0.23		4.69				6.47			11.16
KGLA37186	C		0.23		4.69				6.47			11.16
KGLA37211	C	2600	0.173		5.92		5.0					10.92
KGLA37212	C		0.173		5.92			7.27				13.19
KGLA37213	C		0.173		5.92				7.27			13.19
KGLA37214	C		0.26		6.60				7.27			13.87
KGLA37215	C		0.26		6.60				2.42	6.64		15.66
KGLA37216	C		0.26		7.16					3.32	9.42	19.90
KGLA37241	C	2900	0.193		6.60		1.85	5.38				13.83
KGLA37242	C		0.193		6.60				8.07			14.67
KGLA37243	C		0.29		6.60				8.07			14.67

过梁型号	配筋大样	梁长(mm)	体积(m³)	钢筋用量(kg)								
				Φ6	Φ8	Φ10	Φ12	Ⅎ12	Ⅎ14	Ⅎ16	Ⅎ18	合计
KGLA37244	C	2900	0.29	0.60				2.70	7.37			16.67
KGLA37245	C	2900	0.29	7.36					3.68	10.4		21.44
KGLA37246	C	2900	0.29	8.22						5.18	13.2	26.60
KGLB37075	D	1200	0.067	3.22	1.50							4.72
KGLB37076	D	1200	0.067	3.22	1.50							4.72
KGLB37085	D	1300	0.073	3.27	1.62							4.89
KGLB37086	D	1300	0.073	3.27	1.62							4.89
KGLB37094	D	1400	0.078	3.67	1.74							5.41
KGLB37095	D	1400	0.078	3.67	1.74							5.41
KGLB37096	D	1400	0.078	3.67		2.78						6.45
KGLB37103	D	1500	0.084	3.76	1.86							5.62
KGLB37104	D	1500	0.084	3.76	1.86							5.62
KGLB37105	D	1500	0.084	3.76		2.96						6.72
KGLB37106	D	1500	0.084	3.76		2.96						6.72
KGLB37123	D	1700	0.095	4.56	2.10							6.66
KGLB37124	D	1700	0.095	4.56		3.33						7.89
KGLB37125	D	1700	0.095	4.56		1.11	3.25					8.92
KGLB37126	D	1700	0.095	4.56			4.88					9.44

过梁混凝土、钢筋量表（多孔砖墙）　　　　　续表 A9-02

过梁型号	配筋大样	梁长(mm)	体积(m³)	钢筋用量(kg)								
				Φ6	Φ8	Φ10	Φ12	⊥12	⊥14	⊥16	⊥18	合计
KGLB37151	D	2000	0.112	5.14	2.45							7.59
KGLB37152	D		0.112	5.14	2.45							7.59
KGLB37153	D		0.112	5.14		3.89						9.03
KGLB37154	D		0.112	5.14			5.76					10.81
KGLB37155	D		0.112	5.14				5.67				10.81
KGLB37156	D		0.112	5.77					7.79			13.56
KGLB37181	D	2300	0.128	6.04	2.81							8.85
KGLB37182	D		0.128	6.04		4.44						10.48
KGLB37183	D		0.128	6.04		1.48	4.32					11.84
KGLB37184	D		0.128	6.04				6.47				12.51
KGLB37185	D		0.18	6.64				6.47				13.11
KGLB37186	D		0.18	6.64				2.16	5.92			14.72
KGLB37211	D	2600	0.145	6.93		5.0						11.93
KGLB37212	D		0.145	6.93			7.27					14.20
KGLB37213	D		0.145	6.93				7.27				14.20
KGLB37214	D		0.204	7.61				7.27				14.88
KGLB37215	D		0.204	7.61					3.32	9.42		20.35
KGLB37216	D		0.204	8.31						14.1		22.41
KGLB37241	D	2900	0.162	7.82		1.85	5.38					15.05
KGLB37242	D		0.162	7.82				8.07				15.89
KGLB37243	D		0.227	8.58				8.07				16.65
KGLB37244	D		0.227	8.58				2.69	7.37			18.64
KGLB37245	D		0.227	8.58						15.5		24.08
KGLB37246	D		0.227	9.64						5.18	13.2	28.02

表 A10　预应力空心板混凝土、钢筋量表

说明：

1. 本表依据陕 09G09《预应力混凝土空心板》图集编制。
2. 表号对应空心板截面尺寸：

表 A10-01：120 厚 500 宽，预应力空心板；

表 A10-02：120 厚 600 宽，预应力空心板；

表 A10-03：120 厚 900 宽，预应力空心板；

表 A10-04：180 厚 600 宽，预应力空心板；

表 A10-05：180 厚 900 宽，预应力空心板；

表 A10-06：180 厚 1200 宽，预应力空心板。

预应力空心板混凝土、钢筋量表（120 厚 500 宽）　　　表 A10-01

板型号	混凝土		钢筋用量(kg)					
	强度等级	体积（m³）	CRB650 级方案			CRB800 级方案		
			$\phi^b 4$	$\phi^R 5$	合计	$\phi^b 4$	$\phi^R 5$	合计
YKB2451		0.087		2.609	2.609		2.236	2.236
YKBa2451		0.085		2.781	2.781		2.384	2.384
YKB2452		0.087		2.609	2.609		2.236	2.236
YKBa2452		0.085		2.781	2.781		2.384	2.384
YKB2453		0.087		2.609	2.609		2.236	2.236
YKBa2453		0.085		2.781	2.781		2.384	2.384
YKB2751		0.098		2.932	2.932		2.513	2.513
YKBa2751		0.096		3.105	3.105		2.661	2.661
YKB2752		0.098		2.932	2.932		2.513	2.513
YKBa2752		0.096		3.105	3.105		2.661	2.661
YKB2753	C30	0.098	—	2.932	2.932	—	2.513	2.513
YKBa2753		0.096		3.105	3.105		2.661	2.661
YKB3051		0.109		3.256	3.256		2.790	2.790
YKBa3051		0.107		3.428	3.428		2.938	2.938
YKB3052		0.109		3.256	3.256		2.790	2.790
YKBa3052		0.107		3.428	3.428		2.938	2.938
YKB3053		0.109		3.721	3.721		3.256	3.256
YKBa3053		0.107		3.918	3.918		3.428	3.428
YKB3351		0.120		4.090	4.090		3.579	3.579
YKBa3351		0.118		4.287	4.287		3.751	3.751
YKB3352		0.120		4.090	4.090		3.579	3.579
YKBa3352		0.118		4.287	4.287		3.751	3.751

预应力空心板混凝土、钢筋量表（120 厚 500 宽）　　续表 A10-01

板型号	混凝土		钢筋用量（kg）					
	强度等级	体积（m³）	CRB650 级方案			CRB800 级方案		
			$\phi^b 4$	$\phi^R 5$	合计	$\phi^b 4$	$\phi^R 5$	合计
YKB3353	C30	0.120	—	5.113	5.113	—	4.09	4.090
YKBa3353		0.118		5.359	5.359		4.287	4.287
YKB3651		0.131		4.460	4.460		3.902	3.902
YKBa3651		0.129		4.657	4.657		4.075	4.075
YKB3652		0.131		5.575	5.575		4.460	4.460
YKBa3652		0.129		5.281	5.281		4.657	4.657
YKB3653		0.131		7.247	7.247		5.575	5.575
YKBa3653		0.129		7.568	7.568		5.821	5.821
YKB3951	C35	0.142	0.75	6.039	6.787	0.75	4.829	5.579
YKBa3951		0.140		6.283	7.033		5.027	5.777
YKB3952		0.142		7.848	8.598		6.037	6.678
YKBa3952		0.140		8.168	8.918		6.283	7.033
YKB3953		0.142		10.263	11.013		7.848	8.598
YKBa3953		0.140		10.681	11.431		8.168	8.918
YKB4051		0.145		6.810	7.560		4.953	5.703
YKBa4051		0.143		7.081	7.831		5.150	5.900
YKB4052		0.145		8.667	9.417		6.810	7.560
YKBa4052		0.143		9.012	9.762		7.081	7.831
YKB4053		0.145		11.143	11.893		8.667	9.417
YKBa4053		0.143		11.587	12.337		9.012	9.762
YKB4251		0.153		7.799	8.549		5.849	6.599
YKBa4251		0.151		8.094	8.844		6.071	6.821
YKB4252		0.153		10.398	11.148		7.799	8.549
YKBa4252		0.151		10.792	11.542		8.094	8.844
YKB4253		0.153		12.998	13.748		10.398	11.148
YKBa4253		0.151		13.490	14.240		10.792	11.542

预应力空心板混凝土、钢筋量表（120 厚 600 宽）　　表 A10-02

板型号	混凝土		钢筋用量（kg）					
	强度等级	体积（m³）	CRB650 级方案			CRB800 级方案		
			$\phi^b 4$	$\phi^R 5$	合计	$\phi^b 4$	$\phi^R 5$	合计
YKB2461	C30	0.104	—	3.354	3.354	—	2.609	2.609
YKBa2461		0.101		3.576	3.576		2.781	2.781
YKB2462		0.104		3.354	3.354		2.609	2.609
YKBa2462		0.101		3.576	3.576		2.781	2.781

预应力空心板混凝土、钢筋量表（120厚 600宽） 续表 A10-02

板型号	混凝土		钢筋用量（kg）					
	强度等级	体积（m³）	CRB650 级方案			CRB800 级方案		
			$\phi^b 4$	$\phi^R 5$	合计	$\phi^b 4$	$\phi^R 5$	合计
YKB2463	C30	0.104		3.354	3.354		2.609	2.609
YKBa2463		0.101		3.576	3.576		2.781	2.781
YKB2761		0.117		3.770	3.770		2.932	2.932
YKBa2761		0.114		3.992	3.992		3.105	3.105
YKB2762		0.117		3.770	3.770		2.932	2.932
YKBa2762		0.114		3.992	3.992		3.105	3.105
YKB2763		0.117		3.770	3.770		2.932	2.932
YKBa2763		0.114		3.992	3.992		3.105	3.105
YKB3061		0.130		4.186	4.186		3.256	3.256
YKBa3061		0.127		4.407	4.407		3.428	3.428
YKB3062		0.130		4.186	4.186		3.256	3.256
YKBa3062		0.127		4.407	4.407		3.428	3.428
YKB3063		0.130		4.651	4.651		3.721	3.721
YKBa3063		0.127		4.897	4.897		3.918	3.918
YKB3361		0.143	—	5.113	5.113	—	4.090	4.090
YKBa3361		0.140		5.359	5.359		4.287	4.287
YKB3362		0.143		5.113	5.113		4.090	4.090
YKBa3362		0.140		5.359	5.359		4.287	4.287
YKB3363		0.143		6.135	6.135		5.113	5.113
YKBa3363		0.140		6.431	6.431		5.359	5.359
YKB3661		0.156		5.575	5.575		4.460	4.460
YKBa3661		0.153		5.821	5.821		4.657	4.657
YKB3662		0.156		6.690	6.690		5.017	5.017
YKBa3662		0.153		6.985	6.985		5.239	5.239
YKB3663		0.156		8.362	8.362		6.690	6.690
YKBa3663		0.153		8.732	8.732		6.985	6.985
YKB3961		0.169	0.85	7.244	8.094	0.85	5.433	6.283
YKBa3961		0.166		7.540	8.390		5.655	6.505
YKB3962		0.169		9.055	9.905		6.640	7.490
YKBa3962		0.166		9.425	10.275		6.912	7.762
YKB3963	C35	0.169		11.470	12.320		9.055	9.055
YKBa3963		0.166		11.938	12.788		9.425	10.275

预应力空心板混凝土、钢筋量表（120 厚 600 宽）　　　续表 A10-02

板型号	混凝土		钢筋用量（kg）					
	强度等级	体积（m³）	CRB650 级方案			CRB800 级方案		
			$\phi^b 4$	$\phi^R 5$	合计	$\phi^b 4$	$\phi^R 5$	合计
YKB4061	C35	0.173	0.85	7.429	8.279	0.85	6.191	7.041
YKBa4061		0.170		7.725	8.575		6.437	7.287
YKB4062		0.173		9.905	10.755		7.429	8.279
YKBa4062		0.170		10.300	11.150		7.725	8.575
YKB4063		0.173		13.001	13.851		9.905	10.755
YKBa4063		0.170		13.518	14.368		10.300	11.150
YKB4261		0.182		9.098	9.948		7.149	7.999
YKBa4261		0.179		9.443	10.293		7.420	8.270
YKB4262		0.182		12.348	13.198		9.098	9.948
YKBa4262		0.179		12.816	13.666		9.443	10.293
YKB4263		0.182		15.597	16.447		11.698	12.548
YKBa4263		0.179		16.188	17.038		12.141	12.991

预应力空心板混凝土、钢筋量表（120 厚 900 宽）　　　A10-03

板型号	混凝土		钢筋用量（kg）					
	强度等级	体积（m³）	CRB650 级方案			CRB800 级方案		
			$\phi^b 4$	$\phi^R 5$	合计	$\phi^b 4$	$\phi^R 5$	合计
YKB2491	C30	0.153	—	4.845	4.845		4.099	4.099
YKBa2491		0.148		5.165	5.165		4.371	4.371
YKB2492		0.153		4.845	4.815		4.099	4.099
YKBa2492		0.148		5.165	5.165		4.371	4.371
YKB2493		0.153		4.845	4.845		4.099	4.099
YKBa2493		0.148		5.165	5.165		4.371	4.371
YKB2791		0.173		5.445	5.445		4.068	4.068
YKBa2791		0.168		5.766	5.766		4.879	4.879
YKB2792		0.173		5.445	5.445		4.068	4.068
YKBa2792		0.168		5.766	5.766		4.879	4.879
YKB2793		0.173		5.445	5.445		4.068	4.068
YKBa2793		0.168		5.766	5.766		4.879	4.879
YKB3091		0.192		6.046	6.046		5.116	5.116
YKBa3091		0.187		6.366	6.366		5.387	5.387
YKB3092		0.192		6.046	6.046		5.116	5.116
YKBa3092		0.187		6.366	6.366		5.387	5.387
YKB3093		0.192		6.511	6.511		5.589	5.589
YKBa3093		0.187		6.856	6.856		5.877	5.877

预应力空心板混凝土、钢筋量表(120厚900宽)　　续表 A10-03

板型号	混凝土		钢筋用量(kg)					
	强度等级	体积(m³)	CRB650 级方案			CRB800 级方案		
			$\Phi^b 4$	$\Phi^R 5$	合计	$\Phi^b 4$	$\Phi^R 5$	合计
YKB3391	C30	0.211	—	7.158	7.158	—	6.135	6.135
YKBa3391		0.206		7.503	7.503		6.431	6.431
YKB3392		0.211		7.158	7.158		6.647	6.647
YKBa3392		0.206		7.503	7.503		6.967	6.967
YKB3393		0.211		8.692	8.692		7.158	7.158
YKBa3393		0.206		9.111	9.111		7.503	7.503
YKB3691		0.231		7.805	7.805		6.690	6.690
YKBa3691		0.226		8.150	8.150		6.985	6.985
YKB3692		0.231		9.477	9.477		7.805	7.805
YKBa3692		0.226		9.896	9.896		8.150	8.150
YKB3693		0.231		12.265	12.265		9.477	9.477
YKBa3693		0.226		12.807	12.807		9.896	9.896
YKB3991	C35	0.250	1.31	10.263	11.573	1.31	8.452	9.762
YKBa3991		0.245		10.681	11.991		8.796	10.106
YKB3992		0.250		12.667	13.897		10.263	11.573
YKBa3992		0.245		13.195	14.505		10.681	11.991
YKB3993		0.250		16.903	18.213		12.677	13.987
YKBa3993		0.245		17.593	18.903		13.195	14.505
YKB4091		0.256		11.143	12.455		8.667	9.977
YKBa4091		0.251		11.587	12.897		9.012	10.322
YKB4092		0.256		14.239	15.549		11.143	12.453
YKBa4092		0.251		14.806	16.116		11.587	12.897
YKB4093		0.256		19.191	20.501		14.239	15.549
YKBa4093		0.251		19.955	21.265		14.806	16.116
YKB4291		0.269		12.998	14.308		11.048	12.358
YKBa4291		0.264		13.490	14.800		11.467	12.778
YKB4292		0.269		17.547	18.857		13.647	14.957
YKBa4292		0.264		18.212	19.522		14.165	15.475
YKB4293		0.269		22.096	23.406		17.547	18.857
YKBa4293		0.264		22.933	24.243		18.212	19.522

预应力空心板混凝土、钢筋量表（180厚600宽）　　表 A10-04

板型号	混凝土 强度等级	体积 (m³)	CRB650 级方案 $\Phi^b 4$	$\Phi 8$	$\Phi^R 5$	合计	CRB800 级方案 $\Phi^b 4$	$\Phi 8$	$\Phi^R 5$	合计
YKB4561	C30	0.255			9.049	11.889			6.756	10.497
YKBa4561		0.252			9.369	12.209			7.928	10.768
YKB4562		0.255			9.049	11.889			7.657	10.497
YKBa4562		0.252			9.369	12.209			7.928	10.768
YKB4563		0.255			10.441	13.281			9.050	11.890
YKBa4563		0.252			10.811	13.651			9.369	12.209
YKB4861		0.271			9.650	12.490			8.165	11.005
YKBa4861		0.268			9.970	12.810			8.436	11.276
YKB4862		0.271			10.392	13.232			8.907	11.747
YKBa4862		0.268			10.737	13.577			9.203	12.043
YKB4863	C35	0.271	1.55	1.29	12.619	15.459	1.55	1.29	10.392	13.232
YKBa4863		0.268			13.038	15.878			10.737	13.577
YKB5161		0.289			11.039	13.879			9.462	12.302
YKBa5161		0.268			11.384	14.224			9.757	12.597
YKB5162		0.289			13.404	16.244			10.250	13.090
YKBa5162		0.286			13.823	16.613			10.571	13.411
YKB5163		0.289			17.347	20.187			12.616	15.459
YKBa5163		0.286			17.889	20.729			13.010	15.850
YKB5461		0.306			12.520	15.360			10.851	13.691
YKBa5461		0.303			12.890	15.730			11.171	14.011
YKB5462		0.306			16.694	19.534			12.520	15.360
YKBa5462		0.303			17.186	20.026			12.890	15.730
YKB5463		0.306			20.032	22.872			15.024	17.864
YKBa5463		0.303			20.624	23.464			15.488	18.328
YKB5761	C40	0.323			14.975	17.815			12.332	15.172
YKBa5761		0.320			15.394	18.234			12.677	15.517
YKB5762		0.323			19.379	22.219			14.975	17.815
YKBa5762		0.320			19.921	22.761			15.394	18.234
YKB5763		0.323			24.127	26.967			17.618	20.458
YKBa5763		0.320			24.802	27.642			18.110	20.950
YKB6061		0.340			17.615	20.455			16.645	19.485
YKBa6061		0.337			18.083	20.923			17.088	19.928
YKB6062		0.340			22.250	25.090			17.615	20.455
YKBa6062		0.337			22.841	25.680			18.083	20.914
YKB6063		0.340			28.065	30.905			22.250	25.090
YKBa6063		0.337			28.811	31.651			22.841	25.681

预应力空心板混凝土、钢筋量表（180厚900宽）　　表 A10-05

板型号	混凝土		钢筋用量（kg）							
	强度等级	体积（m³）	CRB650 级方案				CRB800 级方案			
			$\phi^b 4$	$\phi 8$	$\phi^R 5$	合计	$\phi^b 4$	$\phi 8$	$\phi^R 5$	合计
YKB4591		0.359			13.226	16.786			11.137	14.697
YKBa4591		0.354			13.694	17.254			11.532	15.092
YKB4592		0.359			13.226	16.786			11.137	14.697
YKBa4592		0.354			13.694	17.254			11.532	15.092
YKB4593		0.359			15.314	18.874			12.529	16.089
YKBa4593		0.354			15.856	19.416			12.973	16.533
YKB4891		0.383			14.103	17.663			11.876	15.436
YKBa4891		0.378			14.571	18.131			12.271	15.831
YKB4892	C30	0.383			15.588	19.148			12.619	16.179
YKBa4892		0.378			16.105	19.665			13.038	16.598
YKB4893		0.383			18.557	22.117			15.588	19.148
YKBa4893		0.378			19.173	22.733			16.105	19.665
YKB5191		0.407			15.770	19.330			12.616	16.176
YKBa5191		0.402			16.262	19.822			13.010	16.570
YKB5192		0.407			18.924	22.484			15.577	19.330
YKBa5192		0.402			19.515	23.075			16.262	19.822
YKB5193		0.407	2.27	1.29	24.444	28.004	2.27	1.29	18.135	21.795
YKBa5193		0.402			25.027	28.767			18.702	22.262
YKB5491		0.431			18.363	21.923			15.024	18.548
YKBa5491		0.426			18.950	22.465			15.488	19.048
YKB5492		0.431			22.536	26.896			18.363	21.923
YKBa5492		0.426			23.022	26.762			18.905	22.465
YKB5493	C35	0.431			28.379	31.939			23.371	26.931
YKBa5493		0.426			29.217	32.777			24.061	27.601
YKB5791		0.455			22.022	25.582			18.498	22.058
YKBa5791		0.450			22.638	26.198			19.016	22.576
YKB5792		0.455			27.307	30.867			22.022	25.582
YKBa5792		0.450			28.071	31.631			22.638	26.198
YKB5793		0.455			31.746	35.306			27.307	30.867
YKBa5793		0.450			32.634	36.194			28.071	31.631
YKB6091		0.479			25.958	29.518			20.396	23.957
YKBa6091	C40	0.474			26.648	30.208			20.938	24.498
YKB6092	(C35)	0.479			31.521	35.081			27.812	31.372
YKBa6092		0.474			32.388	35.918			28.522	32.311
YKB6093		0.479			38.087	41.647			31.521	35.081
YKBa6093		0.474			39.787	43.347			32.358	35.918

注：括号内为 CRB800 级配筋空心板混凝土强度等级。

预应力空心板混凝土、钢筋量表（180厚1200宽）　表 A10-06

板型号	混凝土		钢筋用量(kg)							
	强度等级	体积(m³)	CRB650级方案				CRB800级方案			
			ϕ^b4	$\Phi8$	ϕ^R5	合计	ϕ^b4	$\Phi8$	ϕ^R5	合计
YKB45121		0.463			17.402	22.642			15.314	20.554
YKBa45121		0.457			18.018	23.258			15.856	21.096
YKB45122		0.463			17.402	22.642			15.314	20.554
YKBa45122		0.457			18.018	23.258			15.856	21.096
YKB45123		0.463			20.822	26.122			16.706	21.946
YKBa45123		0.457			21.622	26.862			17.297	22.537
YKB48121	C30	0.490			18.557	23.797			16.330	21.570
YKBa48121		0.484			19.173	24.413			16.872	22.112
YKB48122		0.490			20.042	25.282			17.072	22.312
YKBa48122		0.484			20.707	25.947			17.639	22.879
YKB48123		0.490			24.495	29.735			20.784	26.024
YKBa48123		0.484			25.308	30.548			21.474	26.714
YKB51121		0.525			21.289	26.529			17.347	22.587
YKBa51121		0.519			21.954	27.194			17.889	23.129
YKB51122		0.525			25.231	30.471			20.500	25.740
YKBa51122		0.519			26.020	31.260			21.141	26.381
YKB51123		0.525	2.77	2.47	30.751	35.911	2.77	2.47	25.231	30.471
YKBa51123		0.519			31.712	36.952			26.020	31.260
YKB54121		0.566			25.876	31.116			20.032	25.722
YKBa54121		0.550			26.639	31.879			20.624	25.864
YKB54122		0.556			30.068	35.308			25.041	30.280
YKBa54122	C35	0.550			30.936	36.176			25.780	31.020
YKB54123		0.556			36.726	41.966			30.048	35.288
YKBa54123		0.550			37.810	43.050			30.936	36.176
YKB57121		0.587			29.069	34.309			23.784	29.024
YKBa57121		0.581			29.882	35.122			24.449	29.689
YKB57122		0.587			35.235	40.475			29.069	34.309
YKBa57122		0.581			36.221	41.461			29.882	35.122
YKB57123		0.587			41.905	47.145			35.235	40.475
YKBa57123		0.581			43.077	48.317			36.221	41.461
YKB60121	C40	0.618			34.302	39.542			27.812	33.052
YKBa60121	(C35)	0.612			35.214	40.454			28.552	33.792
YKB60122		0.618			40.792	46.032			33.375	38.615
YKBa60122		0.612			41.876	47.116			34.262	39.502
YKB60123		0.618			50.784	56.024			40.792	46.032
YKBa60123		0.612			52.134	57.374			41.876	47.116

注：括号内为 CRB800 级配筋空心板混凝土强度等级。

表 A11　雨篷混凝土、钢筋量表

说明：

1. 本表依据陕 09G08《钢筋混凝土雨篷、挑檐》编制。
2. 表对应雨篷型号：

　　表 A11-01：A 型雨篷

　　表 A11-02：B 型雨篷（240 墙）

　　表 A11-03：B 型雨篷（370 墙）

3. 表中钢筋用量，包括雨篷板和压梁的全部钢筋在内。

雨篷混凝土、钢筋量表（A 型）　　　　　　　　　　　　　　　　表 A11-01

雨篷编号	悬挑宽度（mm）	水平投影面积（m²）	混凝土体积(m³)		钢筋用量(kg)				
			雨篷板	雨篷梁	Φ8	Φ10	Φ12	Φ14	合计
YPA1008-203	800	1.376	0.111	0.100	14.31		13.51		27.82
YPA1108-203		1.536	0.123	0.11	15.65		15.12		30.77
YPA1508-203		1.776	0.143	0.128	18.10		17.55		35.65
YPA1808-203		2.016	0.162	0.182	20.80		19.96		40.76
YPA2108-203		2.256	0.181	0.204	23.39		22.39		45.78
YPA2408-202		2.496	0.20	0.225	25.50		24.80		50.30
YPA2408-203		2.496	0.20	0.225	25.50		13.63	14.83	53.96
YPA1010-203	1000	1.72	0.138	0.100	19.25		13.51		32.76
YPA1210-203		1.92	0.154	0.111	21.45		15.15		36.60
YPA1510-202		2.22	0.178	0.128	24.58		17.55		42.13
YPA1510-203		2.22	0.178	0.128	24.98		17.55		42.53
YPA1810-203		2.52	0.202	0.182	24.80		19.96		44.76
YPA2110-202		2.82	0.226	0.204	27.63		22.39		50.02
YPA2110-203		2.82	0.226	0.204	28.95		22.43		51.38
YPA2410-201		3.12	0.25	0.225	30.56		24.80		55.36
YPA2410-202		3.12	0.25	0.225	33.63		24.91		58.54
YPA2410-203		3.12	0.25	0.225	23.09	13.83	14.11	14.83	65.86
YPA1212-202	1200	2.304	0.231	0.111	10.44	22.16	15.12		47.72
YPA1212-203		2.304	0.231	0.111	10.83	22.16	15.12		48.11
YPA1512-201		2.664	0.267	0.128	12.96	25.32	17.58		55.86
YPA1512-202		2.664	0.267	0.128	7.08	33.82	17.67		58.57
YPA1512-203		2.664	0.267	0.128	7.08	35.13	17.71		59.92
YPA1812-201		3.024	0.303	0.182	14.22	28.49	19.74		62.45
YPA1812-202		3.024	0.303	0.182	15.55	28.49	19.74		63.78
YPA1812-203		3.024	0.303	0.182	17.32	28.49	19.74		65.55

雨篷混凝土、钢筋量表（A 型）　　　　续表 A11-01

雨篷编号	悬挑宽度（mm）	水平投影面积（m²）	混凝土体积（m³）		钢筋用量（kg）				
			雨篷板	雨篷梁	Φ8	Φ10	Φ12	Φ14	合计
YPA2112-201	1200	3.384	0.339	0.204	17.38	31.65	22.14		71.17
YPA2112-202		3.384	0.339	0.204	20.91	31.65	22.14		74.70
YPA2112-203		3.384	0.339	0.204	8.97	47.67	22.14		78.78
YPA2412-201		3.744	0.375	0.225	9.92	47.93	24.54		82.39
YPA2412-202		3.744	0.375	0.225	9.92	55.21	13.63	14.83	93.59
YPA2412-203		3.744	0.375	0.225	9.92	56.66	13.63	14.83	95.04
YPA1515-201	1500	3.33	0.40	0.160	17.91	20.04	17.34		55.29
YPA1515-202		3.33	0.40	0.160	8.18	32.42	17.34		57.94
YPA1515-203		3.33	0.40	0.160	8.18	33.87	17.34		59.39
YPA1815-202		3.78	0.454	0.182	9.24	33.33	19.74		62.31
YPA1815-203		3.78	0.454	0.182	9.24	38.72	19.74		67.70
YPA2115-201		4.23	0.508	0.244	10.31	42.70	22.14		75.15
YPA2115-202		4.23	0.508	0.244	10.31	46.71	22.14		79.16
YPA2115-203		4.23	0.508	0.244	10.31	25.05	41.57		76.93
YPA2415-201		4.68	0.562	0.270	11.38	27.56	45.18		84.12
YPA2415-202		4.68	0.562	0.270	11.38	27.56	36.71	14.83	90.48
YPA2415-203		4.68	0.562	0.270	11.38	27.56	37.92	14.83	91.69
YPA1008-303	800	1.376	0.111	0.153	19.31		14.83		34.14
YPA1208-303		1.536	0.123	0.171	21.14		16.61		37.75
YPA1508-303		1.776	0.143	0.198	24.57		19.27		43.84
YPA1808-303		2.016	0.162	0.28	28.50		21.93		50.43
YPA2108-303		2.256	0.181	0.314	31.95		24.60		56.55
YPA2408-302		2.496	0.200	0.347	34.63		27.26		61.89
YPA2408-303		2.496	0.200	0.347	34.63		16.36	14.83	65.82
YPA1010-303	1000	1.72	0.138	0.153	22.22		14.83		37.05
YPA1210-303		1.92	0.154	0.171	25.22		16.61		41.83
YPA1510-303		2.22	0.178	0.198	28.89		19.27		48.16
YPA1810-303		2.52	0.202	0.28	33.69		21.93		55.62
YPA2110-303		2.82	0.226	0.314	37.55		24.60		62.15
YPA2410-301		3.12	0.250	0.347	41.11		27.26		68.37
YPA2410-302		3.12	0.250	0.347	41.11		16.36	14.83	72.30
YPA2410-303		3.12	0.250	0.347	41.11		16.36	14.83	72.30
YPA1212-303	1200	2.304	0.231	0.171	27.67		16.61		44.28
YPA1512-303		2.664	0.267	0.198	31.63		19.27		50.90
YPA1812-303		3.024	0.303	0.280	36.81		21.93		58.74

雨篷混凝土、钢筋量表（A型） 　　　　　　　　续表 A11-01

雨篷编号	悬挑宽度 (mm)	水平投影面积 (m²)	混凝土体积 (m³) 雨篷板	混凝土体积 (m³) 雨篷梁	钢筋用量 (kg) Φ8	钢筋用量 (kg) Φ10	钢筋用量 (kg) Φ12	钢筋用量 (kg) Φ14	钢筋用量 (kg) 合计
YPA2112-302	1200	3.384	0.339	0.314	0.96		24.60		65.56
YPA2112-303		3.384	0.339	0.314	40.96		14.76	13.38	69.30
YPA2412-301		3.744	0.375	0.347	44.90		27.26		72.16
YPA2412-302		3.744	0.375	0.347	44.90		16.36	14.83	76.09
YPA2412-303		3.744	0.375	0.347	46.72		16.36	14.83	77.91
YPA1515-301	1500	3.330	0.400	0.198	20.41	21.32	19.27		61.00
YPA1515-302		3.330	0.400	0.198	8.18	38.97	19.27		66.42
YPA1515-303		3.330	0.400	0.198	8.18	40.32	19.27		67.77
YPA1815-301		3.780	0.454	0.280	21.98	23.99	21.93		67.90
YPA1815-302		3.780	0.454	0.280	22.89	23.99	21.93		68.81
YPA1815-303		3.780	0.454	0.280	23.80	23.99	21.93		69.72

雨篷混凝土、钢筋量表（B型 240墙） 　　　　　　　　表 A11-02

雨篷编号	悬挑宽度 (mm)	水平投影面积 (m²)	混凝土体积 (m³) 雨篷板	混凝土体积 (m³) 雨篷梁	钢筋用量 (kg) Φ8	钢筋用量 (kg) Φ10	钢筋用量 (kg) Φ12	钢筋用量 (kg) Φ14	钢筋用量 (kg) 合计
YPB1008-233	800	1.376	0.16	0.100	26.79		13.35		40.14
YPB1208-233		1.538	0.175	0.111	28.72		14.95		43.67
YPB1508-233		1.776	0.199	0.128	32.65		17.34		49.99
YPB1808-233		2.016	0.233	0.182	34.17		19.74		53.91
YPB2108-233		2.256	0.247	0.204	39.73		22.14		61.87
YPB2408-231		2.496	0.271	0.225	43.00		24.54		67.54
YPB2408-232		2.496	0.271	0.225	43.87		24.54		68.41
YPB2408-233		2.496	0.271	0.225	46.07		13.63	14.83	74.53
YPB1008-253		1.376	0.206	0.100	29.58		13.35		42.93
YPB1208-253		1.538	0.225	0.111	31.66		14.95		46.61
YPB1508-252		1.776	0.253	0.128	35.85		17.34		53.19
YPB1508-253		1.776	0.253	0.128	36.64		17.34		53.98
YPB1808-253		2.016	0.282	0.182	39.51		19.74		59.25
YPB2108-251		2.256	0.31	0.204	43.33		22.14		65.47
YPB2108-252		2.256	0.31	0.204	43.77		22.14		65.91
YPB2108-253		2.256	0.31	0.204	45.96		22.14		68.10
YPB2408-252		2.496	0.338	0.225	39.37	13.11	24.54		77.02
YPB2408-253		2.496	0.338	0.225	39.37	15.29	13.63	14.83	83.12
YPB1010-243		1.72	0.235	0.100	31.41		6.60		38.01
YPB1210-242		1.92	0.258	0.111	34.09		14.95		49.04
YPB1210-243		1.92	0.258	0.111	34.48		14.95		49.43

雨篷混凝土、钢筋量表（B 型 240 墙）　　　　续表 A11-02

雨篷编号	悬挑宽度（mm）	水平投影面积（m²）	混凝土体积（m³）		钢筋用量（kg）				
			雨篷板	雨篷梁	Φ8	Φ10	Φ12	Φ14	合计
YPB1510-241	800	2.22	0.292	0.128	38.68		17.34		56.02
YPB1510-242		2.22	0.292	0.128	32.80	8.50	17.34		58.64
YPB1510-243	1000	2.22	0.292	0.128	32.80	9.81	17.34		59.95
YPB1810-241		2.52	0.325	0.182	42.24		19.74		61.98
YPB1810-242		2.52	0.325	0.182	43.12		19.74		62.86
YPB1810-243		2.52	0.325	0.182	45.31		19.74		65.05
YPB2110-241		2.82	0.359	0.204	47.02		22.14		69.16
YPB2110-242		2.82	0.359	0.204	50.97		22.14		73.11
YPB2110-243		2.82	0.359	0.204	39.11	14.56	22.14		75.81
YPB2410-241		3.12	0.393	0.225	42.39	13.11	24.54		80.04
YPB2410-242		3.12	0.393	0.225	42.39	18.93	13.63	14.83	89.78
YPB2410-243		3.12	0.393	0.225	42.39	21.84	13.63	14.83	92.69
YPB1010-263		1.72	0.286	0.100	38.95		13.35		52.30
YPB1210-261		1.92	0.311	0.111	41.79		14.95		56.74
YPB1210-262	1000	1.92	0.311	0.111	41.79		14.95		56.74
YPB1210-263		1.92	0.311	0.111	43.36		14.95		58.31
YPB1510-261		2.22	0.349	0.128	48.78		17.34		66.12
YPB1510-262		2.22	0.349	0.128	50.74		17.34		68.08
YPB1510-263		2.22	0.349	0.128	41.34	12.43	17.34		71.02
YPB1810-261		2.52	0.387	0.182	52.23		19.74		71.97
YPB1810-262		2.52	0.387	0.182	54.42		19.74		74.16
YPB1810-263		2.52	0.387	0.182	55.74		19.74		75.48
YPB2110-261		2.82	0.425	0.204	59.16		22.14		81.30
YPB2110-262		2.82	0.425	0.204	49.06	16.02	22.14		87.22
YPB2110-263		2.82	0.425	0.204	49.06	18.20	12.30	13.38	92.94
YPB2410-261		3.12	0.463	0.225	52.92	16.02	24.54		93.48
YPB2410-262		3.12	0.463	0.225	52.92	21.84	24.54		99.30
YPB2410-263		3.12	0.463	0.270	52.92	17.65	13.63	14.83	99.30
YPB1212-252	1200	2.304	0.351	0.111	23.11	25.48	14.95		63.54
YPB1212-253		2.304	0.351	0.111	23.11	26.14	14.95		64.20
YPB1512-251		2.664	0.395	0.128	25.30	30.93	17.34		73.57
YPB1512-252	1200	2.664	0.395	0.128	25.30	34.41	17.34		77.05
YPB1512-253		2.664	0.395	0.128	25.30	19.10	30.36		74.76
YPB1812-251		3.024	0.44	0.181	37.66	21.22	19.74		78.62
YPB1812-252		3.024	0.44	0.182	27.16	36.51	19.74		83.41

雨篷混凝土、钢筋量表（B 型 240 墙）　　　　续表 A11-02

雨篷编号	悬挑宽度（mm）	水平投影面积（m²）	混凝土体积（m³）		钢筋用量（kg）				
			雨篷板	雨篷梁	Φ8	Φ10	Φ12	Φ14	合计
YPB1812-253		3.024	0.44	0.182	27.16	37.97	19.74		84.87
YPB2112-251		3.384	0.485	0.204	29.34	40.10	22.14		91.58
YPB2112-252		3.384	0.485	0.204	29.34	23.35	39.87		92.56
YPB2112-253		3.384	0.485	0.204	29.34	23.35	31.14	13.38	97.21
YPB2412-251		3.744	0.529	0.27	31.20	42.31	24.54		98.05
YPB2412-252		3.744	0.529	0.27	31.20	47.93	24.54		103.67
YPB2412-253		3.744	0.529	0.27	31.20	49.53	13.63	14.83	109.19
YPB1212-271		2.304	0.409	0.111	37.11	21.22	14.95		73.28
YPB1212-272		2.304	0.409	0.111	29.67	31.03	14.95		75.65
YPB1212-273		2.304	0.409	0.111	29.67	31.68	14.95		76.30
YPB1512-271	1200	2.664	0.458	0.160	40.48	23.35	17.34		81.17
YPB1512-272		2.664	0.458	0.160	32.13	34.27	17.34		83.74
YPB1512-273		2.664	0.458	0.160	32.13	35.00	17.34		84.47
YPB1812-271		3.024	0.507	0.182	34.59	41.09	19.74		95.42
YPB1812-272		3.024	0.507	0.182	34.59	44.00	19.74		98.33
YPB1812-273		3.024	0.507	0.182	34.59	26.53	39.69		100.81
YPB2112-271		3.384	0.556	0.244	50.20	28.56	22.14		100.99
YPB2112-272		3.384	0.556	0.244	37.06	47.10	22.14		106.30
YPB2112-273		3.384	0.556	0.244	37.06	48.70	22.14		107.90
YPB2412-272		3.744	0.605	0.27	39.51	31.84	45.19		116.54
YPB2412-273		3.744	0.605	0.27	39.51	31.84	36.71	14.83	122.89
YPB1515-262		3.33	0.574	0.192	33.72	39.59	17.34		90.65
YPB1515-263		3.33	0.574	0.192	33.72	42.80	17.34		93.86
YPB1815-261		3.78	0.639	0.218	36.24	49.76	19.74		105.74
YPB1815-262		3.78	0.639	0.255	36.24	48.83	19.74		104.81
YPB1815-263		3.78	0.639	0.255	36.24	49.71	19.74		105.69
YPB2115-261		4.23	0.703	0.285	38.76	55.72	22.14		116.62
YPB2115-262	1500	4.23	0.703	0.285	38.76	57.48	22.14		118.38
YPB2115-263		4.23	0.703	0.285	38.76	60.10	12.30	13.38	124.54
YPB2415-261		4.68	0.767	0.315	41.00	37.58	47.00		125.58
YPB2415-262		4.68	0.767	0.315	41.00	37.58	50.96		129.54
YPB2415-263		4.68	0.767	0.315	41.00	37.58	42.70	14.83	136.11
YPB1515-292		3.33	0.711	0.192	48.71	67.22	17.34		133.27
YPB1515-293		3.33	0.711	0.192	48.71	47.97	33.13		129.81

雨篷混凝土、钢筋量表（B型370墙） 表 A11-03

雨篷编号	悬挑宽度（mm）	水平投影面积(m²)	混凝土体积(m³)		钢筋用量（kg）				
			雨篷板	雨篷梁	Φ8	Φ10	Φ12	Φ14	合计
YPB1008-333	800	1.376	0.16	0.153	32.44		14.83		47.28
YPB1208-333		1.536	0.176	0.171	35.37		16.61		51.99
YPB1508-333		1.776	0.199	0.198	39.77		19.27		59.04
YPB1808-333		2.016	0.223	0.28	44.96		21.93		66.89
YPB2108-333		2.256	0.247	0.314	49.55		24.60		74.15
YPB2408-332		2.496	0.271	0.347	53.50		27.26		80.76
YPB2408-333		2.496	0.271	0.347	53.50		16.36	14.83	84.69
YPB1008-353		1.376	0.206	0.153	34.69		14.83		49.52
YPB1208-353		1.536	0.225	0.171	37.24		16.61		53.85
YPB1508-353		1.776	0.253	0.198	42.44		19.27		61.71
YPB1808-353		2.016	0.282	0.28	47.28		21.93		69.21
YPB2108-353		2.256	0.31	0.314	52.14		24.60		76.74
YPB2408-351		2.496	0.338	0.347	56.28		27.26		83.54
YPB2408-353		2.496	0.338	0.347	56.28		16.36	14.83	87.47
YPB1010-343	1000	1.72	0.221	0.153	24.85	15.09	14.83		54.77
YPB1210-343		1.92	0.241	0.171	26.80	16.09	16.61		59.50
YPB1510-343		2.22	0.272	0.198	30.24	18.10	19.27		67.61
YPB1810-343		2.52	0.303	0.28	33.90	20.11	21.93		75.94
YPB2110-343		2.82	0.334	0.314	33.70	22.13	24.60		80.43
YPB2410-341		3.12	0.365	0.347	36.44	24.13	27.26		87.83
YPB2410-343		3.12	0.365	0.347	36.44	24.13	16.36	14.83	91.76
YPB1010-363		1.72	0.286	0.153	44.26		14.83		59.09
YPB1210-363		1.92	0.311	0.171	47.63		16.61		64.24
YPB1510-363		2.22	0.349	0.198	53.27		19.27		72.54
YPB1810-363		2.52	0.387	0.28	59.42		21.93		81.35
YPB2110-362		2.82	0.425	0.314	65.26		24.60		89.86
YPB2110-363		2.82	0.425	0.314	65.26		14.76	13.38	93.40
YPB2410-361		3.12	0.463	0.347	70.18		27.26		97.44
YPB2410-362		3.12	0.463	0.347	70.18		16.36	14.83	101.37
YPB2410-363		3.12	0.463	0.347	73.82		16.36	14.83	105.01
YPB1212-353	1200	2.304	0.351	0.171	31.59	18.26	16.61		66.46
YPB1512-351		2.664	0.395	0.198	36.46	20.55	19.27		76.28
YPB1512-352		2.664	0.395	0.198	37.37	20.55	19.27		77.19
YPB1512-353		2.664	0.395	0.198	38.27	20.55	19.27		78.09
YPB1812-353		3.024	0.44	0.28	39.28	22.83	21.93		84.04

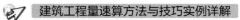

雨篷混凝土、钢筋量表（B型370墙）　　　　　　续表A11-03

雨篷编号	悬挑宽度（mm）	水平投影面积（m²）	混凝土体积（m³）		钢筋用量（kg）				
			雨篷板	雨篷梁	Φ8	Φ10	Φ12	Φ14	合计
YPB2112-352	1200	3.384	0.485	0.314	43.23	25.11	24.60		92.94
YPB2112-353		3.384	0.485	0.314	43.23	25.11	14.76	13.38	96.48
YPB2412-351		3.744	0.529	0.347	45.93	27.39	27.26		100.58
YPB2412-352		3.744	0.529	0.347	54.12	27.39	16.36	14.83	112.70
YPB2412-353		3.744	0.529	0.347	30.46	57.50	16.36	19.61	123.93
YPB1212-373		2.304	0.409	0.171	38.02	22.83	16.61		77.46
YPB1512-371		2.664	0.458	0.198	42.06	25.11	19.27		86.44
YPB1512-372		2.664	0.458	0.198	44.50	25.11	19.27		88.88
YPB1512-373		2.664	0.458	0.198	45.32	25.11	19.27		89.70
YPB1812-373		3.024	0.507	0.28	46.55	28.54	21.93		97.02
YPB2112-371		3.384	0.556	0.314	50.78	30.82	24.60		106.20
YPB2112-372		3.384	0.556	0.314	53.51	30.82	24.60		108.93
YPB2112-373		3.384	0.556	0.314	57.15	30.82	14.76	13.38	116.11
YPB2412-371		3.744	0.605	0.347	56.79	34.24	27.26		118.29
YPB2412-372		3.744	0.605	0.347	65.89	34.24	16.36	14.83	131.32
YPB2412-373		3.744	0.605	0.347	38.59	70.37	16.36	19.66	144.98
YPB1515-361	1500	3.33	0.574	0.198	33.05	49.68	19.27		102.00
YPB1515-363		3.33	0.574	0.198	33.05	56.47	19.27		108.79
YPB1815-361		3.78	0.639	0.28	53.67	33.32	21.93		108.92
YPB1815-362		3.78	0.639	0.28	57.31	33.32	21.93		112.56
YPB1815-363		3.78	0.639	0.28	35.47	58.92	21.93		116.32
YPB2115-361		4.23	0.703	0.314	37.93	64.58	24.60		127.11
YPB2115-362		4.23	0.703	0.314	37.93	70.61	14.76	13.38	136.68
YPB2115-363		4.23	0.703	0.314	37.93	76.63	14.76	13.38	142.70
YPB2415-361		4.68	0.767	0.416	64.47	39.98	27.26		131.71
YPB2415-362		4.68	0.767	0.416	40.35	74.70	16.36	14.83	146.24
YPB2415-363		4.68	0.767	0.416	40.35	79.67	16.36	14.83	151.21
YPB1515-391		3.33	0.711	0.247	63.26	50.05	19.27		132.58
YPB1515-393		3.33	0.711	0.247	48.70	71.10	19.27		139.07
YPB1815-391		3.78	0.786	0.28	51.64	81.43	21.93		155.00
YPB1815-392		3.78	0.786	0.28	51.64	87.45	21.93		161.02
YPB1815-393		3.78	0.786	0.28	51.64	90.46	13.16	11.94	167.20
YPB2115-392		4.23	0.861	0.376	54.59	93.02	24.60		172.21
YPB2115-393		4.23	0.861	0.376	54.59	94.67	14.76	13.38	177.40
YPB2415-392		4.68	0.935	0.416	57.54	109.68	16.36	14.83	198.41
YPB2415-393		4.68	0.935	0.416	57.54	116.99	16.36	19.74	210.63

表A12 住宅楼梯混凝土、钢筋分层量表

说明：

1. 本表依据陕09G06《钢筋混凝土住宅楼梯》编制。

2. 5.7m进深的楼梯型号是在5.4m进深楼梯的基础上将XB1过道板加宽300mm，配筋不变。

3. 楼梯水平投影面积包括：水平梁、平台板和踏步板在内。不含楼层过道板XB1，但钢筋量中包括XB1板在内。

4. 本表包括2.8m、2.9m、3.0m三种层高楼梯数表，计算楼梯投影面及钢筋工程量时，按层高和楼梯开间及进深查取数量计算。

住宅楼梯混凝土、钢筋分层量表   表A12

楼层高(m)	楼梯间尺寸(mm)		楼梯代号	底层						标准层					
	开间	进深		投影面积(m²)	钢筋用量(kg)					投影面积(m²)	钢筋用量(kg)				
					Φ6	Φ8	Φ12	Φ14	合计		Φ6	Φ8	Φ10	Φ12	合计
2.8m层高	2400	5100	T2451-28	7.72	38.93	31.35	87.23	6.64	164.15	7.690	41.75	30.30	36.20	4.84	113.09
		5400	T2454-28	8.186	45.40	36.79	99.59	6.64	188.42	8.208	46.97	33.97	41.34	4.84	127.12
		5700	T2457-28	8.186	48.14	37.59	99.59	6.64	191.96	8.208	49.71	34.77	41.34	4.84	130.66
	2700	4800	T2748-28	8.553	38.71	32.54	89.67	3.68	164.60	8.659	44.08	33.44	33.86	16.10	127.48
		5100	T2751-28	8.911	43.37	35.51	100.92	7.37	187.17	8.758	46.61	34.94	33.22	16.10	130.87
		5400	T2754-28	9.454	48.83	39.75	111.09	7.37	207.04	9.348	50.78	36.17	38.54	16.10	141.59
		5700	T2757-28	9.454	53.02	42.16	111.09	7.37	213.64	9.348	54.97	38.58	38.54	16.10	148.19
2.9m层高	2400	5100	T2451-29	7.824	38.93	32.42	87.36	6.64	165.35	7.690	42.23	30.40	36.50	4.84	113.97
		5400	T2454-29	8.298	45.63	36.75	99.72	6.64	188.74	8.208	46.97	34.05	41.62	4.84	127.48
		5700	T2457-29	8.298	48.37	37.55	99.72	6.64	192.28	8.208	49.71	34.85	41.62	4.84	131.02
	2700	5100	T2751-29	8.911	43.37	36.57	101.05	7.37	188.36	8.758	47.17	35.02	33.52	16.10	131.81
		5400	T2754-29	9.454	49.11	39.75	112.15	7.37	208.38	9.348	50.78	36.23	38.84	16.10	141.95
		5700	T2757-29	9.454	53.30	42.16	112.15	7.37	214.98	9.348	54.97	38.64	38.84	16.10	148.55
3.0m层高	2400	5100	T2451-30	7.824	39.18	32.51	87.76	6.64	166.09	7.690	43.23	30.46	36.76	4.84	115.29
		5400	T2454-30	8.298	45.63	36.82	100.10	6.64	189.19	8.208	46.97	34.13	41.92	4.84	127.86
		5700	T2457-30	8.298	48.37	37.62	100.10	6.64	192.73	8.208	49.71	34.93	41.92	4.84	131.40
	2700	5100	T2751-30	8.911	43.65	36.66	101.5	7.37	189.18	8.758	47.17	35.10	33.86	16.10	132.23
		5400	T2754-30	9.454	49.11	39.78	112.55	7.37	208.81	9.348	50.78	36.33	39.18	16.10	142.39
		5700	T2757-30	9.454	53.30	42.19	112.55	7.37	215.41	9.348	54.97	38.74	39.18	16.10	148.99

表 A13　挑檐混凝土、钢筋量表

说明：

1. 本表依据陕 09G08《钢筋混凝土雨篷、挑檐》图集编制。

2. 挑檐形式包括：平板挑檐、直翻挑檐、和斜翻挑檐三种，工程量计算时，分型号按延长米统计，然后查取表中相应数值计算。

3. 挑檐拐角及阳台上挑檐两侧板混凝土、钢筋用量，按常规做法计算列入表中（见表 A13-04、05、06），工程量计算时，按檐宽（L_w）、侧板高（H）以及拐角尺寸（$L_{w1} \times L_{w2}$），查取表中相应数值计算。

4. 挑檐梁（屋面外圈梁）及挑檐压梁（屋面内圈梁），工程量按设计型号分别计算，然后并入圈梁工程量内。

5. 挑檐梁（TYL）中的①号主筋长度，是按梁宽 190mm 设计的，为了方便查表计算，①号主筋长度在本表中已做适当调整，均能满足 240mm 及 370mm 宽的挑檐梁钢筋长度用量。

6. 本表包括八种分表：

　　表 A13-01：压梁式挑檐混凝土、钢筋量表

　　表 A13-02：阳台上直翻挑檐混凝土、钢筋量表

　　表 A13-03：阳台上斜翻挑檐混凝土、钢筋量表

　　表 A13-04：挑檐拐角混凝土工程量表

　　表 A13-05：挑檐拐角附加钢筋量表

　　表 A13-06：阳台上挑檐侧板混凝土、钢筋量表

　　表 A13-07：挑檐梁延米长钢筋量表

　　表 A13-08：挑檐压梁延米长钢筋量表

压梁式挑檐混凝土、钢筋量表　　　　　　表 A13-01

挑檐简图	挑檐板编号	详图编号	构件尺寸（mm）		混凝土体积（m³/延米构件）	钢筋用量（kg/延米构件）		备　注
			L_w	H		Φ8	Φ10	
平板挑檐	TY01a	(1)	600	—	0.048	3.99	—	1. 图中②④⑤号钢筋的纵向搭接长度，包括在表中钢筋用量内（见 09G08 页 72～74）。 2. 钢筋计算时，先算出挑檐纵向长度，然后再按挑檐板编号查取表中相应数值计算。
平板挑檐	TY02a	(2)	800	—	0.064	5.86	—	
直翻挑檐	TY05a	(5)	600	300	0.069	7.44	—	
直翻挑檐	TY06a	(6)	600	500	0.083	9.17	—	
直翻挑檐	TY07a	(7)	600	700	0.097	6.92	4.33	
直翻挑檐	TY08a	(8)	800	300	0.085	5.08	5.07	
直翻挑檐	TY09a	(9)	800	500	0.099	5.89	5.92	
直翻挑檐	TY10a	(10)	800	700	0.113	7.55	7.61	
斜翻挑檐	TY11a	(11)	600	400	0.080	8.19	—	
斜翻挑檐	TY12a	(12)	600	600	0.096	6.99	6.50	
斜翻挑檐	TY13a	(13)	600	800	0.112	7.55	5.78	
斜翻挑檐	TY14a	(14)	800	400	0.096	5.70	5.92	
斜翻挑檐	TY15a	(15)	800	600	0.112	6.99	6.76	
斜翻挑檐	TY16a	(16)	800	800	0.128	7.99	6.76	

阳台上直翻挑檐混凝土、钢筋量表　　　表 A13-02

挑檐板编号	详图编号	构件尺寸(mm)		混凝土体积(m³/延米构件)	钢筋用量(kg/延米构件)			备注
		L_w	H		Φ8	Φ10	Φ12	
TY26a	(26)	1200	300	0.141	5.93	7.77	—	
TY27a	(27)				5.93	8.88	—	
TY28a	(28)		500	0.167	6.75	7.82	—	
TY29a	(29)				6.75	8.93	—	
TY30a	(30)		700	0.181	8.41	10.00	—	
TY31a	(31)				8.41	—	11.19	
TY32a	(32)	1500	300	0.194	6.83	10.51	—	1. 图中②④⑤号钢筋的纵向搭接长度,包括在表中钢筋用量内(见陕 09G08 页 77、78)。
TY33a	(33)				6.83	11.83	—	
TY34a	(34)		500	0.208	7.58	11.83	—	
TY35a	(35)				7.58	13.14	—	
TY36a	(36)		700	0.222	9.26	—	12.67	2. 钢筋计算时,先算出挑檐纵向长度,然后再按挑檐板编号查取表中相应数值计算。
TY37a	(37)				9.26	—	14.56	
TY38a	(38)	1800	300	0.246	11.83	15.32	—	
TY39a	(39)				11.83	—	17.91	
TY40a	(40)		500	0.260	12.64	16.61	—	
TY41a	(41)				12.64	—	19.63	
TY42a	(42)		700	0.274	14.19	17.91	—	
TY43a	(43)				14.19	—	21.58	

阳台上斜翻挑檐混凝土、钢筋量表　　　表 A13-03

挑檐板编号	详图编号	构件尺寸(mm)		混凝土体积(m³/延米构件)	钢筋用量(kg/延米构件)			备注
		L_w	H		Φ8	Φ10	Φ12	
TY44a	(44)	1200	400	0.152	6.64	7.93	—	
TY45a	(45)				6.64	9.25	—	
TY46a	(46)		600	0.180	7.96	8.60	—	
TY47a	(47)				7.96	9.30	—	
TY48a	(48)		800	0.196	8.91	9.30	—	
TY49a	(49)				8.91	10.16	—	
TY50a	(50)	1500	400	0.204	7.07	13.02	—	1. 图中②④⑤号钢筋的纵向搭接长度,包括在表中钢筋用量内(见陕 02G08 页 79、80)。
TY51a	(51)				7.07	—	13.51	
TY52a	(52)		600	0.221	8.59	—	13.51	
TY53a	(53)				8.59	—	15.75	
TY54a	(54)		800	0.237	9.53	—	15.75	2. 钢筋计算时,先算出挑檐纵向长度,然后再按挑檐板编号查取表中相应数值计算。
TY55a	(55)				9.53	—	17.21	
TY56a	(56)	1800	400	0.257	12.14	—	13.51	
TY57a	(57)				12.14	—	15.75	
TY58a	(58)		600	0.273	13.85	—	14.56	
TY59a	(59)				13.85	—	17.21	
TY60a	(60)		800	0.289	14.79	—	15.75	
TY61a	(61)				14.79	—	18.91	

挑檐拐角混凝土工程量表　　表 A13-04

拐角简图	栏板高 H(mm)	混凝土体积(m³/个)						
		600×600	800×800	600×1200	600×1500	800×1200	800×1500	800×1800
平板挑檐 ①	—	0.029	0.051	0.061	0.088	0.082	0.117	0.148
直翻挑檐 ②	300	0.054	0.085	0.099	0.132	0.124	0.165	0.203
	500	0.071	0.107	0.124	0.162	0.152	0.198	0.239
	700	0.088	0.129	0.149	0.191	0.180	0.230	0.275
斜翻挑檐 ③	400	0.067	0.101	0.118	0.154	0.145	0.189	0.230
	600	0.087	0.128	0.148	0.189	0.179	0.228	0.274
	800	0.106	0.154	0.177	0.223	0.211	0.265	0.315

挑檐拐角附加钢筋量表　　表 A13-05

拐角配筋图	栏板高 H(mm)	拐角挑檐宽度($L_{w1} \times L_{w2}$)(kg/个)												
		600×600 (7根)		800×800 (9根)		600×1200 (9根)		600×1500 (11根)		800×1200 (11根)		800×1500 (13根)		800×1800 (15根)	
		Φ8	Φ10	Φ8	Φ10	Φ8	Φ10	Φ8	Φ10	Φ8	Φ10	Φ8	Φ10	Φ8	Φ12
平板挑檐 ① ①钢筋同主筋	—	5.99	—	2.69	10.50	3.02	11.61	3.89	15.95	3.99	14.93	5.14	19.65	5.94	36.10

挑檐拐角附加钢筋量表　　　　　续表 A13-05

拐角配筋图	栏板高 H (mm)	600×600 (7根) Φ8	Φ10	800×800 (9根) Φ8	Φ10	600×1200 (9根) Φ8	Φ10	600×1500 (11根) Φ8	Φ10	800×1200 (11根) Φ8	Φ10	800×1500 (13根) Φ8	Φ10	800×1800 (15根) Φ8	Φ12
直翻挑檐	300	9.93		7.93		8.92		10.98		10.55		12.88		14.36	
	500	11.35		9.83		11.06		13.55		12.92		15.69		17.55	
	700	12.77		11.72		13.19		16.12		15.29		18.48		20.63	
（Φ10/Φ12合量）			—		10.50		11.61		15.95		14.93		19.65		36.10
斜翻挑檐	400	10.57		8.78		9.88		12.16		11.61		14.16		15.86	
	600	12.65		11.57		13.01		15.90		15.09		18.26		20.37	
	800	14.22		13.65		15.36		18.73		17.70		21.35		23.76	

拐角配筋图说明：① 钢筋同主筋（直翻挑檐、斜翻挑檐均标注 L_{w1}、L_{w2}、b）

阳台上挑檐两侧板混凝土、钢筋量表　　　　　表 A13-06

挑檐形式	构件尺寸(mm) 檐宽 L_w	栏板高 H	混凝土体积 (m³)	Φ8 钢筋 (kg)
直翻挑檐	1200	300	0.05	4.23
		500	0.084	6.44
		700	0.118	8.69
	1500	300	0.063	5.25
		500	0.105	8.02
		700	0.147	10.82
	1800	300	0.076	6.00
		500	0.126	9.16
		700	0.176	12.36
斜翻挑檐	1200	400	0.076	5.06
		600	0.116	8.65
		800	0.155	11.06
	1500	400	0.095	6.32
		600	0.145	10.74
		800	0.193	13.79
	1800	400	0.113	7.19
		600	0.174	12.28
		800	0.232	15.72

简图：

阳台上直翻挑檐　外墙

阳台上斜翻挑檐　外墙

① 直翻侧板　　② 斜翻侧板

说明：

　　表中的混凝土、钢筋含量为挑檐两边侧板的合量。挑檐侧板以"组"为单位统计,工程量 计算时,按挑檐形式,查取表中相应含量计算。

挑檐梁延米长钢筋量表

挑檐梁编号	构件尺寸(mm)		钢筋用量(m/延米构件)											
	梁宽b	梁高h	梁下无洞口						梁下有洞口					
			Φ8	Φ10	Φ12	Φ14	Φ16	Φ18	Φ8	Φ10	Φ12	Φ14	Φ16	Φ18
TYL35-21a			7.21		8.66				7.21		5.42	4.38		
TYL35-22a			9.02		8.66				9.02		5.42	4.38		
TYL35-23a				9.39	8.66					9.39	5.42	4.38		
TYL35-24a				11.27		8.77				11.27		5.48	4.44	
TYL35-25a	240	350			9.38	8.77					8.60	5.48	4.44	
TYL35-26a					10.55		8.88				9.77	5.55	4.50	
TYL35-27a					10.95		8.88				10.95		5.55	4.50
TYL35-28a					12.51		8.88				12.51		5.55	4.50
TYL35-29a					13.68		8.88				13.68		5.55	4.50
TYL40-21a			7.66		8.66				7.66		5.42	4.38		
TYL40-22a				10.35		8.77				10.35		5.48	4.44	
TYL40-23a				12.18		8.77				12.81		5.48	4.44	
TYL40-24a					8.59	8.77					9.27	5.48	4.44	
TYL40-25a	240	400			10.11		8.88				10.61		5.55	4.50
TYL40-26a					10.61		8.88				11.20		5.55	4.50
TYL40-27a					11.20		8.88				11.88		5.55	4.50
TYL40-28a					11.88		8.88				13.56		5.55	4.50
TYL40-29a					12.64			8.99			14.66			8.99
TYL45-21a			9.27		8.66				9.27		5.42	4.38		
TYL45-22a				9.61	8.66					9.60	5.42	4.38		
TYL45-23a				11.61		8.77				11.61		5.48	4.44	
TYL45-24a				15.19		8.77				14.05		5.48	4.44	
TYL45-25a	240	450			9.93		8.88				9.93		5.55	4.50
TYL45-26a					11.38		8.88				11.38		5.55	4.50
TYL45-27a					12.73			8.99			12.01			10.12
TYL45-28a					13.55			8.99			13.55			10.12
TYL45-29a					15.71			8.99			15.71			10.12
TYL50-21a			9.21		10.83				9.21		7.58	4.38		
TYL50-22a			12.01		10.83				12.01		7.58	4.38		
TYL50-23a				11.76	10.83					11.76	7.58	4.38		
TYL50-24a				16.24		10.96				14.04		7.67	4.44	
TYL50-25a	240	500			10.60	10.96					14.45	7.67	4.44	
TYL50-26a					12.14	10.96					12.14	7.67	4.44	
TYL50-27a					13.59		11.10				13.59		7.77	4.50
TYL50-28a					14.45		11.10				14.45		7.77	4.50
TYL50-29a					16.77		11.10				16.77		7.77	4.50

挑檐梁延米长钢筋量表　　　　　　续表 A13-07

挑檐梁编号	构件尺寸(mm)		钢筋用量(m/延米构件)												
	梁宽b	梁高h	梁下无洞口						梁下有洞口						
			Φ8	Φ10	Φ12	Φ14	Φ16	Φ18	Φ8	Φ10	Φ12	Φ14	Φ16	Φ18	Φ20
TYL35-31a			13.59			8.77			12.27			5.48	4.44		
TYL35-32a				12.72		8.77				12.72		5.48	4.44		
TYL35-33a				14.81		8.77				14.81		5.48	4.44		
TYL35-34a				16.36		8.77				16.36		5.48	4.44		
TYL35-35a	370	350			13.18		8.88				13.18		5.55	4.50	
TYL35-36a					14.68		8.88				14.64		5.55	4.50	
TYL35-37a					15.34		8.88				15.34		5.55	4.50	
TYL35-38a					16.94			8.99			16.94			5.62	4.55
TYL35-39a					19.19			8.99			19.19			5.62	4.55
TYL40-31a			12.43			8.77			12.43			5.48	4.44		
TYL40-32a			15.34			8.77			15.34			5.48	4.44		
TYL40-33a				15.18		8.77				15.18		5.48	4.44		
TYL40-34a				17.51		8.77				16.64		5.48	4.44		
TYL40-35a	370	400			14.09		8.88				13.29		5.55	4.50	
TYL40-36a					15.09		8.88				14.09		5.55	4.50	
TYL40-37a					16.39		8.88				15.09		5.55	4.50	
TYL40-38a					18.09			8.99			16.39			5.62	4.55
TYL40-39a					20.49			8.99			18.09			5.62	4.55
TYL45-31a			13.29			8.77			13.29			5.48		4.50	
TYL45-32a			16.39			8.77			16.39			5.48		4.50	
TYL45-33a				14.83		8.77				14.83		5.48		4.50	
TYL45-34a				16.91		8.77				16.91		5.48		4.50	
TYL45-35a	370	450		18.66			8.88			18.66			5.55	4.50	
TYL45-36a					15.00		8.88				15.00		5.55	4.50	
TYL45-37a					16.06		8.88				16.06		5.55	4.50	
TYL45-38a					17.44			8.99			17.44			5.62	4.55
TYL45-39a					19.24			8.99			19.24			5.62	4.55
TYL50-31a			14.15			8.77			14.15			5.48		4.50	
TYL50-32a			15.00			8.77			15.00			5.48		4.50	
TYL50-33a			16.70			8.77			16.70			5.48		4.50	
TYL50-34a			19.24			8.77			19.24			5.48		4.50	
TYL50-35a	370	500		17.20		8.77				17.20		5.48		4.50	
TYL50-36a				19.82		8.77				19.82		5.48		4.50	
TYL50-37a					15.91	8.77					15.91	5.48		4.50	
TYL50-38a					17.03		8.88				17.03		5.55	4.50	
TYL50-39a					18.48		8.88				18.48		5.55	4.50	

挑檐压梁延米长钢筋量表　　　　表 A13-08

压梁编号	构件尺寸(mm)		钢筋用量(m/延米构件)							备　注
	梁宽b	梁高hy	Φ8	Φ10	Φ12	Φ14	Φ16	Φ18	Φ20	
YL19-351	190	200	5.53	2.29	3.55					
YL19-352			5.53	2.29	3.55					
YL19-353			5.53	2.29	1.18	2.43				
YL19-354			5.53	2.29		2.43	1.24			1. 钢筋计算时,每根压梁另外增加 2Φ14 斜筋,总长度为 2.40m。
YL19-355			5.53	2.29		1.22	2.49			2. 压梁的数量按型号统计以延长米算,钢筋列表计算时,将压梁总长乘以表中相应型号的钢筋数量计算。
YL19-356			5.53	2.29			2.49	1.28		
YL19-401	190	250	6.23	2.29	3.55					
YL19-402			6.23	2.29	3.55					
YL19-403			6.23	2.29	2.37	1.22				
YL19-404			6.23	2.29		3.65				
YL19-405			6.23	2.29		1.22	2.49			
YL19-406			6.23	2.29			2.49	1.28		
YL19-407			6.23	2.29				3.84		
YL19-408			6.23	2.29				1.28	2.62	
YL19-451	190	300	6.93	2.29	3.55					
YL19-452			6.93	2.29	3.55					

压梁编号	构件尺寸(mm)		钢筋用量(m/延米构件)								备　注
	梁宽b	梁高hy	Φ8	Φ12	Φ12	Φ14	Φ16	Φ18	Φ20	Φ22	
YL19-453	190	300	6.93	2.29	1.18	2.44					
YL19-454			6.93	2.29		3.65					
YL19-455			6.93	2.29		1.22	2.49				
YL19-456			6.93	2.29			2.49	1.28			
YL19-457			6.93	2.29			3.84				
YL19-458			6.93	2.29				1.28	2.67		1. 钢筋计算时,每根压梁另外增加 2Φ14 斜筋,总长度为 2.40m。
YL19-459			6.93	2.29					1.31	2.67	2. 压梁的数量按型号统计以延长米算,钢筋列表计算时,将压梁总长乘以表中相应型号的钢筋数量计算。
YL19-501	190	350	7.63	2.29	3.55						
YL19-502			7.63	2.29	3.55						
YL19-503			7.63	2.29		3.65					
YL19-504			7.63	2.29		2.43	1.24				
YL19-505			7.63	2.29		1.22	2.49				
YL19-506			7.63	2.29			3.73				
YL19-507			7.63	2.29			1.24	2.55			
YL19-508			7.63	2.29				2.55	1.31		
YL19-509			7.63	2.29					3.92		

挑檐压梁延米长钢筋量表

续表 A13-08

压梁编号	构件尺寸(mm)		钢筋用量(m/延米构件)							备　注
	梁宽b	梁高h_y	Φ8	Φ12	Φ12	Φ14	Φ16	Φ18	Φ20	
YL24-351	240	200	7.12	2.29	4.74					
YL24-352			7.12	2.29	4.74					
YL24-353			7.12	2.29	2.37	2.43				
YL24-354			7.12	2.29		2.43	2.49			
YL24-355			7.12	2.29			2.49	2.55		1. 钢筋计算时,每根压梁另外增加 2Φ14 斜筋,总长度为2.40m。
YL24-401	240	250	7.92	2.29	4.74					
YL24-402			7.92	2.29	4.74					
YL24-403			7.92	2.29		4.86				2. 压梁的数量按型号统计以延长米计算,钢筋列表计算时,将压梁总长乘以表中相应型号的钢筋数量计算。
YL24-404			7.92	2.29		2.43	2.49			
YL24-405			7.92	2.29			4.98			
YL24-406			7.92	2.29			2.49	2.55		
YL24-407			7.92	2.29				5.10		
YL24-408			7.92	2.29				2.55	2.62	
YL24-451	240	300	8.72	2.29	4.74					
YL24-452			8.72	2.29	2.37	2.43				

压梁编号	构件尺寸(mm)		钢筋用量(m/延米构件)								备　注
	梁宽b	梁高h_y	Φ8	Φ12	Φ12	Φ14	Φ16	Φ18	Φ20	Φ22	
YL24-453	240	300	8.72	2.29		4.86					
YL24-454			8.72	2.29		2.43	2.49				
YL24-455			8.72	2.29			4.98				
YL24-456			8.72	2.29			2.49	2.55			
YL24-457			8.72	2.29				5.10			
YL24-458			8.72	2.29					5.23		1. 钢筋计算时,每根压梁另外增加 2Φ14 斜筋,总长度为2.40m。
YL24-459			8.72	2.29					2.62	2.67	
YL24-501	240	350	9.52	2.29	4.74						
YL24-502			9.52	2.29	2.37	2.43					
YL24-503			9.52	2.29		4.86					2. 压梁的数量按型号统计以延长米计算,钢筋列表计算时,将压梁总长乘以表中相应型号的钢筋数量计算。
YL24-504			9.52	2.29		2.43	2.49				
YL24-505			9.52	2.29			4.98				
YL24-506			9.52	2.29			2.49	2.55			
YL24-507			9.52	2.29				5.10			
YL24-508			9.52	2.29					5.23		
YL24-509			9.52	2.29					2.62	2.67	

表 A14 住宅阳台混凝土、钢筋量表

说明：

1. 本表依据陕 09G07《钢筋混凝土住宅阳台》编制。

2. 阳台形式包括：板式阳台、梁板式阳台及平衡板式阳台三种，每种阳台均按三种净挑尺寸（1200、1500、1800）分不同型号以"个"（单阳台）或"组"（双阳台）为单位计算。表中，阳台底板的混凝土工程量为挑出墙外部分的量，但钢筋工程量中包括了挑出墙外和伸入墙内的两部分量。

3. 表中只列入了矩形阳台的混凝土、钢筋工程量。弧形阳台、折线形阳台的工程量可按此做适当调整后采用。

4. 为了方便查表计算，表中每种阳台按常规配套设计，列入了相应的矩形现浇栏板的混凝土、钢筋含量。该栏板高度按 1000，厚度按 60 计算；扶手宽按 200，厚度按 70 计算；栏板的竖向主筋按Φ8@150（长 1570），横向钢筋按Φ6@200 计算（扶手另加 2Φ8 钢筋）。如果施工图设计选用的是空花栏板或铁艺栏杆时，工程量则按相应设计另行计算。

5. 表 A14$_D$ 中，阳台隔板的混凝土、钢筋工程量是按常规设计计算的，分别考虑了阳台形式、挑出宽度，以及不同层高的各种因素，使用时按以上条件查取表中相应数据计算。

6. 表中，板式阳台（表 A14$_A$）、梁板式阳台（表 A14$_B$）、平衡板式阳台（表 A14$_C$）各含四种分表。

   （1）板式阳台（表 A14$_A$）

    表 A14$_A$-01：板式单阳台混凝土、钢筋量表（净挑 1200）

    表 A14$_A$-02：板式单阳台混凝土、钢筋量表（净挑 1500）

    表 A14$_A$-03：板式组合阳台混凝土、钢筋量表（净挑 1200）

    表 A14$_A$-04：板式组合阳台混凝土、钢筋量表（净挑 1500）

   （2）梁板式阳台（表 A14$_B$）

    表 A14$_B$-01：梁板式单阳台混凝土、钢筋量表（净挑 1500）

    表 A14$_B$-02：梁板式单阳台混凝土、钢筋量表（净挑 1800）

    表 A14$_B$-03：梁板式组合阳台混凝土、钢筋量表（净挑 1500）

    表 A14$_B$-04：梁板式组合阳台混凝土、钢筋量表（净挑 1800）

   （3）平衡板式阳台（表 A14$_C$）

    表 A14$_C$-01：平衡板式单阳台混凝土、钢筋量表（净挑 1200）

    表 A14$_C$-02：平衡板式单阳台混凝土、钢筋量表（净挑 1500）

    表 A14$_C$-03：平衡板式组合阳台混凝土、钢筋量表（净挑 1200）

    表 A14$_C$-04：平衡板式组合阳台混凝土、钢筋量表（净挑 1500）

   （4）阳台隔板

    表 A14$_D$：阳台隔板每块混凝土、钢筋量表

板式单阳台混凝土、钢筋量表（净挑 1200）　　　　表 A14A-01

开间 (mm)	阳台编号	混凝土体积(m³)		钢筋用量(kg)									合计
		栏板	底板	栏板		底板							
				Φ6	Φ8	Φ6	Φ10	Φ12	Φ12	Φ14	Φ16	Φ18	
2700	YT12-1-27-A1	0.362	0.388	9.08	27.93	10.85	29.32	5.86	10.32	11.42			104.78
	YT12-2-27-A1					10.85	31.76	5.86	10.32	11.42			107.22
3000	YT12-1-30-A1	0.383	0.428	9.54	29.40	11.32	31.76	6.13	10.32		14.92		113.39
	YT12-2-30-A1					11.32	34.21	6.13	10.32		14.92		115.84
3300	YT12-1-33-A1	0.403	0.467	10.01	30.88	11.79	34.21	6.39	10.32		14.92		118.52
	YT12-2-33-A1					11.79	36.65	6.39	10.32		14.92		120.96
3600	YT12-1-36-A1	0.424	0.507	10.48	32.36	12.25	37.87	6.66	10.32		14.92		124.86
	YT12-2-36-A1					12.25	40.31	6.66	10.32		14.92		127.30
3900	YT12-1-39-A1	0.445	0.546	10.94	33.84	12.72	40.31	6.93	10.32		14.92		129.98
	YT12-2-39-A1					12.72	43.98	6.93	10.32		14.92		133.65
4200	YT12-1-42-A1	0.466	0.586	11.41	35.31	13.19	42.76	7.19	10.32			18.88	139.06
	YT12-2-42-A1					13.19	46.42	7.19	10.32			18.88	142.72

板式单阳台混凝土、钢筋量表（净挑 1500）　　　　表 A14A-02

开间 (mm)	阳台编号	混凝土体积(m³)		钢筋用量(kg)							合计
		栏板	底板	栏板		底板					
				Φ6	Φ8	Φ6	Φ12	Φ12	Φ18	Φ20	
2700	YT15-1-27-A1	0.404	0.551	10.00	30.89	13.90	43.23	12.18	22.48		132.68
	YT15-2-27-A1					13.90	47.33	12.18	22.48		136.78
3000	YT15-1-30-A1	0.424	0.608	10.47	32.36	14.51	47.60	12.18	22.88		140.00
	YT15-2-30-A1					14.51	51.69	12.18	22.88		144.09
3300	YT15-1-33-A1	0.445	0.664	10.94	33.84	15.10	49.90	12.18	22.88		144.84
	YT15-2-33-A1					15.10	56.04	12.18	22.88		150.98
3600	YT15-1-36-A1	0.466	0.720	11.41	35.32	15.70	54.27	12.18		28.26	157.14
	YT15-2-36-A1					15.70	60.41	12.18		28.26	163.28
3900	YT15-1-39-A1	0.487	0.776	11.87	36.80	16.31	58.63	12.18		28.26	164.05
	YT15-2-39-A1					16.31	64.77	12.18		28.26	170.19
4200	YT15-1-42-A1	0.508	0.833	12.34	38.27	16.90	62.98	12.18		28.26	170.93
	YT15-2-42-A1					16.90	69.13	12.18		28.26	177.08

板式组合阳台混凝土、钢筋量表（净挑 1200）　　　　表 A14A-03

开间 (mm)	阳台编号	混凝土体积(m³)		钢筋用量(kg)									合计
		栏板	底板	栏板		底板							
				Φ6	Φ8	Φ6	Φ10	Φ12	Φ12	Φ14	Φ16	Φ18	Φ20	
2700＋2700	YT12-1-2727-A1	0.55	0.74	13.27	41.22	17.39	53.75	8.26	15.48	13.33			11.16	173.86
	YT12-2-2727-A1					17.39	58.64	8.26	15.48	13.33			11.16	178.75
2700＋3000	YT12-1-2730-A1	0.571	0.784	13.74	42.70	18.64	57.42	8.52	15.48	7.62	7.46	14.16		185.74
	YT12-2-2730-A1					18.64	62.30	8.52	15.48	7.62	7.46	14.16		190.62

板式组合阳台混凝土、钢筋量表(净挑1200)　　　　续表 A14_A-03

开间(mm)	阳台编号	混凝土体积(m³) 栏板	混凝土体积(m³) 底板	栏板 Φ6	栏板 Φ8	底板 Φ6	底板 Φ10	底板 Φ12	底板 Φ12	底板 Φ14	底板 Φ16	底板 Φ18	底板 Φ20	合计
2700+3300	YT12-1-2733-A1	0.592	0.824	14.21	44.18	19.11	59.86	8.79	15.48	7.62	7.46	14.16		190.87
	YT12-2-2733-A1					19.11	64.75	8.79	15.48	7.62	7.46	14.16		195.76
2700+3600	YT12-1-2736-A1	0.613	0.863	14.67	45.65	19.57	62.30	9.06	15.48	7.62	7.46	14.16		195.97
	YT12-2-2736-A1					19.57	68.42	9.06	15.48	7.62	7.46	14.16		202.09
2700+3900	YT12-1-2739-A1	0.634	0.903	15.14	47.13	20.04	65.97	9.32	15.48	7.62	7.46	14.16		202.32
	YT12-2-2739-A1					20.04	70.86	9.32	15.48	7.62	7.46	14.16		207.21
2700+4200	YT12-1-2742-A1	0.655	0.942	15.61	48.61	20.51	68.41	9.59	15.48	7.62		23.60		209.43
	YT12-2-2742-A1					20.51	74.52	9.59	15.48	7.62		23.60		215.54
3000+3000	YT12-1-3030-A1	0.592	0.824	14.21	44.18	19.11	59.86	8.79	15.48	1.91	14.92	14.16		192.62
	YT12-2-3030-A1					19.11	64.75	8.79	15.48	1.91	14.92	14.16		197.51
3000+3300	YT12-1-3033-A1	0.613	0.863	14.67	45.65	19.57	62.30	9.06	15.48	1.91	14.92	14.16		197.72
	YT12-2-3033-A1					19.57	68.42	9.06	15.48	1.91	14.92	14.16		203.84
3000+3600	YT12-1-3036-A1	0.634	0.903	15.14	47.13	20.04	65.97	9.32	15.48	1.91	14.92	14.16		204.07
	YT12-2-3036-A1					20.04	70.86	9.32	15.48	1.91	14.92	14.16		208.96
3000+3900	YT12-1-3039-A1	0.655	0.942	15.61	48.61	20.51	68.42	9.59	15.48	1.91	14.92	14.16		209.21
	YT12-2-3039-A1					20.51	74.52	9.59	15.48	1.91	14.92	14.16		215.31
3000+4200	YT12-1-3042-A1	0.676	0.982	16.07	50.08	20.97	70.86	9.86	15.48	1.91	7.46	9.44	17.49	219.62
	YT12-2-3042-A1					20.97	76.97	9.86	15.48	1.91	7.46	9.44	17.49	225.73
3300+3300	YT12-1-3333-A1	0.634	0.903	15.14	47.13	20.04	65.97	9.32	15.48	1.91	14.92	14.16		204.07
	YT12-2-3333-A1					20.04	70.86	9.32	15.48	1.91	14.92	14.16		208.96
3300+3600	YT12-1-3336-A1	0.655	0.942	15.61	48.61	20.51	68.41	9.59	15.48	1.91	14.92	14.16		209.20
	YT12-2-3336-A1					20.51	74.52	9.59	15.48	1.91	14.92	14.16		215.31
3300+3900	YT12-1-3339-A1	0.676	0.982	16.07	50.08	20.97	70.86	9.86	15.48	1.91	14.92	14.16	17.49	217.64
	YT12-2-3339-A1					20.97	76.96	9.86	15.48	1.91	14.92	14.16	17.49	223.74
3300+4200	YT12-1-3342-A1	0.697	1.022	16.54	51.56	21.44	74.52	10.12	15.48	1.91	7.46	9.44	17.49	225.96
	YT12-2-3342-A1					21.44	80.63	10.12	15.48	1.91	7.46	9.44	17.49	232.07
3600+3600	YT12-1-3636-A1	0.676	0.982	16.07	50.08	20.97	70.86	9.86	15.48	1.91	14.92		17.49	217.64
	YT12-2-3636-A1					20.97	76.96	9.86	15.48	1.91	14.92		17.49	223.74
3600+3900	YT12-1-3639-A1	0.697	1.022	16.54	51.65	21.44	74.52	10.12	15.48	1.91	14.92		17.49	224.07
	YT12-2-3639-A1					21.44	80.63	10.12	15.48	1.91	14.92		17.49	230.18
3600+4200	YT12-1-3642-A1	0.718	1.061	17.00	53.04	21.91	76.96	10.12	15.48	1.91	7.46	9.44	17.49	230.18
	YT12-2-3642-A1					21.91	83.07	10.12	15.48	1.91	7.46	9.44	17.49	236.92
3900+3900	YT12-1-3939-A1	0.718	1.061	17.00	53.04	21.91	76.96	10.39	15.48	1.91	14.92		17.49	230.81
	YT12-2-3939-A1					21.91	83.07	10.39	15.48	1.91	14.92		17.49	236.92
3900+4200	YT12-1-3942-A1	0.739	1.100	17.47	54.52	22.37	79.41	10.65	15.48	1.91	7.46	9.44	17.49	236.20
	YT12-2-3942-A1					22.37	86.74	10.65	15.48	1.91	7.46	9.44	7.49	243.53
4200+4200	YT12-1-4242-A1	0.759	1.140	17.94	55.99	22.84	83.07	10.92	15.48	1.91		18.88	17.49	244.52
	YT12-2-4242-A1					22.84	89.18	10.92	15.48	1.91		18.88	17.49	250.63

板式组合阳台混凝土、钢筋量表（净挑1500） 表A14A-04

开间(mm)	阳台编号	混凝土体积(m³) 栏板	底板	钢筋用量(kg) 栏板 Φ6	Φ8	底板 Φ6	Φ12	Φ12	Φ16	Φ18	Φ20	Φ22	合计
2700＋2700	YT15-1-2727-A1	0.592	1.058	14.21	44.18	24.46	78.38	18.24	2.97	39.68			222.12
	YT15-2-2727-A1					24.46	85.57	18.24	2.97	39.68			229.31
2700＋3000	YT15-1-2730-A1	0.613	1.114	14.67	45.66	25.06	82.74	18.24	2.97	22.68	21.19		233.21
	YT15-2-2730-A1					25.06	90.85	18.24	2.97	22.68	21.19		241.32
2700＋3300	YT15-1-2733-A1	0.634	1.170	15.14	47.14	25.62	85.05	18.24	2.97	22.68	21.19		238.03
	YT15-2-2733-A1					25.62	95.29	18.24	2.97	22.68	21.19		248.27
2700＋3600	YT15-1-2736-A1	0.655	1.226	15.60	48.61	26.27	89.42	18.24	2.97	11.24	35.32		247.67
	YT15-2-2736-A1					26.27	99.65	18.24	2.97	11.24	35.32		257.90
2700＋3900	YT15-1-2739-A1	0.676	1.283	16.07	50.09	26.86	93.77	18.24	2.97	11.24	35.32		254.56
	YT15-2-2739-A1					26.86	104.00	18.24	2.97	11.24	35.32		264.79
2700＋4200	YT15-1-2742-A1	0.697	1.339	16.54	51.57	27.42	98.13	18.24	2.97	11.24	35.32		261.43
	YT15-2-2742-A1					27.42	108.36	18.24	2.97	11.24	35.32		271.66
3000＋3000	YT15-1-3030-A1	0.634	1.170	15.14	47.14	25.62	85.05	18.24	2.97	22.68	21.19		238.03
	YT15-2-3030-A1					25.62	95.29	18.24	2.97	22.68	21.19		248.27
3000＋3300	YT15-1-3033-A1	0.655	1.226	15.60	48.61	26.27	89.42	18.24	2.97	11.24	35.32		247.67
	YT15-2-3033-A1					26.27	99.65	18.24	2.97	11.24	35.32		257.90
3000＋3600	YT15-1-3036-A1	0.676	1.283	16.07	50.09	26.86	93.77	18.24	2.97	11.24	35.32		254.56
	YT15-2-3036-A1					26.86	104.00	18.24	2.97	11.24	35.32		264.79
3000＋3900	YT15-1-3039-A1	0.697	1.339	16.54	51.57	27.42	98.13	18.24	2.97	11.24	35.32		261.43
	YT15-2-3039-A1					27.42	108.36	18.24	2.97	11.24	35.32		271.66
3000＋4200	YT15-1-3042-A1	0.718	1.395	17.00	53.04	28.05	100.45	18.24	2.97	11.24	35.32		266.31
	YT15-2-3042-A1					28.05	112.73	18.24	2.97	11.24	35.32		278.59
3300＋3300	YT15-1-3333-A1	0.676	1.283	16.07	50.09	26.86	93.77	18.24	2.97	22.88	21.19		250.12
	YT15-2-3333-A1					26.86	104.00	18.24	2.97	22.88	21.19		260.35
3300＋3600	YT15-1-3336-A1	0.697	1.339	16.54	51.57	27.42	98.13	18.24	2.97	11.24	35.32		261.43
	YT15-2-3336-A1					27.42	108.36	18.24	2.97	11.24	35.32		271.66
3300＋3900	YT15-1-3339-A1	0.718	1.395	17.00	53.04	28.05	100.45	18.24	2.97	11.24	35.32		266.31
	YT15-2-3339-A1					28.05	112.73	18.24	2.97	11.24	35.32		278.59
3300＋4200	YT15-1-3342-A1	0.739	1.451	17.47	54.52	28.66	104.80	18.24	2.97	1.24	14.13	25.57	277.60
	YT15-2-3342-A1					28.66	117.09	18.24	2.97	11.24	14.13	25.57	289.89
3600＋3600	YT15-1-3636-A1	0.718	1.395	17.00	53.04	28.05	100.45	18.24	2.97		49.45		269.20
	YT15-2-3636-A1					28.05	112.73	18.24	2.97		49.45		281.48
3600＋3900	YT15-1-3639-A1	0.739	1.451	17.47	54.52	28.66	104.80	18.24	2.97		28.26	25.57	277.60
	YT15-2-3639-A1					28.66	117.09	18.24	2.97		28.26	25.57	289.89
3600＋4200	YT15-1-3642-A1	0.759	1.508	17.93	56.00	29.22	109.17	18.24	2.97		28.26	25.57	287.36
	YT15-2-3642-A1					29.22	121.45	18.24	2.97		28.26	25.57	299.64
3900＋3900	YT15-1-3939-A1	0.759	1.508	17.93	56.00	29.22	109.17	18.24	2.97		28.26	25.57	287.36
	YT15-2-3939-A1					29.22	121.45	18.24	2.97		28.26	25.57	299.64

板式组合阳台混凝土、钢筋量表（净挑1500） 续表 A14_A-04

开间 （mm）	阳台编号	混凝土体积(m³)		钢筋用量(kg)									
		栏板	底板	栏板		底板							合计
				Φ6	Φ8	Φ6	Φ12	Φ12	Φ16	Φ18	Φ20	Φ22	
3900+4200	YT15-1-3942-A1	0.780	1.564	18.40	57.48	29.89	113.52	18.24	2.97		28.26	25.57	294.33
	YT15-2-3942-A1					29.89	125.80	18.24	2.97		28.26	25.57	306.61
4200+4200	YT15-1-4242-A1	0.801	1.620	18.87	58.95	30.46	115.84	18.24	2.97		28.26	25.57	299.16
	YT15-2-4242-A1					30.46	130.17	18.24	2.97		28.26	25.57	313.49

梁板式单阳台混凝土、钢筋量表（净挑1500） 表 A14_B-01

开间 （mm）	阳台编号	混凝土体积(m³)		钢筋用量(kg)						
		栏板	底板	栏板		底板				合计
				Φ6	Φ8	Φ6	Φ8	Φ12	Φ14	Φ16	
2700	YT15-1-27-B1	0.404	0.680	10.00	30.89	13.16	26.92	30.90	38.70		150.57
	YT15-2-27-B1										
3000	YT15-1-30-B1	0.424	0.732	10.47	32.36	13.54	31.04	31.97	38.70		158.08
	YT15-2-30-B1										
3300	YT15-1-33-B1	0.445	0.784	10.94	33.84	13.54	31.60	26.16	48.07		164.15
	YT15-2-33-B1										
3600	YT15-1-36-B1	0.466	0.837	11.41	35.32	14.09	36.24	26.69		63.72	187.47
	YT15-2-36-B1										
3900	YT15-1-39-B1	0.487	0.889	11.87	36.80	14.32	38.30	27.23		64.67	193.19
	YT15-2-39-B1										
4200	YT15-1-42-B1	0.508	0.941	12.34	38.27	14.70	41.64	27.76		65.61	200.14
	YT15-2-42-B1										

梁板式单阳台混凝土、钢筋量表（净挑1800） 表 A14_B-02

开间 （mm）	阳台编号	混凝土体积(m³)		钢筋用量(kg)						
		栏板	底板	栏板		底板				合计
				Φ6	Φ8	Φ8	Φ12	Φ14	Φ16	Φ18	
2700	YT18-1-27-B1	0.412	0.796	10.94	33.84	65.48	33.38	44.14			187.78
	YT18-2-27-B1					71.90	33.38	44.14			194.20
3000	YT18-1-30-B1	0.433	0.857	11.40	35.31	67.87	34.45		57.64		206.67
	YT18-2-30-B1					75.71	34.45		57.64		214.51
3000	YT18-1-33-B1	0.454	0.917	11.87	36.79	72.29	28.64	9.37	57.64		216.60
	YT18-2-33-B1					79.79	28.64	9.37	57.64		224.10
3600	YT18-1-36-B1	0.475	0.977	12.34	38.27	75.10	29.17		70.82		225.70
	YT18-2-36-B1					84.00	29.17		70.82		234.60
3900	YT18-1-39-B1	0.495	1.038	12.80	39.75	79.49	29.73		71.77		233.54
	YT18-2-39-B1					88.40	29.73		71.77		242.45
4200	YT18-1-42-B1	0.516	1.098	13.27	41.22	82.31	30.24			90.84	257.88
	YT18-2-42-B1					92.48	30.24			90.84	268.05

梁板式组合阳台混凝土、钢筋量表（净挑1500）　表 A14_B-03

开间 （mm）	阳台编号	混凝土体积(m³)		钢筋用量(kg)								合计
		栏板	底板	栏板		底板						
				Φ6	Φ8	Φ6	Φ8	Φ12	Φ14	Φ16	Φ20	Φ22	
2700+2700	YT15-1-2727-B1 YT15-2-2727-B1	0.592	1.234	14.21	44.18	22.62	55.02	30.00	67.60		39.50		273.13
2700+3000	YT15-1-2730-B1 YT15-2-2730-B1	0.613	1.286	14.67	45.66	22.81	57.07	30.00	69.04		39.50		278.75
2700+3300	YT15-1-2733-B1 YT15-2-2733-B1	0.634	1.338	15.14	47.14	23.20	60.23	30.00	19.35	41.52	39.50		276.08
2700+3600	YT15-1-2736-B1 YT15-2-2736-B1	0.655	1.391	15.60	48.61	23.39	62.29	30.00	19.35	68.99	39.50		307.73
2700+3900	YT15-1-2739-B1 YT15-2-2739-B1	0.676	1.443	16.07	50.09	23.78	65.44	22.66	29.34	70.59		47.65	325.62
2700+4200	YT15-1-2742-B1 YT15-2-2742-B1	0.697	1.495	16.54	51.57	23.97	67.50	22.66	29.34	72.49		47.65	331.72
3000+3000	YT15-1-3030-B1 YT15-2-3030-B1	0.634	1.338	15.14	47.14	23.20	60.23	22.66	19.35	41.52	39.50		276.08
3000+3300	YT15-1-3033-B1 YT15-2-3033-B1	0.655	1.391	15.60	48.61	23.39	62.29	30.00	38.70	43.42	39.50		301.51
3000+3600	YT15-1-3036-B1 YT15-2-3036-B1	0.676	1.443	16.07	50.09	23.78	65.44	22.66	29.34	70.59		47.65	325.62
3000+3900	YT15-1-3039-B1 YT15-2-3039-B1	0.697	1.495	16.54	51.57	23.97	67.50	22.66	29.34	72.49		47.65	331.72
3000+4200	YT15-1-3042-B1 YT15-2-3042-B1	0.718	1.547	17.00	53.04	24.36	70.66	22.66	29.34	76.27		47.65	340.98
3300+3300	YT15-1-3333-B1 YT15-2-3333-B1	0.676	1.443	16.07	50.09	23.78	65.44	22.66	48.69	45.32		47.65	317.75
3300+3600	YT15-1-3336-B1 YT15-2-3336-B1	0.697	1.495	16.54	51.57	23.97	67.50	22.66	29.34	72.49		47.65	331.72
3300+3900	YT15-1-3339-B1 YT15-2-3339-B1	0.718	1.547	17.00	53.04	24.36	70.66	22.66	29.34	76.27		47.65	340.98

开间 （mm）	阳台编号	混凝土体积(m³)		钢筋用量(kg)								合计
		栏板	底板	栏板		底板						
				Φ6	Φ8	Φ6	Φ8	Φ12	Φ14	Φ16	Φ22	Φ25	
3300+4200	YT15-1-3342-B1 YT15-2-3342-B1	0.739	1.599	17.47	54.52	24.55	72.72	22.66	29.34	76.27	47.65		345.18
3600+3600	YT15-1-3636-B1 YT15-2-3636-B1	0.718	1.547	17.00	53.04	24.36	70.66	22.66	9.99	101.54	47.65		346.90
3600+3900	YT15-1-3639-B1 YT15-2-3639-B1	0.739	1.599	17.47	54.52	24.55	72.72	22.66	9.99	101.54	47.65		351.10
3600+4200	YT15-1-3642-B1 YT15-2-3642-B1	0.759	1.652	17.93	56.00	24.94	75.87	22.66	9.99	103.44		61.56	372.39

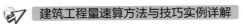

梁板式组合阳台混凝土、钢筋量表(净挑1500)　续表 A14_B-03

开间(mm)	阳台编号	混凝土体积(m³)		钢筋用量(kg)									合计
		栏板	底板	栏板		底板							
				Φ6	Φ8	Φ6	Φ8	Φ12	Φ14	Φ16	Φ22	Φ25	
3900+3900	YT15-1-3939-B1	0.759	1.652	17.93	56.00	24.94	75.87	22.66	9.99	103.44		61.56	372.39
	YT15-2-3939-B1												
3900+4200	YT15-1-3942-B1	0.780	1.704	18.40	57.48	25.13	77.93	22.66	9.99	105.34		61.56	378.49
	YT15-2-3942-B1												
4200+4200	YT15-1-4242-B1	0.801	1.756	18.87	58.95	25.52	81.08	22.66	9.99	107.24		61.56	385.87
	YT15-2-4242-B1												

梁板式组合阳台混凝土、钢筋量表(净挑1800)　表 A14_B-04

开间(mm)	阳台编号	混凝土体积(m³)		钢筋用量(kg)									合计
		栏板	底板	栏板		底板							
				Φ6	Φ8	Φ8	Φ12	Φ14	Φ16	Φ18	Φ22	Φ25	
2700+2700	YT18-1-2727-B1	0.583	1.443	15.13	47.13	113.31	25.14	84.72			54.36		339.79
	YT18-2-2727-B1					126.04	25.14	84.72			54.36		352.52
2700+3000	YT18-1-2730-B1	0.604	1.053	15.60	48.61	117.72	25.14	64.09	28.82		54.36		354.34
	YT18-2-2730-B1					130.44	25.14	64.09	28.82		54.36		367.06
2700+3300	YT18-1-2733-B1	0.625	1.564	16.07	50.09	120.53	25.14	33.75	70.07		54.36		370.01
	YT18-2-2733-B1					134.52	25.14	33.75	70.07		54.36		384.00
2700+3600	YT18-1-2736-B1	0.646	1.624	16.53	51.56	124.64	25.14	33.75	72.24			70.22	394.08
	YT18-2-2736-B1					138.63	25.14	33.75	72.24			70.22	408.07
2700+3900	YT18-1-2739-B1	0.667	1.684	17.00	53.04	127.74	25.14	33.75	74.14			70.22	401.03
	YT18-2-2739-B1					143.01	25.14	33.75	74.14			70.22	416.30
2700+4200	YT18-1-2742-B1	0.688	1.774	17.47	54.52	132.16	25.14	33.75	47.22	36.48		70.22	416.96
	YT18-2-2742-B1					147.42	25.14	33.75	47.22	36.48		70.22	432.22
3000+3000	YT18-1-3030-B1	0.625	1.564	16.07	50.09	120.53	25.14	11.68	98.89		54.36		376.76
	YT18-2-3030-B1					134.52	25.14	11.68	98.89		54.36		390.75
3000+3300	YT18-1-3033-B1	0.646	1.624	16.53	51.56	124.64	25.14	11.68	101.06			70.22	400.83
	YT18-2-3033-B1					138.63	25.14	11.68	101.06			70.22	414.82
3000+3600	YT18-1-3036-B1	0.667	1.684	17.00	53.04	127.74	25.14	11.68	102.96			70.22	407.78
	YT18-2-3036-B1					143.01	25.14	11.68	102.96			70.22	423.05
3000+3900	YT18-1-3039-B1	0.688	1.744	17.47	54.52	132.16	25.14	11.68	104.86			70.22	416.05
	YT18-2-3039-B1					147.42	25.14	11.68	104.86			70.22	431.31
3000+4200	YT18-1-3042-B1	0.709	1.805	17.93	55.99	134.97	25.14	11.68	77.92	36.48		70.22	430.33
	YT18-2-3042-B1					151.51	25.14	11.68	77.92	36.48		70.22	446.87
3300+3300	YT18-1-3333-B1	0.667	1.684	17.00	53.04	127.74	25.14	11.68	102.96			70.22	407.78
	YT18-2-3333-B1					143.01	25.14	11.68	102.96			70.22	423.05
3300+3600	YT18-1-3336-B1	0.688	1.744	17.47	54.52	132.16	25.14	11.68	104.86			70.22	416.05
	YT18-2-3336-B1					147.42	25.14	11.68	104.86			70.22	431.31

梁板式组合阳台混凝土、钢筋量表（净挑 1800） 续表 A14ᵦ-04

开间 （mm）	阳台编号	混凝土体积(m³)		钢筋用量（kg）								
		栏板	底板	栏板		底板						合计
				Φ6	Φ8	Φ8	Φ12	Φ14	Φ16	Φ18	Φ25	
3300＋3900	YT18-1-3339-B1	0.709	1.805	17.93	55.99	134.97	25.14	11.68	106.74		70.22	422.67
	YT18-2-3339-B1					151.51	25.14	11.68	106.74		70.22	439.21
3300＋4200	T18-1-3342-B1	0.730	1.865	18.40	57.47	139.97	25.14	11.68	79.82	36.48	70.22	439.18
	YT18-2-3342-B1					156.51	25.14	11.68	79.82	36.48	70.22	455.72
3600＋3600	YT18-1-3636-B1	0.709	1.805	17.93	55.99	134.97	25.14	11.68	106.74		70.22	422.67
	YT18-2-3636-B1					151.51	25.14	11.68	106.74		70.22	439.21
3600＋3900	YT18-1-3639-B1	0.730	1.869	18.40	57.47	139.97	25.14	11.68	108.64		70.22	431.52
	YT18-2-3639-B1					156.51	25.14	11.68	108.64		70.22	448.06
3600＋4200	YT18-1-3642-B1	0.751	1.925	18.86	58.95	142.18	25.14	11.68	81.72	36.48	93.63	468.64
	YT18-2-3642-B1					159.99	25.14	11.68	81.72	36.48	93.63	486.45
3900＋3900	YT18-1-3939-B1	0.751	1.925	18.86	58.95	142.18	25.14	11.68	110.54		93.63	460.98
	YT18-2-3939-B1					159.99	25.14	11.68	110.54		93.63	478.79
3900＋4200	YT18-1-3942-B1	0.772	1.986	19.33	60.43	145.59	25.14	11.68	83.62	36.48	93.63	475.90
	YT18-2-3942-B1					165.96	25.14	11.68	83.62	36.48	93.63	496.27
4200＋4200	YT18-1-4242-B1	0.793	2.046	19.80	61.90	149.00	25.14	11.68	56.70	72.96	93.63	490.81
	YT18-2-4242-B1					169.65	25.14	11.68	56.70	72.96	93.63	511.46

平衡板式单阳台混凝土、钢筋量表（净挑 1200） 表 A14ᴄ-01

开间 （mm）	阳台编号	混凝土体积(m³)		钢筋用量（kg）					
		栏板	底板	栏板		底 板			合计
				Φ6	Φ8	Φ6	Φ10	Φ12	
2700	YT12-1-27-C1	0.362	0.388	9.08	27.93	6.21	45.46	5.68	94.35
	YT12-2-27-C1					6.21	49.25	5.68	98.15
3000	YT12-1-30-C1	0.383	0.428	9.54	29.40	6.68	49.25	5.95	100.82
	YT12-2-30-C1					6.68	53.04	5.95	104.61
3300	YT12-1-33-C1	0.403	0.467	10.01	30.88	7.14	53.04	6.21	107.28
	YT12-2-33-C1					7.14	56.83	6.21	111.07
3600	YT12-1-36-C1	0.424	0.507	10.48	32.36	7.60	58.72	6.46	115.62
	YT12-2-36-C1					7.60	62.51	6.46	119.41
3900	YT12-1-39-C1	0.445	0.546	10.94	33.84	8.07	62.51	6.75	122.11
	YT12-2-39-C1					8.07	68.19	6.75	127.79
4200	YT12-1-42-C1	0.466	0.586	11.41	35.31	8.54	66.30	7.01	128.57
	YT12-2-42-C1					8.54	71.98	7.01	134.25
4500	YT12-1-45-C1	0.487	0.626	11.88	36.79	9.00	71.98	7.28	136.93
	YT12-2-45-C1					9.00	77.66	7.28	142.61

平衡板式单阳台混凝土、钢筋量表（净挑1500）　　表 A14c-02

开间（mm）	阳台编号	混凝土体积（m³）		钢筋用量（kg）				
		栏板	底板	栏板		底板		合计
				Φ6	Φ8	Φ6	Φ12	
2700	YT15-1-27-C1	0.404	0.551	10.00	30.89	7.84	64.88	113.61
	YT12-2-27-C1					7.84	71.64	120.37
3000	YT15-1-30-C1	0.424	0.608	10.47	32.36	8.45	71.69	122.97
	YT15-2-30-C1					8.45	78.19	129.47
3300	YT15-1-33-C1	0.445	0.664	10.94	33.84	9.04	75.19	129.01
	YT15-2-33-C1					9.04	84.97	138.79
3600	YT15-1-36-C1	0.466	0.720	11.41	35.32	9.64	81.98	138.35
	YT15-2-36-C1					9.64	91.75	148.12
3900	YT15-1-39-C1	0.487	0.776	11.87	36.80	10.25	88.76	147.68
	YT15-2-39-C1					10.25	98.54	157.46
4200	YT15-1-42-C1	0.508	0.833	12.34	38.27	10.84	95.54	156.99
	YT15-2-42-C1					10.84	105.32	166.77
4500	YT15-1-45-C1	0.529	0.889	12.81	39.75	11.44	99.07	163.07
	YT15-2-45-C1					11.44	112.12	176.12

平衡板式组合阳台混凝土、钢筋量表（净挑1200）　　表 A14c-03

开间（mm）	阳台编号	混凝土体积（m³）		钢筋用量（kg）						
		栏板	底板	栏板		底板				合计
				Φ6	Φ8	Φ6	Φ10	Φ12	Φ14	
2700+2700	YT12-1-2727-C1	0.550	0.740	13.27	41.22	11.20	83.34	8.08	1.91	159.02
	YT12-2-2727-C1					11.20	90.92	8.08	1.91	166.60
2700+3000	YT12-1-2730-C1	0.571	0.784	13.74	42.70	11.67	89.03	8.34	1.91	167.39
	YT12-2-2730-C1					11.67	96.60	8.34	1.91	174.96
2700+3300	YT12-1-2733-C1	0.592	0.824	14.21	44.18	12.14	92.82	8.61	1.91	173.87
	YT12-2-2733-C1					12.14	100.40	8.61	1.91	181.45
2700+3600	YT12-1-2736-C1	0.613	0.863	14.67	45.65	12.60	96.60	8.88	1.91	180.31
	YT12-2-2736-C1					12.60	106.10	8.88	1.91	189.81
2700+3900	YT12-1-2739-C1	0.634	0.903	15.14	47.13	13.07	102.30	9.14	1.91	188.69
	YT12-2-2739-C1					13.07	119.90	9.14	1.91	206.39
2700+4200	YT12-1-2742-C1	0.655	0.942	15.61	48.61	13.54	106.10	9.41	1.91	195.18
	YT12-2-2742-C1					13.54	115.50	9.41	1.91	204.58
3000+3000	YT12-1-3030-C1	0.592	0.824	14.21	44.18	12.14	92.82	8.61	1.91	173.87
	YT12-2-3030-C1					12.14	100.40	8.61	1.91	181.45
3000+3300	YT12-1-3033-C1	0.613	0.863	14.67	45.65	12.60	96.60	8.88	1.91	180.31
	YT12-2-3033-C1					12.60	106.10	8.88	1.91	189.81
3000+3600	YT12-1-3036-C1	0.634	0.903	15.14	47.13	13.07	102.30	9.14	1.91	188.69
	YT12-2-3036-C1					13.07	119.90	9.14	1.91	206.29

平衡板式组合阳台混凝土、钢筋量表（净挑1200）　　续表A14c-03

开间（mm）	阳台编号	混凝土体积（m³）		钢筋用量（kg）						
		栏板	底板	栏板		底板				合计
				Φ6	Φ8	Φ6	Φ10	Φ12	Φ14	
3000+3900	YT12-1-3039-C1	0.655	0.942	15.61	48.61	13.54	106.10	9.41	1.91	195.18
	YT12-2-3039-C1					13.54	115.50	9.41	1.91	204.58
3000+4200	YT12-1-3042-C1	0.676	0.982	16.07	50.08	14.00	109.90	9.68	1.91	201.64
	YT12-2-3042-C1					14.00	119.30	9.68	1.91	211.04
3300+3300	YT12-1-3333-C1	0.634	0.903	15.14	47.13	13.07	102.30	9.14	1.91	188.69
	YT12-2-3333-C1					13.07	119.90	9.14	1.91	206.29
3300+3600	YT12-1-3336-C1	0.655	0.942	15.61	48.61	13.54	106.10	9.41	1.91	195.18
	YT12-2-3336-C1					13.54	115.50	9.41	1.91	204.58
3300+3900	YT12-1-3339-C1	0.676	0.982	16.07	50.08	14.00	109.90	9.68	1.91	201.64
	YT12-2-3339-C1					14.00	119.30	9.68	1.91	211.04
3300+4200	YT12-1-3342-C1	0.697	1.022	16.54	51.56	14.47	115.50	9.94	1.91	209.92
	YT12-2-3342-C1					14.47	125.00	9.94	1.91	219.42
3600+3600	YT12-1-3636-C1	0.676	0.982	16.07	50.08	14.00	109.90	9.68	1.91	201.64
	YT12-2-3636-C1					14.00	119.31	9.68	1.91	211.04
3600+3900	YT12-1-3639-C1	0.697	1.022	16.54	51.65	14.47	115.50	9.94	1.91	210.01
	YT12-2-3639-C1					14.47	125.00	9.94	1.91	219.51
3600+4200	YT12-1-3642-C1	0.718	1.061	17.00	53.04	14.94	119.30	10.21	1.91	216.40
	YT12-2-3642-C1					14.94	128.80	10.21	1.91	225.90
3600+4500	YT12-1-3645-C1	0.739	1.100	17.47	54.52	15.38	123.10	10.47	1.91	222.85
	YT12-2-3645-C1					15.38	134.50	10.47	1.91	234.25
3900+3900	YT12-1-3939-C1	0.718	1.061	17.00	53.04	14.94	119.30	10.21	1.91	216.40
	YT12-2-3939-C1					14.94	128.80	10.21	1.91	225.90
3900+4200	YT12-1-3942-C1	0.739	1.100	17.47	54.52	15.38	123.10	10.47	1.91	222.85
	YT12-2-3942-C1					15.38	134.50	10.47	1.91	234.25
3900+4500	YT12-1-3945-C1	0.759	1.140	17.94	55.99	15.87	128.80	10.74	1.91	231.25
	YT12-2-3945-C1					15.87	138.30	10.74	1.91	240.75
4200+4200	YT12-1-4242-C1	0.759	1.140	17.94	55.99	15.87	128.80	10.74	1.91	231.25
	YT12-2-4242-C1					15.87	138.30	10.74	1.91	240.75
4200+4500	YT12-1-4245-C1	0.780	1.180	18.40	57.47	16.34	132.60	11.01	1.91	237.73
	YT12-2-4245-C1					16.34	144.00	11.01	1.91	249.13
4500+4500	YT12-1-4545-C1	0.801	1.220	18.87	58.95	16.80	136.40	11.27	1.91	244.20
	YT12-2-4545-C1					16.80	147.00	11.27	1.91	254.80

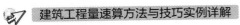

平衡板式组合阳台混凝土、钢筋量表（净挑 1500） 表 A14c-04

开间 (mm)	阳台编号	混凝土体积(m³) 栏板	底板	钢筋用量(kg) 栏板 Φ6	Φ8	底板 Φ6	Φ12	Φ16	合计
2700＋2700	YT15-1-2727-C1	0.592	1.058	14.21	44.18	14.20	119.42	2.97	194.98
	YT15-2-2727-C1					14.20	132.42	2.97	207.98
2700＋3000	YT15-1-2730-C1	0.613	1.114	14.67	45.66	14.80	126.18	2.97	204.28
	YT15-2-2730-C1					14.80	139.28	2.97	217.38
2700＋3300	YT15-1-2733-C1	0.634	1.170	15.14	47.14	15.36	129.75	2.97	210.36
	YT15-2-2733-C1					15.36	146.05	2.97	226.66
2700＋3600	YT15-1-2736-C1	0.655	1.226	15.60	48.61	16.01	136.52	2.97	219.71
	YT15-2-2736-C1					16.01	152.82	2.97	236.01
2700＋3900	YT15-1-2739-C1	0.676	1.283	16.07	50.09	16.60	143.28	2.97	229.01
	YT15-2-2739-C1					16.60	159.58	2.97	245.31
2700＋4200	YT15-1-2742-C1	0.697	1.339	16.54	51.57	17.16	150.05	2.97	238.29
	YT15-2-2742-C1					17.16	166.35	2.97	254.59
3000＋3000	YT15-1-3030-C1	0.634	1.17	15.14	47.14	15.36	129.75	2.97	210.36
	YT15-2-3030-C1					15.36	146.05	2.97	226.66
3000＋3300	YT15-1-3033-C1	0.644	1.226	15.60	48.61	16.01	136.52	2.97	219.71
	YT15-2-3033-C1					16.01	152.82	2.97	236.01
3000＋3600	YT15-1-3036-C1	0.676	1.283	16.07	50.09	16.60	143.28	2.97	229.01
	YT15-2-3036-C1					16.60	159.58	2.97	245.31
3000＋3900	YT15-1-3039-C1	0.697	1.339	16.54	51.57	17.16	150.05	2.97	238.29
	YT15-2-3039-C1					17.16	166.35	2.97	254.59
3000＋4200	YT15-1-3042-C1	0.718	1.395	17.00	53.04	17.83	153.62	2.97	244.46
	YT15-2-3042-C1					17.83	173.12	2.97	263.96
3300＋3300	YT15-1-3333-C1	0.676	1.283	16.07	50.09	16.60	143.28	2.97	229.01
	YT15-2-3333-C1					16.60	159.58	2.97	245.31
3300＋3600	YT15-1-3336-C1	0.697	1.339	16.54	51.57	17.16	150.05	2.97	238.29
	YT15-2-3336-C1					17.16	166.35	2.97	254.59
3300＋3900	YT15-1-3339-C1	0.718	1.395	17.00	53.04	17.83	153.62	2.97	244.46
	YT15-2-3339-C1					17.83	173.12	2.97	263.96
3300＋4200	YT15-1-3342-C1	0.739	1.451	17.47	54.52	18.40	160.38	2.97	253.74
	YT15-2-3342-C1					18.40	179.98	2.97	273.34
3600＋3600	YT15-1-3636-C1	0.718	1.395	17.00	53.04	17.83	153.62	2.97	244.46
	YT15-2-3636-C1					17.83	173.12	2.97	263.96
3600＋3900	YT15-1-3639-C1	0.739	1.451	17.47	54.52	18.40	160.38	2.97	253.74
	YT15-2-3639-C1					18.40	179.98	2.97	273.34

平衡板式组合阳台混凝土、钢筋量表（净挑 1500）　　　　续表 A14c-04

开间 (mm)	阳台编号	混凝土体积(m³)		钢筋用量(kg)					合计
		栏板	底板	栏板		底板			
				Φ6	Φ8	Φ6	Φ12	Φ16	
3600+4200	YT15-1-3642-C1	0.759	1.508	17.93	56.00	18.96	167.15	2.97	263.01
	YT15-2-3642-C1					18.96	186.75	2.97	282.61
3600+4500	YT15-1-3645-C1	0.780	1.564	18.40	57.48	19.63	173.91	2.97	272.39
	YT15-2-3645-C1					19.63	193.51	2.97	291.99
3900+3900	YT15-1-3939-C1	0.759	1.508	17.93	56.00	18.96	167.15	2.97	263.01
	YT15-2-3939-C1					18.96	186.75	2.97	282.61
3900+4200	YT15-1-3942-C1	0.780	1.564	18.40	57.48	19.63	173.91	2.97	272.39
	YT15-2-3942-C1					19.63	193.51	2.97	291.99
3900+4500	YT15-1-3945-C1	0.801	1.620	18.87	58.59	20.20	177.48	2.97	278.47
	YT15-2-3945-C1					20.20	200.28	2.97	301.27
4200+4200	YT15-1-4242-C1	0.801	1.620	18.87	58.95	20.20	177.48	2.97	278.47
	YT15-2-4242-C1					20.20	200.28	2.97	301.27
4200+4500	YT15-1-4245-C1	0.822	1.676	19.33	60.43	20.76	184.25	2.97	287.74
	YT15-2-4245-C1					20.76	207.25	2.97	310.74
4500+4500	YT15-1-4545-C1	0.843	1.733	19.80	61.91	21.43	191.01	2.97	297.12
	YT15-2-4545-C1					21.43	213.91	2.97	320.02

阳台隔板每块混凝土、钢筋量表　　　　表 A14D

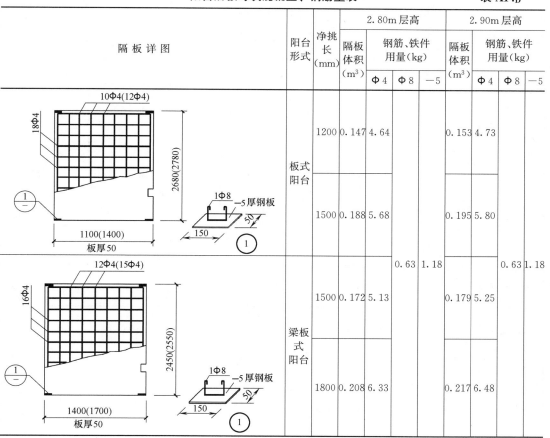

隔板详图	阳台形式	净挑长(mm)	2.80m 层高				2.90m 层高			
			隔板体积(m³)	钢筋、铁件用量(kg)			隔板体积(m³)	钢筋、铁件用量(kg)		
				Φ4	Φ8	-5		Φ4	Φ8	-5
	板式阳台	1200	0.147	4.64			0.153	4.73		
		1500	0.188	5.68			0.195	5.80		
	梁板式阳台	1500	0.172	5.13	0.63	1.18	0.179	5.25	0.63	1.18
		1800	0.208	6.33			0.217	6.48		

二、B类表　工程量计算专用表

井桩混凝土工程量计算表 　　　　　　　　　　　　　　　　　表 B1

工程名称：

桩编号	单位	数量 (n)	圆台上底面积 $\sum S_上 (m^2)$		圆台下底面积 $\sum S_下 (m^2)$		球缺折算面积 $\sum S_{球缺} (m^2)$
			D_1 (m)	$0.785D_1^2 \cdot n$	D_2 (m)	$0.785D_2^2 \cdot n$	$0.40D_2^2 \cdot n$

分部体积	高 (m)	计　算　式	混凝土工程量(m^3)

杯形基础混凝土工程量计算表

表 B2

工程名称

杯基编号	单位	数量	棱台下底面积		棱台上底面积		杯口平均面积	
			长×宽（m）	$\Sigma S_{下}$（m²）	长×宽（m）	$\Sigma S_{上}$（m²）	长×宽（m）	$\Sigma S_{杯口}$（m²）

分部体积	高（m）	计　算　式	混凝土工程量（m³）

门窗工程量计算表

工程名称：

项目名称	门窗编号	樘数	洞口尺寸(m)		门窗面积 （m²）	备注
			宽	高		

门窗洞口面积计算表

工程名称

项目名称	门窗编号	洞口尺寸（m）		首层洞口（m²）				标准层洞口（m²）				顶层洞口（m²）			
				240 外墙		240 内墙		240 外墙		240 内墙		240 外墙		240 内墙	
		宽	高	个数	面积	个数	面积	个数	面积	个数	面积	个数	面积	个数	面积

表 B4-01

现浇（　）钢筋工程量计算表　（一）

工程名称

项目名称	单位	数量	钢筋用量（m）																			
			单量	合量	单量	合量	单量	合量	单量	合量	单量	合量	单量	合量	单量	合量	单量	合量	单量	合量	单量	合量

表 B4-02

现浇 (　　) 钢筋工程量计算表 (二)

工程名称				钢筋小样	钢筋用量 (m)																				
项目名称	单位	数量	筋号		根数	单筋	合长	根数	单筋	合长	根数	单筋	合长	根数	单筋	合长	根数	单筋	合长	根数	单筋	合长	根数	单筋	合长

表 B5

定型构件混凝土、钢筋工程量计算表

工程名称

构件名称	单位	构件数量	混凝土体积 m³ (投影面积 m²)		钢筋用量 (kg)																		
			单量	合量	单量	合量	单量	合量	单量	合量	单量	合量	单量	合量	单量	合量	单量	合量	单量	合量	单量	合量

表 B6

混凝土、钢筋（铁件）工程量汇总表

工程名称

项目名称	混凝土体积(m³)		投影面积(m²)	钢筋（铁件）工程量（kg）														
		强度等级		规格型号														

三、工程量计算公式

1. 挖土方计算公式

1) 挖沟槽土方

（1）挖沟槽土方（附录图-1）当宽度相等时，垫层底面挖土方公式：

$$V_1 = b \cdot h \cdot l \tag{3-3}$$

（2）挖沟槽土方（附录图-1）当沟槽宽度不等时，垫层底面挖土方公式：

$$V_1 = b_1 \cdot h \cdot l_1 + \cdots + b_i \cdot h \cdot l_i \tag{3-4}$$

（3）原槽浇筑混凝土垫层或夯填灰土垫层（附录图-2）时，放坡起点为垫层上部，放坡深度（h_1）等于沟槽深（h）减去垫层厚度，垫层底面加放坡挖土方计算公式：

$$V_1 = b_1 \cdot h \cdot l_1 + \cdots + b_i \cdot h \cdot l_i$$

$$V_2 = b_k \cdot h_1(l_1 + \cdots + l_i) \tag{3-5}$$

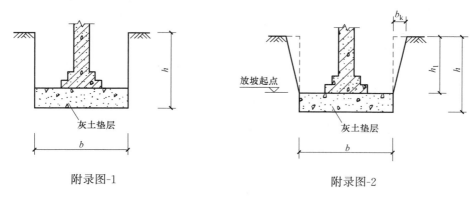

附录图-1　　　　　　　　　　　附录图-2

（4）沟槽底部混凝土垫层支模（附录图-3）需增加工作面，垫层底面加工作面挖土方计算公式：

$$V_1 = b_1 \cdot h \cdot l_1 + \cdots + b_i \cdot h \cdot l_i$$

$$V_2 = 2c \cdot h(l_1 + \cdots + l_i) \tag{3-6}$$

（5）沟槽底部混凝土垫层支模（附录图-4）需增加工作面、挖土深度超过放坡起点需要放坡，垫层底面加工作面、加放坡挖土方计算公式：

$$V_1 = b_1 \cdot h \cdot l_1 + \cdots + b_i \cdot h \cdot l_i$$

$$V_2 = h(2c + b_k)(l_1 + \cdots + l_i) \tag{3-7}$$

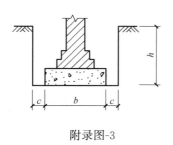 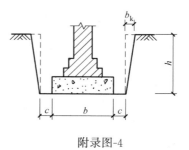

附录图-3　　　　　　　　　　　附录图-4

式中　b——带形基础底宽（m）；

　　　b_1——编号 1 带形基础底宽（m）；

　　　b_i——编号 i 带形基础底宽（m）；

　　　l——沟槽长度（m）；

　　　l_1——编号 1 带形基础底宽相应沟槽长；

　　　l_i——编号 i 带形基础底宽相应沟槽长；

　　　h——挖土深度（m）；

　　　h_1——垫层上放坡深度（m）；

　　　c——工作面宽度（查表 4-6）（m）；

　　　b_k——放坡宽度（m）；$b_k = kh$

　　　k——放坡系数。

　　　V_1——垫层底面垂直挖土方体积（m³）；

　　　V_2——工作面、放坡挖土方体积（m³）；

2）矩形基坑挖土方

当混凝土基础垫层支模板，基础（无地下室）垂直面不作防水处理时，挖土方计算公式：

① 垫层底面垂直挖土体积：

$$V_1 = a \cdot b \cdot h \tag{3-8}$$

② 垫层工作面挖土体积：

$$V_2 = 0.6h(a+b+0.6) \tag{3-9}$$

（1）当混凝土基础垫层支模板，基础（有地下室）垂直面做防水处理时（附录图-5），挖土方分别按以下两种情况计算：

① 当 $c_1 < 700$mm 时，$c_2 = (1000\text{mm} - c_1)$，挖土方计算公式为：

$$V_1 = a \cdot b \cdot h$$

$$V_2 = 2c_2 \cdot h(a+b+2c_2) \tag{3-10}$$

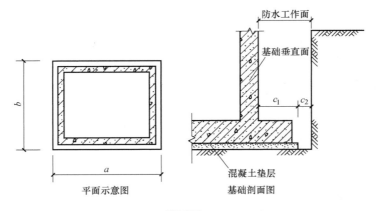

平面示意图　　　　基础剖面图

附录图-5

② 当 $c_1 \geqslant 700$mm 时，垫层工作面 $c_2 = 300$mm，基础垂直面距基坑边线的间距（$c_1 + c_2$）满足做防水的工作面要求。挖土方计算公式同公式 3-8、3-9。

（2）当混凝土垫层支模板，基础（有地下室）垂直面做防水处理，挖土方深度超过放坡起点需要放坡时（见附录图-6），挖土方分别以下两种情况计算：

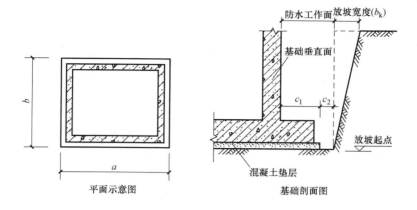

平面示意图　　　　　　　基础剖面图

附录图-6

① 当 $c_1 < 700$mm 时，$c_2 = (1000\text{mm} - c_1)$，挖土方计算公式为：
$$V_1 = a \cdot b \cdot h$$
$$V_2 = 2c_2 \cdot h(a+b+2c_2) + b_k \cdot h(a+b+3.6c_2+1.33b_k) \tag{3-11}$$
当放坡宽度 $b_k \geqslant 2000$mm 时，V_2 公式按下式计算：
$$V_2 = 2c_2 \cdot h(a+b+2c_2) + b_k \cdot h(a+b+3.6c_2+1.22b_k)$$
② 当 $c_1 \geqslant 700$mm 时，垫层工作面 $c_2 = 300$mm，挖土方计算公式为：
$$V_1 = a \cdot b \cdot h$$
$$V_2 = 0.6h(a+b+0.6) + b_k h(a+b+1.08+1.33b_k) \tag{3-12}$$
当放坡宽度 $b_k \geqslant 2000$mm 时，V_2 公式按下式计算：
$$V_2 = 0.6h(a+b+0.6) + b_k h(a+b+1.08+1.22b_k)$$

式中　a——基础混凝土垫层边长（m）；

　　　b——基础混凝土垫层边宽（m）；

　　　h——基础坑、槽挖土深度（m）；

　　　b_k——挖土放坡宽度（m）；

　　　c_1——基础垂直面距垫层边的间距（m）；

　　　c_2——基础垫层支模工作面（m）；

　　　V_1——垫层底面垂直挖土体积（m³）；

　　　V_2——基础坑、槽挖土工作面、放坡体积（m³）；

3）圆形基础挖土方

（1）当混凝土基础垫层支模板，基础（无地下室）垂直面不作防水处理时，挖土方按下式计算：

① 垫层底面垂直挖土体积：
$$V_1 = 0.785D^2 \cdot h \tag{3-13}$$
② 垫层工作面挖土体积：
$$V_2 = 0.94h(D+0.3) \tag{3-14}$$

261

（2）当混凝土垫层支模板，基础垂直面做防水处理时（见附录图-7），挖土方分别按以下两种情况计算：

① 当 $c_1 < 700$mm 时，$c_2 = (1000$mm$-c_1)$，挖土方计算公式为：

$$V_1 = 0.785D^2 \cdot h$$
$$V_2 = \pi c_2 \cdot h(D + c_2) \qquad (3\text{-}15)$$

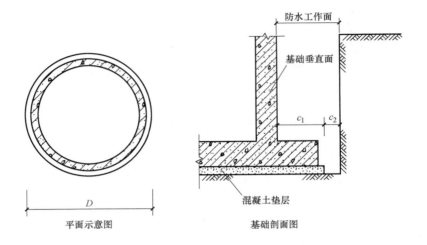

平面示意图   基础剖面图

附录图-7

② 当 $c_1 \geqslant 700$mm 时，垫层工作面 $c_2 = 300$mm，挖土方计算公式同公式 3-13、3-14。

（3）当混凝土垫层支模板，基础（有地下室）垂直面做防水处理，挖土方深度超过放坡起点需要放坡时（见附录图-8），挖土方分别按以下两种情况计算：

① 当 $c_1 < 700$mm 时，$c_2 = (1000$mm$-c_1)$，挖土方计算公式为：

$$V_1 = 0.785D^2 \cdot h$$
$$V_2 = \pi c_2 \cdot h(D + c_2) + 1.57b_k \cdot h(D + 2c_2 + 0.66b_k) \qquad (3\text{-}16)$$

当放坡宽度 $b_k \geqslant 2000$mm 时，V_2 公式按下式计算：

$$V_2 = \pi c_2 \cdot h(D + c_2) + 1.57b_k \cdot h(D + 2c_2 + 0.55b_k)$$

② 当 $c_1 \geqslant 700$mm 时，垫层工作面 $c_2 = 300$mm，挖土方公式为：

$$V_1 = 0.785D^2 \cdot h$$
$$V_2 = 0.94h(D + 0.3) + 1.57b_k \cdot h(D + 0.6 + 0.66b_k) \qquad (3\text{-}17)$$

当放坡宽度 $b_k \geqslant 2000$mm 时，V_2 公式按下式计算：

$$V_2 = 0.94h(D + 0.3) + 1.57b_k \cdot h(D + 0.6 + 0.55b_k)$$

式中　D——圆形基础混凝土垫层直径（m）；

　　　h——基础坑、槽挖土深度（m）；

　　　b_k——挖土放坡宽度（m）；

　　　c_1——基础垂直面距垫层边的间距（m）；

　　　c_2——基础垫层支模工作面（m）；

　　　V_1——垫层底面垂直挖土体积（m³）；

　　　V_2——基础坑、槽挖土工作面、放坡体积（m³）；

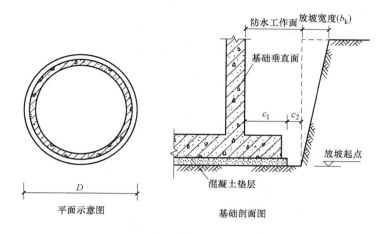

平面示意图   基础剖面图

附录图-8

4）多边形基础挖土方

（1）当混凝土基础垫层支模板，基础（无地下室）垂直面不作防水处理时，挖土方按下式计算：

① 垫层底面垂直挖土体积：

$$V_1 = S_{垫层} \cdot h \tag{3-18}$$

② 垫层工作面挖土体积：

$$V_2 = 0.3 \cdot h(L_{周长} + 1.08) \tag{3-19}$$

（2）当混凝土基础垫层支模板，基础（有地下室）垂直面做防水处理时（见附录图-9），挖土方分别按以下两种情况计算：

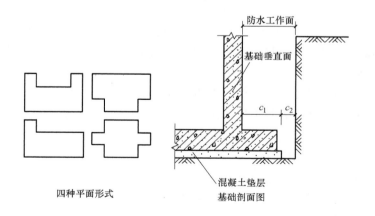

四种平面形式   基础剖面图

附录图-9

① 当 $c_1 < 700\text{mm}$ 时，$c_2 = (1000\text{mm} - c_1)$，挖土方计算公式为：

$$V_1 = S_{垫层} \cdot h$$

$$V_2 = c_2 \cdot h(L_{周长} + 3.6c_2) \tag{3-20}$$

② 当 $c_1 \geqslant 700mm$ 时，垫层工作面 $c_2 = 300mm$，基础垂直面距基坑边线的间距（$c_1 + c_2$）满足做防水的工作面要求。挖土方计算公式同公式 3-18、3-19。

（3）当混凝土垫层支模板，基础（有地下室）垂直面做防水处理，挖土方深度超过放坡起点需要放坡时（见附录图-10），挖土方分别以下两种情况计算：

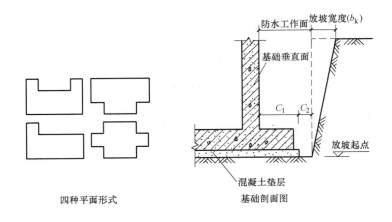

附录图-10

① 当 $c_1 < 700mm$ 时，$c_2 = (1000mm - c_1)$，挖土方计算公式为：

$$V_1 = S_{垫层} \cdot h$$

$$V_2 = c_2 \cdot h(L_{周长} + 3.6c_2) + 0.5b_k \cdot h(L_{周长} + 7.6c_2 + 2.66b_k) \tag{3-21}$$

当放坡宽度 $b_k \geqslant 2000mm$ 时，V_2 公式按下式计算：

$$V_2 = c_2 \cdot h(L_{周长} + 3.6c_2) + 0.5b_k \cdot h(L_{周长} + 7.6c_2 + 2.33b_k)$$

② 当 $c_1 \geqslant 700mm$ 时，垫层工作面 $c_2 = 300mm$，挖土方计算公式为：

$$V_1 = S_{垫层} \cdot h$$

$$V_2 = 0.3h(L_{周长} + 1.08) + 0.5b_k \cdot h(L_{周长} + 2.28 + 2.66b_k) \tag{3-22}$$

当放坡宽度 $b_k \geqslant 2000mm$ 时，V_2 公式按下式计算：

$$V_2 = 0.3h(L_{周长} + 1.08) + 0.5b_k \cdot h(L_{周长} + 2.28 + 2.33b_k)$$

式中　$L_{周长}$——多边形基础混凝土垫层周边长度（m）；

$S_{垫层}$——多边形基础混凝土垫层面积（m^2）；

h——基础坑、槽挖土深度（m）；

b_k——挖土放坡宽度（m）；

c_1——基础垂直面距垫层边的间距（m）；

c_2——基础垫层支模工作面（m）；

V_1——垫层底面垂直挖土体积（m^3）；

V_2——基础坑、槽挖土工作面、放坡体积（m^3）；

2. 墙体 $L_中$、$L_外$、$L_内$ 计算公式

1）外墙中心线长度 $L_中$（外墙阴阳角均为直角）

370 外墙偏外中（附录图-11a）$L_中 = L_{外轴} - 0.52m$

370 外墙偏内中（附录图-11b）$L_{中}＝L_{外轴}＋0.52\text{m}$

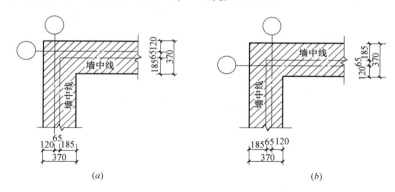

附录图-11

（a）370 墙轴线偏外中；（b）370 墙轴线偏内中

式中　$L_{外轴}$——外墙轴线长度（m）。

2）外墙外边线长度 $L_{外}$　$L_{外}＝L_{中}＋4×$ 外墙厚

3）内墙净长度 $L_{内}$（附录图-12）

（1）内墙净长度　$L_{内}＝\sum L_{内轴}－n\cdot t_{内}$

式中　$t_{内}$——墙体 T 形接头系数；

$\quad n$——内外墙 T 形接头总个数；

$\sum L_{内轴}$——内墙轴线长度之和（m）。

（2）内外墙 T 形接头个数 $n＝2(k-1)$

当内墙与外墙宽度不同时，T 形接头个数应分别计算，但接头总个数不变。

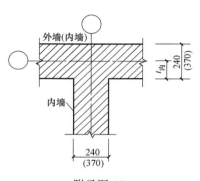

附录图-12

$$n＝n_{外}＋n_{内}$$

墙体 T 形接头（$t_{内}$）表

系数	外　墙			内　墙	
	240 墙	370 墙		240 墙	370 墙
		轴线偏外中	轴线偏内中		
$t_{内}$	0.12	0.25	0.12	0.12	0.185

注：十字墙接头可以看作两个 T 形接头。

当内墙中有一道通长纵墙时，

$$n_{外}＝k\quad n_{内}＝k-2$$

当内墙中有二道通长纵墙时，

$$n_{外}＝k+1\quad n_{内}＝k-3$$

式中　$n_{外}$——内墙与外墙相交接头个数；

$\quad n_{内}$——内墙与内墙相交接头个数。

3. 杯形基础计算公式

1）杯形基础体积传统计算公式（附录图-13）

$$V_{杯基} = 底部立方体(V_{\mathrm{I}}) + 中部棱台体(V_{\mathrm{II}})$$
$$+ 上部立方体(V_{\mathrm{III}}) - 杯口虚空体(V_{\mathrm{IV}})$$

$$V_{\mathrm{I}} = AB \cdot h_1$$

$$V_{\mathrm{II}} = \frac{1}{3} h_2 (AB + ab + \sqrt{AB \cdot ab})$$

$$V_{\mathrm{III}} = ab \cdot h_3$$

$$V_{\mathrm{IV}} = S_{杯口} \cdot h_4$$

$$S_{杯口} = (a' - 25\mathrm{mm})(b' - 25\mathrm{mm})$$

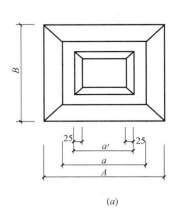 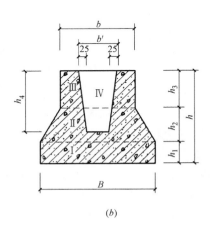

附录图-13

（a）杯基平面；（b）杯基剖面

式中　h_1——底部立方体高度（m）；

h_2——中部棱台体高度（m）；

h_3——上部立方体高度（m）；

h_4——杯口深度（m）；

a、b——棱台体上底长宽（m）；

a'、b'——杯基上口长宽尺寸（m）；

AB——棱台体下底长宽（m）；

$S_{杯口}$——杯基上口与下底的平均面积（m²）。

2）群体杯形基础计算公式

$$\sum V_{杯基} = \sum V_{\mathrm{I}} + \sum V_{\mathrm{II}} + \sum V_{\mathrm{III}} - \sum V_{\mathrm{IV}}$$

$$\sum V_{\mathrm{I}} = \sum S_{下} \cdot h_1$$

$$\sum V_{\mathrm{II}} = \frac{1}{3} h_2 (\sum S_{下} + \sum S_{上} + \sqrt{\sum S_{下} \cdot \sum S_{上}})$$

$$\sum V_{\mathrm{III}} = \sum S_{上} \cdot h_3$$

$$\sum V_{\mathrm{IV}} = \sum S_{杯口} \cdot h_4$$

式中　$\sum V_{杯基}$——杯基总体积（m³）；

$\sum V_{\text{I}}$——杯基下部立方体积之和（m³）；

$\sum V_{\text{II}}$——杯基中部棱台体积之和（m³）；

$\sum V_{\text{III}}$——杯基上部立方体积之和（m³）；

$\sum V_{\text{IV}}$——杯口虚空体积之和（m³）；

$\sum S_{\text{上}}$——杯基棱台体上部面积之和（用 B2 表计算）（m²）；

$\sum S_{\text{下}}$——杯基棱台体下部面积之和（用 B2 表计算）（m²）；

$\sum S_{\text{杯口}}$——杯基上口与下底的平均面积之和（用 B2 表计算）（m²）。

4. 井桩体积计算公式

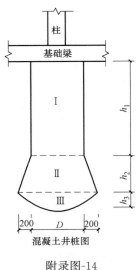

混凝土井桩图

附录图-14

1）井桩体积传统计算公式（附录图-14）

$$V_{\text{井桩}}=V_{\text{圆柱}}+V_{\text{圆台}}+V_{\text{球缺}}$$

$$V_{\text{圆柱}}=\frac{\pi}{4}D_1^2\cdot h_1$$

$$V_{\text{圆台}}=\frac{\pi}{12}h_2(D_1^2+D_1\cdot D_2+D_2^2)$$

$$V_{\text{球缺}}=\frac{\pi}{24}h_3(3D_2^2+4h_3^2)$$

当球缺高 h_3 为 0.2m～0.3m 时，其体积可按下式计算：

$$V_{\text{球缺}}=0.4D_2^2\cdot h_3$$

式中　D_1——圆台上底直径（m）；

D_2——圆台下底直径（m）；

h_1——圆柱高度（m）；

h_2——圆台体高度（m）；

h_3——球缺体高度（m）。

2）群体井桩计算公式

$$\sum V_{\text{井桩}}=\sum V_{\text{I}}+\sum V_{\text{II}}+\sum V_{\text{III}}$$

圆柱体积之和　　　　$\sum V_{\text{I}}=\sum S_{\text{上}}\cdot h_1$

圆台体积之和　　$\sum V_{\text{II}}=\frac{1}{3}h_2(\sum S_{\text{上}}+\sum S_{\text{下}}+\sqrt{\sum S_{\text{上}}\cdot\sum S_{\text{下}}})$

球缺体积之和　　　　$\sum V_{\text{III}}=\sum S_{\text{球缺}}\cdot h_3$

$$\left(S_{\text{上}}=\frac{\pi}{4}D_1^2\qquad S_{\text{下}}=\frac{\pi}{4}D_2^2\qquad S_{\text{球缺}}=0.4D_2^2\right)$$

式中　$\sum S_{\text{上}}$——圆台上底面积之和（用 B1 表计算）（m²）；

$\sum S_{\text{下}}$——圆台下底面积之和（用 B1 表计算）（m²）；

$\sum S_{\text{球缺}}$——球缺折算面积之和（用 B1 表计算）（m²）。

5. 有梁式带形基础整体计算公式（附录图-15）

1）基础分层体积计算

假设沿基础外围，在两边大放脚的斜面上下两点作水平剖切，把整个基础分为下、中、上三个不同层面的几何体，第一层剖面为矩形截面，高度为 h_1，体积为 V_{I}；第二层剖面为梯形截面，高度为 h_2，体积为 V_{II}；第三层剖面为矩形截面，高度为 h_3，体积为 V_{III}。

267

设：带形基础第二层棱台体，下底总面积为 S_A，上底总面积为 S_B

$$S_A = (l + B_i)(l' + B'_i)$$
$$S_B = (l + b)(l' + b)$$

则：基础第一层体积：

$$V_I = S_A \cdot h_1$$

基础第二层体积

$$V_{II} = \frac{1}{3} h_2 (S_A + S_B + \sqrt{S_A \cdot S_B})$$

基础第三层体积：

$$V_{III} = S_B \cdot h_3$$

2）房心虚空体积计算

带形基础房心内的虚空体积，可以看作是一个倒置的锥形独立基础，沿斜面上下两点作水平剖切后，仍然将其分为三个部分，底部立方体高度为 h_1，中部倒棱台体高度为 h_2，上部立方体高度为 h_3，运用计算独基或杯形基础的方法，计算出所有房心内虚空体积之和 $\sum V_空$。

房心虚空体积公式：

$$\sum V_空 = \sum S_下 \cdot h_1 + \frac{1}{3} h_2 (\sum S_下 + \sum S_上 + \sqrt{\sum S_下 \cdot \sum S_上}) + \sum S_上 \cdot h_3$$

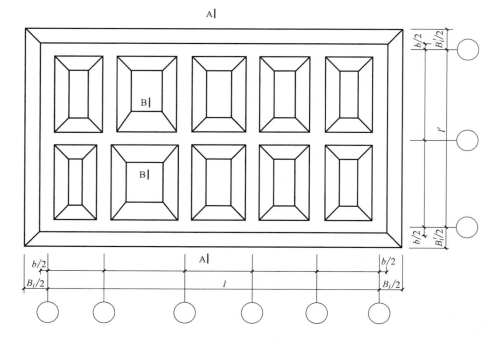

混凝土条形基础平面图

附录图-15

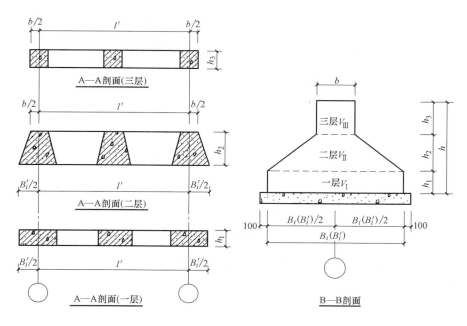

A—A剖面（三层）

A—A剖面（二层）

A—A剖面（一层）

B—B剖面

附录图-15 续

房心虚空面积计算有两种方法：

方法一：按房心逐个计算出底部虚空面积 $S_下$ 和上部虚空面积 $S_上$，将其分别相加，算出所有底部虚空面积之和 $\sum S_下$ 和所有上部虚空面积之和 $\sum S_上$。

方法二：如果同一轴线的基础，底部宽度一致能够拉通计算，可以按整体计算出底部虚空面积之和 $\sum S_下$ 及上部虚空面积之和 $\sum S_上$。

$$\sum S_下 = S_A - 带形基础底部水平面积$$

$$\sum S_上 = S_B - 带形基础上部梁宽面积$$

3）带形基础总体积计算

基础总体积等于三个分层体积相加，然后再减去每个房心内的虚空体积之和 $\sum V_空$。

$$V_总 = V_I + V_{II} + V_{III} - \sum V_空$$

6. 有梁式带形基础重叠扣减计算公式（附录图-16）

有梁式带形基础重叠扣减计算方法，其原理是：假设沿基础外围，在两边大放脚的斜面上下两点作水平剖切，把整个基础分为下、中、上三个不同层面的几何体，第一层剖面为矩形截面，高度为 h_1，体积为 V_I；第二层剖面为梯形截面，高度为 h_2，体积为 V_{II}；第三层剖面为矩形截面，高度为 h_3，体积为 V_{III}。然后分层计算各轴线不同底宽的基础长度，乘以其相应截面面积后相加。应注意：在计算第二层梯形截面基础长度时，应将基础垂直相交处大放脚重叠部分的体积（$V_重$），折算成相同截面的基础长度作扣减。

1）基础分层长度计算

基础长度应分别不同底部宽度，分层计算。外墙基础长度，各层均按中心线长度计算。内墙基础长度：第一层（底部）矩形截面基础长度，按两基础底部之间的净长度计算；第二层（中部）梯形截面基础长度，按两肋梁之间的净长度，减去基础大放脚垂直相

269

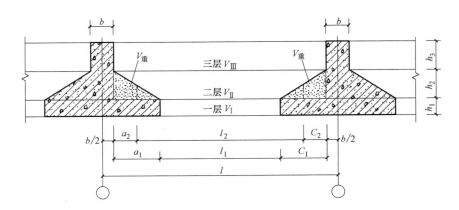

有梁式带形基础剖面

附录图-16

交处的重叠长度计算；第三层上部肋梁按净长度计算。

（1）第一层矩形截面基础长度（l_1）计算

$$l_1 = l - \left(\frac{b}{2} + a_1\right) - \left(\frac{b}{2} + c_1\right)$$

如果该层中有多个不同基底宽度的截面时，应分别将相同基底宽度的截面长度相加。当基础截面编号为 A……N 时，那么，该层的基础截面 A（面积 $S_{下a}$），其长度之和应为 $\sum l_{1a}$；同理，基础截面 N（面积 $S_{下n}$），其长度之和应为 $\sum l_{1n}$。

（2）第二层梯形截面基础长度（l_2）计算

$$l_2 = l - \left(\frac{b}{2} + a_2\right) - \left(\frac{b}{2} + c_2\right)$$

设：

$$a_2 = 0.56 a_1 \quad c_2 = 0.56 c_1$$

则：

$$l_2 = l - \left(\frac{b}{2} + 0.56 a_1\right) - \left(\frac{b}{2} + 0.56 c_1\right)$$

当基础截面编号为 A……N 时，那么，该层的基础截面 A（面积 $S_{中a}$），其长度之和应为 $\sum l_{2a}$；同理，基础截面 N（面积 $S_{中n}$），其长度之和应为 $\sum l_{2n}$。

（3）第三层上部肋梁长度计算

在已知外墙中心线长度（$L_中$）及内墙净长度（$L_内$）的条件下，肋梁长度（L'）分别以下情况计算：

① 基础上部墙厚为 240mm　$L' = L_中 + L_内 - \left(\frac{b}{2} - 0.12\right)n$

② 基础上部墙厚为 370mm　$L' = L_中 + L_内 - \left(\frac{b}{2} - 0.185\right)n$

式中　n——基础 T 型接头个数；

a_1、c_1——基础大放脚宽（m）；

a_2、c_2——梯形截面垂直相交处的重叠长度（m）。

2）基础分层体积计算

计算基础分层体积时，应分别算出该层不同底宽相同截面的基础的长度之和，然后再分别乘以相应截面面积相加。

（1）基础总体积：

$$V_总 = V_I + V_{II} + V_{III}$$

（2）基础第一层（底部矩形截面）体积：

$$V_I = \sum(S_{下a} \cdot \sum l_{1a} + \cdots\cdots S_{下n} \cdot \sum l_{1n})$$

（3）基础第二层（中部梯形截面）体积：

$$V_{II} = \sum(S_{中a} \cdot \sum l_{2a} + \cdots\cdots S_{中n} \cdot \sum l_{2n})$$

（4）基础第三层上部肋梁体积：

$$V_{III} = b \cdot h_3 \cdot L'$$

式中　$\sum l_{1a}$、$\sum l_{1n}$——基础底部（第一层矩形）不同的底宽相同截面的长度之和（m）；

$\qquad \sum l_{2a}$、$\sum l_{2n}$——基础中部（第二层梯形）不同的底宽相同截面的长度之和（m）；

$\qquad\qquad L'$——基础上部肋梁长度（m）；

$\qquad S_{下a}$、$S_{下n}$——基础底部（第一层矩形）截面面积（m²）；

$\qquad S_{中a}$、$S_{中n}$——基础中部（第二层梯形）截面面积（m²）。

7. 砖基础计算公式（附录图-17）

1）砖基础体积计算公式

（1）用大放脚面积计算

$$V_{砖基} = (墙基高 \times 墙厚 + 大放脚面积) \times 墙长$$

（2）用折加高度计算

$$V_{砖基} = (墙基高 + 折加高) \times 墙厚 \times 墙长$$

$$折加高度 = \frac{大放脚两边截面面积}{墙厚}$$

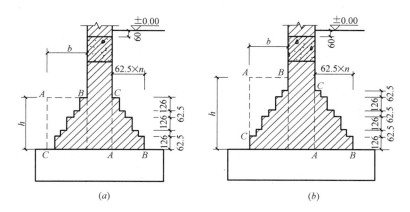

附录图-17

（a）奇数错台截面；（b）偶数错台截面

2）大放脚截面面积计算公式

（1）间隔式大放脚，奇数错台截面面积

$$S_奇 = \frac{(n+1)(3n+1)}{508}$$

（2）间隔式大放脚，偶数错台截面面积

$$S_{偶}=\frac{n(0.75n+1)}{127}$$

（3）等高式大放脚截面面积

$$S_{等}=\frac{n(n+1)}{127}$$

式中　n——大放脚错台层数；

　　　$S_{奇}$——间隔式大放脚，奇数错台截面面积（m²）；

　　　$S_{偶}$——间隔式大放脚，偶数错台截面面积（m²）；

　　　$S_{等}$——等高式大放脚截面面积（m²）；

　　$V_{砖基}$——带形砖基础体积（m³）。

8. 不规则板类构件钢筋计算公式

不规则板钢筋的近似计算方法，就是先算出该板的水平面积，然后将面积开平方根求出一个正方形的边长，用边长除以钢筋间距算出单向布筋根数后，再用近似公式计算出钢筋总长度。

设：不规则板面积为 S

正方形边长为 b，$b=\sqrt{S}$

钢筋间距为 a

钢筋单向布筋根数为 n，$n=\dfrac{b}{a}$

钢筋直径为 d

钢筋双向长度为 $\sum l$，则：

$$\sum l=b(2n+1)+l_{m}$$

当钢筋直径为 $\phi 6\sim\phi 10$ 时，板两端头钢筋的增加长度 l_{m}，按下式计算：

简支板：　　　　　　　　　　$l_{m}=14(n+3)d$

固端板：　　　　　　　　　　$l_{m}=75(n+3)d$

当钢筋直径为 $\phi 6\sim\phi 10$ 时，板边钢筋的增加长度（l_{m}）按下式计算：

简支板：　　　　　　　　　　$l_{m}=14(n+3)d$

固端板：　　　　　　　　　　$l_{m}=75(n+3)d$

式中　l_{m}——板端钢筋的锚固或弯钩的增加长度（m）。

9. 圆形网片钢筋计算公式（附录图-18）

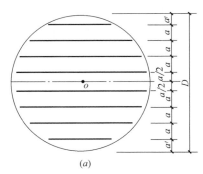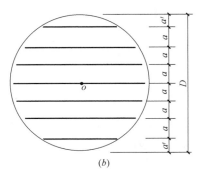

(a)　　　　　　　　　　　　　　　　(b)

附录图-18

(a) 对称排列布筋图；(b) 对称排列布筋图

272

1) 网片筋对称排列计算公式

双向网片筋总长度：

$$\sum l = 4a \cdot \sum_{i=1}^{k} \left[\sqrt{n^2-1^2} + \cdots\cdots + \sqrt{n^2-(2k-1)^2} \right] + l_m$$

2) 网片筋非对称排列计算公式

双向网片筋总长度：

$$\sum l = 2D + 4a \cdot \sum_{i=1}^{k} \left(\sqrt{n^2-2^2} + \cdots\cdots + \sqrt{n^2-4k^2} \right) + l_m$$

$$l_m = 2n(12.5d-0.05)$$

当钢筋直径为 $\phi 8 \sim \phi 12$ 时，$l_m = 15nd$

式中：n——网片单向排列根数（$n=\dfrac{D}{2}$ 为偶数时用对称排列公式，为奇数时用 非对称排列公式）；

K——所需解三角形方程的总项数（对称排列时，$K=\dfrac{n}{2}$；非对称排列时，$K=\dfrac{n-1}{2}$）；

D ——圆形构件外皮直径（m）；

a——钢筋间距（m）。

10. 楼地面整体面积计算公式

$$S_{地} = S_{建} - (L_{中} \times 外墙厚 + L_{内} \times 内墙厚)$$

式中：$S_{地}$——楼地面整体面积（m²）；

$S_{建}$——相应楼层的建筑面积（m²）。

11. 屋面找坡层平均厚度计算公式（附录图-19、附录图-20）

$$h_i = \left(b_1 - \frac{b_i}{2} \right) \times i + 0.03$$

式中：h_i——屋面任意区域找坡平均厚度（m）；

b_1——屋面最长坡宽（m）；

b_i——屋面任意区域坡宽（m）；

i——坡度比（%）；

0.03——找坡层最薄处厚度（m）。

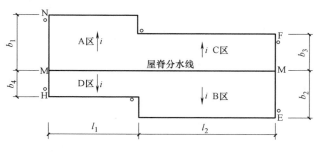

附录图-19 屋面找坡平面示意图

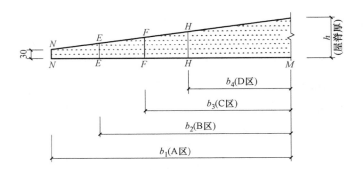

附录图-20　屋面找坡剖面示意图

12. 装饰工程量计算公式

1）外墙面整体面积计算公式

$$S_外＝L_外×外墙抹灰高度－外墙\ 0.3m^2\ 以外洞口面积$$

2）外墙裙计算公式

（1）底层无阳台 $S_{外墙裙}＝L_外×外墙裙高－相应洞口面积$

（2）底层有阳台 $S_{外墙裙}＝(L_外＋底层阳台侧宽)×外墙裙高－相应洞口面积$

（3）外墙裙扣除公式

$$S_扣＝L_外×外墙裙高－底层阳台长×栏板高\ －相应洞口面积$$

3）内墙面整体面积计算公式

$$S_内＝外墙内面面积＋内墙双面面积－T\,形接头面积$$

外墙内面面积＝$(L_中－外墙厚×4)×内墙抹灰高－外墙\ 0.3m^2\ 以外洞口面积$

内墙双面面积＝$(L_内×内墙抹灰高－内墙\ 0.3m^2\ 以外洞口面积)×2＋隔墙双面面积$

T 形接头面积＝T 形接头个数×内墙厚×内墙抹灰高

后 记

本书历时一年半写成，作者倾注了大量心血。在编著过程中，对书中所涉及的"计算方法"和"计算公式"进行反复推敲和论证，对书中列举的计算实例以及附录中大量的工程量数表进行反复核对和修改，以确保其正确、有效。

参与本书编写的有：李宝明、吴云萍、彭菲丽、巢月艳、吕安琼、李军、翟永琴 、李明军、柳庆云 、巢月英、王军丽、吴瑕、施艳梅、李宝泉等，本人在此一并表示感谢。欢迎广大读者在阅读本书后提出宝贵意见。

作者电子邮箱：958306894@qq.com

参 考 文 献

1. 建设工程工程量清单计价规范 GB 50500—2013·北京：中国计划出版社，2013.
2. 房屋建筑与装饰工程工程量计算规范 GB 50854—2013·北京：中国计划出版社，2013.
3. 2013 建设工程计价计量规范辅导·北京：中国计划出版社，2013.
4. 建筑工程建筑面积计算规范（GB/T 50353—2013）·北京：中国计划出版社，2013